微信公众平台

应用开发从入门到精通

闫小坤 周涛 编著

清華大學出版社
北京

内 容 简 介

本书由腾讯公司软件开发工程师根据微信6.x版撰写，紧跟微信公众平台的技术发展，是目前微信公众平台应用开发领域涵盖内容较全面、系统和深入的一本书。本书全面介绍了微信公众平台的开发模式、环境搭建、消息接口及高级接口，较全面地解析了微信内置浏览器的特性及Weixin JS接口，系统地讲解了开发微信公众号的流程、方法、技巧和注意事项。本书注重实际项目开发，包含大量案例，并结合二维码、LBS、Websocket、HTML5等热门技术，读者通过学习本书，完全可以掌握企业级实际应用项目的开发。

本书适合于微信公众平台开发初学者，企业微信公众号开发、公众号运营者及移动互联网开发人员，也很适合有一定开发基础但对微信公众号项目开发不熟悉的读者使用。

图书在版编目（CIP）数据

微信公众平台应用开发从入门到精通 / 闫小坤，周涛编著. - 北京：清华大学出版社，2015
ISBN 978-7-302-41322-6

I. ①微… II. ①闫… ②周… III. ①移动终端－应用程序－程序设计 IV. ①TN929.53

中国版本图书馆CIP数据核字（2015）第195416号

责任编辑：王金柱
封面设计：王　翔
责任校对：闫秀华
责任印制：刘海龙

出版发行：清华大学出版社
　　网　　址：http://www.tup.com.cn，http://www.wqbook.com
　　地　　址：北京清华大学学研大厦A座　　**邮　　编：**100084
　　社 总 机：010-62770175　　**邮　　购：**010-62786544
　　投稿与读者服务：010-62776969，c-service@tup.tsinghua.edu.cn
　　质 量 反 馈：010-62772015，zhiliang@tup.tsinghua.edu.cn
印 装 者：北京密云胶印厂
经　　销：全国新华书店
开　　本：190mm×260mm　　**印　张：**20　　**字　　数：**512千字
版　　次：2015年9月第1版　　**印　　次：**2015年9月第1次印刷
印　　数：1～3500
定　　价：69.00元

产品编号：064012-01

前言

为什么要写这本书

移动互联网浪潮爆发之初，关于 Native APP 和 HTML 5 技术谁是未来主流，曾有一段争议。经过几年的大浪淘沙，移动互联网的入口集中到少数几个 Native APP 上，其中最重要的入口之一就是微信。大部分功能单一的 APP 或无人问津，或火过一段时间就销声匿迹。相反，以 HTML5 技术为主的轻应用开始崭露头角，微信公众平台就是其中之一。据报道，从 2012 年 8 月上线至今，微信公众平台的注册账号已经突破 200 万，并且保持着每天 8000 个左右的增长速度。

出于对微信的关注，微信公众平台一出现，笔者就开始接触，并注册了账号来运营和开发。之后微信公众平台越来越向健康的生态发展，一些商业模式也开始慢慢明晰，如自媒体，O2O 业务，微信支付等。笔者希望能将自己的开发经验分享给读者，此前出版了基于微信 5.3 版本的《微信公众平台开发基础与实践》（机械工业出版社，2014）一书，现微信已经更新到 6.2 版本，并增加了企业号新功能，因此，本书与时俱进在原 5.3 版本的基础上针对微信最新 6.x 版本进行了全面更新，也给想了解新版本功能开发的读者提供一些帮助，同时希望借此书来认识更多对公众平台感兴趣的朋友。

如何阅读本书

本书在内容逻辑上分为 3 个部分。

第一部分（第 1～3 章）介绍了公众平台的基础知识、编辑模式的使用和开发环境的搭建。通过本章的学习，读者可以使用编辑模式来运营公众账号，并通过简单的配置来搭建开发环境，并开发第一个 demo 应用，为后面的学习打下基础。

第二部分（第 4～7 章）重点介绍公众平台的消息相关接口及九大高级接口，并提供了完整的封装类，并且介绍了 Weixin JS 和 JS SDK 开发。读者在学完本部分之后，能够对公众平台提供的全部服务有所了解。本部分提供了众多的案例供读者学习。

第三部分（第 8～11 章）以大项目为例，每章实现一个公众号的功能。四个项目分别为餐厅管家、微商城、微酒店和游戏开发，探讨的内容包括自定义菜单、二维码、微信支付、微信小店、位置服务等。学习完本部分，读者完全有能力开发企业级的公众号。

读者对象

对微信公众平台开发感兴趣的人员

微信公众账号运营人员

移动互联网开发人员

HTML5 开发人员

已有微信开发基础，但对项目开发不熟悉的开发人员

有编程经验，希望转型做微信公众平台开发的人员

微社区技术交流

由于笔者水平有限，加之编写时间仓促，书中难免会出现一些错误或不准确、不全面的地方，恳请读者批评指正。为了更好地和读者交流，我们建立了一个微社区，读者可以用微信扫描右侧二维码来访问，或者访问以下地址：http://wx.wsq.qq.com/214671676

同时，读者有任何问题，也可以发邮件到 davidsp@foxmail.com 或 zhoutao908@gmail.com 邮箱，笔者会尽快为您解答。

代码下载

本书配套源代码的下载地址：http://pan.baidu.com/s/1iBKZW，若下载有问题，请发送电子邮件至 booksaga@126.com，邮件标题为“求代码，微信公众平台应用开发从入门到精通”。

致谢

感谢腾讯公司的微信团队，是他们创造了这款伟大的产品。

感谢北京天河文化的王叶编辑，感谢她在我写作过程中提供的帮助和支持。

感谢我的女友连晓倩的支持、理解与付出，她的鼓励让我能够完成这本书。

谨以此书献给我的家人，以及微信公众平台和所有离不开微信的朋友们。

闫小坤

2015 年 4 月于北京

目录

第1章　微信公众平台简介

坐拥6亿注册用户的微信，已成为不少人的装机必备软件。人们发语音聊天，刷朋友圈，读公众账号文章，过着离不开微信的日子。对广大开发者有利的是，这个移动互联网上的重要入口，一开始就以开放姿态面世。微信提供了公众平台和开放平台，分别供公众账号运营者和移动应用开发者使用。

再小的个体，也有自己的品牌。无论是企业、组织，还是媒体、个人，微信公众平台都可以以轻应用的形式提供服务。公众平台的编辑模式，使不会编程的用户也能轻松使用；而开发模式和众多的开放接口，则为开发者提供了广阔的想象空间和难得的机遇。

本章重点介绍一下微信、微信公众平台及公众账号，希望读者在投入微信公众平台开发时，对微信公众平台能做什么、鼓励做什么有一定的认识，减少开发中的弯路。

1.1　微信：连接一切

不止一种技术幻想过这样的场景：快下班时对空调说“温度降到27度”，对热水器说“烧热水要洗澡”。企业以智能家居为物联网技术的突破口，已经使这样的场景变为了现实。微信不光连接人，还可以连接能上网的机器。每个机器都有个二维码作为设备 ID，在微信里可以通过和设备对话来控制设备。微信作为连接者，成为最有价值的用户与用户最满意的产品之间的桥梁。

1.1.1　物联网

微信有两大逆天功能：摇一摇和扫一扫。前者曾创造了“点亮广州塔”的辉煌事迹，后者则培养了用户见黑白方块就扫的习惯。见到下面印有二维码的奶牛（见图1-1），读者是不是有扫一扫的冲动呢？

图 1-1

真的能扫！你会发现打开了网页，上面这样介绍这头奶牛：

名字：Shamrock
品种：黑白花乳牛
每天产 30~40 升牛奶。
夏天到野外吃新鲜青草，冬天青草不再生长时，改吃青贮饲料。
需要平衡的饮食。
时常有农业科学家来和农场主讨论青贮饲料和谷物的比例，并制定一系列计划来保证它的健康。

这是一篇来自 BBC 的报道，农场主给奶牛身上涂上二维码来宣传牧场。只要扫一下奶牛身上的二维码，即可知道这头奶牛的所有资料。

奶牛二维码的内容是一个短链接：http://goo.gl/yAE1Q，完整 URL 为

http://www.thisisdairyfarming.com/news-press/in-the-news/lady-shamrock/

不能扫一扫的读者，可以访问此链接。

这在技术上并不神奇，生成二维码和扫描二维码，都是业界成熟的技术。但利用微信“扫一扫”连接奶牛（物理世界）和互联网（信息世界），或者用微信控制家用电器，这种人与物、物与物之间的连接，正是物联网的基础。

1.1.2 二维码革命

奶牛身上印有二维码，扫描后显示链接（文字），再跳转到相应的网页。这说明二维码是一种编码方式，这里介绍一下二维码及其前景。

1. 什么是二维码

二维码英文为 Quick Response Code，简写为 QR code。通俗地讲，二维码是二维的条形码，可以在水平和竖直方向同时存储信息。生成的二维码图形一般为正方形，根据特定的编码方式，在平面（二维方向）上绘制黑白相间的图形。例如微信公众平台的二维码如下：

从条形码到二维码

大家是否见过图 1-2 所示的两张火车样票？

图 1-2

我相信大多数读者都见过右边的蓝票，左边的红票为软纸票，是 1997 年确定的车票统一式样。2009 年 12 月，铁路部门对火车票进行升级改版，并在 2010 年春运前推出磁卡票（蓝票）。

蓝票与红票最明显的变化是车票下方的条形码变成二维码。

2. 为什么二维码是一场革命

人类社会的信息革命，常常伴随着一种新的编码方式而出现。

1836 年萨缪尔·摩尔斯发明了摩尔斯电码（英语：Morse Code），它是一种时断时续的信号，由点、划、停顿长短等作为基本单位，通过不同的排列顺序来编码不同的文字符号。这项技术使得通信距离大大增加，而信息几乎瞬时到达。后来摩尔斯电码被用于电报业务，并且在海事通信中被作为国际标准一直使用到 1999 年。

诺曼·约瑟夫·伍德兰在 1952 年注册了条形码专利。22 年后的 1974 年，俄亥俄州一家超级市场的口香糖成为首个扫描条形码的商品。这项技术使得输入效率和准确率大幅提升。现在，条形码的应用范围涉及各个领域和行业，如零售业、书籍、服装、商品、银行、医疗及电子产品等。

QR 二维码由日本丰田子公司 Denso Wave 于 1994 年发明出来并开始使用。微信的“扫一扫”功能，使得二维码的作用发挥到极致。墙壁、门窗、纸张上印刷的二维码，扫一下就能打开网页、调用 APP、完成校验、购买物品、支付费用，瞬间完成从线下到线上的转变。而微信公众平台提供的生成带参数的二维码功能，可以为线上的 URL 连接、商品、支付信息生成二维码，该二维码可以被查看、下载、印刷，完成线上到线下的转变。

二维码的信息容量大，能够编码数字、字母、汉字、图片等信息。拿纠错级别 L 的 Version 40 二维码来说，能够容纳 2 953 字节，或 1 817 个 utf8 编码的中文字符。这个容量级别，能够放下个人名片、电子票务凭证、优惠券、电子回执等，能够适应于各行各业的应用。

移动互联网时代，手机就是一个天然的二维码扫描器，随着手机的普及和移动网络的发展，未来肯定会出现更多二维码相关的产品，二维码也终将影响到各个行业。

1.2 认识微信公众平台

微信的开放平台有两个：

- 开放平台。针对移动应用开发，开发者接入微信开放平台后，可以使移动应用支持微信分享、微信收藏和微信支付。官方网站为：https://open.weixin.qq.com
- 公众平台。接入微信开放平台公众账号开发，提供类似于轻应用的服务。https://mp.weixin.qq.com。本书主要关注公众平台账号开发。

1.2.1 大事记

1. 2012 年 8 月 17 日，公众平台面向普通用户开放注册。

2. 2013 年 3 月 19 日，公众平台开放“自定义菜单”内测资格申请。

3. 2013 年 8 月 5 日，公众平台将公众号细分为服务号和订阅号。服务号每月只能群发一条消息；订阅号每天可发一条，但消息被折叠到订阅者分类中。

4. 2013 年 8 月 29 日，公众平台增加数据统计功能。

5. 2013 年 10 月 29 日，公众平台新版公测，主要开放高级接口。

6. 2013 年 12 月，公众平台发布了一系列公告，打击违法违规的内容和行为，主要包括以下内容：

1）打击假冒伪劣商品销售推广行为。

2）打击诱导分享行为。反对不正当利用公众号群发消息的功能破坏用户体验的行为，特别是通过群发消息等手段强制或诱导用户分享至朋友圈的营销行为（例如通过奖励诱使用户进行分享、强制要求分享至朋友圈即可查看等行为）。

7.2014 年 3 月 5 日，公众平台发布微信支付申请指引，标志着微信支付正式对服务号开放。

8. 2014 年 4 月 4 日，公众平台发布《微信公众平台运营规范》，明文标明平台反对和禁止的行为及处罚机制与举报机制。

9. 2014 年 4 月 15 日，公众平台进行服务号群发策略调整。所有服务号的群发次数由原来的每月 1 次改为每月（自然月）4 次。此外对已微信认证的服务号，开放公众平台高级群发接口，开发者可以通过高级群发接口实现更灵活的群发。

10. 2014 年 5 月 6 日，腾讯公司宣布成立微信事业群（WeiXin Group，简称 WXG），腾讯公司高级执行副总裁张小龙出任微信事业群总裁。这意味着微信的发展进入一个崭新的阶段。

11. 2014 年 5 月 9 日，公众平台新增投票和多客服功能。

12. 2014 年 5 月 22 日，微信认证结果拆分为资质审核和名称审核。

13. 2014 年 5 月 29 日，公众平台增加微信小店功能，已接入微信支付的服务号，可以请求开通微信小店功能。

14. 2014 年 6 月 6 日，公众平台发布清理集赞行为的公告，对利用朋友圈“集赞”的行为进行打击。处罚力度很大，公众号累计发现四次有集赞行为，永久封号，不可解封。

15. 2014 年 8 月 27 日，微信公众平台向认证服务号开放模板消息。模板消息仅用于公众号向用户发送重要的服务通知，只能用于符合其要求的服务场景中，如信用卡刷卡通知，商品购买成功通知等。不支持广告等营销类消息以及其他所有可能对用户造成骚扰的消息。

16. 2015 年 1 月 9 日，微信开放微信内网页开发工具包（微信 JS-SDK）。JS-SDK 增强了 HTML 5 的功能，为微信用户提供更优质的网页体验。

17. 2015 年 2 月 12 日，公众平台全面开放自定义菜单。

1.2.2 分类：服务号与订阅号

公众账号分为两种：服务号和订阅号。这两种账号的应用范围和所能获得的服务各不相同。服务号给企业和组织提供更强大的业务服务与用户管理能力，帮助企业快速实现全新的公众号服务平台。对于企业和组织，可选用服务号。订阅号为媒体和个人提供一种新的信息传播方式，构建与读者之间更好的沟通与管理模式。对于媒体和个人，可选用订阅号。

服务号的功能如图 1-3 所示。

权限	描述
语音识别	通过语音识别接口，用户发送的语音，将会同时给出语音识别出的文本内容。
客服接口	通过客服接口，公众号可以在用户发送过消息的24小时内，向用户回复消息。
OAuth2.0网页授权	通过网页授权接口，公众号可以请求用户授权。
生成带参数二维码	通过该接口，公众号可以获得一系列携带不同参数的二维码，在用户扫描关注公众号后公众号可以根据参数分析各二维码的效果。
获取用户地理位置	通过该接口，公众号能够获得用户进入公众号会话时的地理位置（需要用户同意）。
获取用户基本信息	通过该接口，公众号可以根据加密后的用户OpenID，获取用户的基础信息，包括头像、称、性别、地区。
获取关注者列表	通过该接口，公众号可以获取所有关注者的OpenID。
用户分组接口	通过分组接口，公众号可以在后台为用户移动分组，或创建、修改分组。
上传下载多媒体文件	通过该接口，公众号可以在需要时在微信服务器上传下载多媒体文件。

图 1-3

订阅号的功能较少，没通过认证前只有消息接口，如图 1-4 所示。通过认证后会增加自定义菜单功能。

服务包	内容	操作	状态
基础接口	接收用户消息 向用户回复消息 接受事件推送		有效

图 1-4

1.2.3 微信认证

微信的审核和认证流程很严格，因此读者在申请认证前，务必要谨慎对待，这里列出一些需要注意的地方。

1. 名称不易修改

微信公众号的名称一旦设定，不易修改。如果需要更改，可以发邮件给微信公众平台官方（weixinmp@qq.com）。

2. 关联微博认证

目前提供腾讯微博认证。如果你已经获得腾讯微博认证，可以在“设置”页的账号信息下申请认证。微博认证失败最常见的情况是微信名称和微博名称不一致，这时，除了改微信名称或微博名称外，可以申请人工审核，其方法仍是向微信公众平台官方发送邮件进行申请。针对此类申请的基本要求是：

首先，你的微博认证资料能证明你是某领域专业人士。

其次，你的公众号应明确属于该领域。

最后，需要提供以下材料：

（1）提供微信认证过程截图；

（2）微信公众号昵称，ID，公众号内容说明；

（3）认证微博的地址；

（4） 认证过程分享二维码的微博地址及分享的二维码截图。

微信公众平台在 7 个工作日内会邮件给出审核结果。

3. 微信认证流程

2014 年 5 月 22 日，公众平台发布公告，微信认证结果拆分为资质审核和名称审核。从当天起，微信认证结果将分为账号主体资质审核和账号名称审核。

（1）代表企业资料真实性的账号主体资质，审核成功后，订阅号可立即获得自定义菜单，服务号可立即获得公众平台所有高级接口和能力。

（2）代表企业标识的账号名称，审核成功后，订阅号和服务号均可获得认证的“勾”和相关信息备注。

以上策略更新后，操作上没有任何变化，但整个认证流程会分成两个阶段的结果通知到运营者。对公众号最大的好处是：只要账号主体资质审核通过，就会获得所有高级接口和能力——订阅号获得自定义菜单，服务号获得开放的所有高级接口。通俗地说，假设我有一个公众号叫兔子，但其实“兔子”是兔子饭庄。这样在认证的时候，名称审核肯定通不过，因为“兔子”是一个通用词，不可能给一个饭店认证为名称。但你的主体资质是饭店，主体资质就能通过，就能获得自定义菜单和所有高级接口。著名的自媒体人青龙老贼对《微信认证规则调整办法》有一个通俗版解读，有兴趣的读者请参考：http://url.cn/QXheG1

1.2.4　公众号运营

2014 年 4 月 4 日，公众平台发布《微信公众平台运营规范》，为建设绿色、健康的微信生态环境，做到了“有法可依”。对于“执法必严，违法必究”，对于诱导用户分享到朋友圈、“集赞”等行为，处罚相当严重。对于公众号运营者来说，运营活动不仅要给用户带来真正有价值的信息和服务，而且要遵守规范，不要触碰底线。这里和读者分享几点提示。

1. 不要骚扰用户。无论服务号还是订阅号，用户的关注与取消关注都十分便捷，因此不要过度营销，不要骚扰用户。

2. 不要乱碰朋友圈。微信的朋友圈是一个由熟人关系链构建而成的小众、私密的圈子，用户在朋友圈中分享和关注朋友们的生活点滴，从而加强人们之间的联系，它并不是一个营销平台。简言之，朋友圈和公众平台是微信的两个独立产品，其定位和功能不同。朋友圈是院子，公众平台是广场。把广场的东西堆满院子，是谁都不想看到的。当然，用户自愿分享优质内容，不在此列。

3. 不要使用外挂。插件、外挂等大多使用模拟登陆方式，而非公众平台开放的接口。使用外挂来规避群发限制策略，用公众平台的单发功能来实现群发功能，意图规避公众平台对于群发次数的限制等，这些都是不可取的。

4. 重视线下推广。微信担负着 O2O 业务的重任，所以鼓励开发者进行 O2O 相关产品的开发。例如一栋大楼的二维码，扫描关注后，能看到大楼的概况，楼层配置，物业情况，写字楼租赁信息，甚至能事先知道电梯停靠在几层。或者卖水果，在店面放置二维码来推广。用户在微信上就可完成下单和支付。

1.2.5 微社区

相信读者都见过这样的公众号，自定义菜单加上社区链接，俨然一个手机 APP 的样子。如图 1-5 所示是“大象公社”的自定义菜单截图，其中的大象社区是微社区。

图 1-5　大象工会自定义菜单

提到社区论坛，读者也许会想到 Discuz!。是的，Discuz!是全球安装量最大的论坛软件系统。“老树开新花”，在移动互联网时代，康盛 Discuz! 团队开发了手机上的新社区：“微社区”。

微社区是基于微信公众账号的互动社区，它可以广泛应用于微信服务号与订阅号，微信公众号的粉丝们可以在微社区里自由交流，发帖、回帖、上传照片等，是微信公众号运营者打造人气移动社区、增强用户黏性的有利工具。

如果说微信公众平台提供了“一对多”的单向消息流，那么微社区无疑是“多对多”的沟通模式。用户与用户、用户与运营者之间可以双向交流，给用户带来更好的互动体验，让互动更便捷、更畅快。

微社区具有以下优点：

- 轻量级。不需要客户端，在微信的公众账号、手机 QQ 和手机 Qzone 里即可访问。
- 与 PC 端论坛打通。一些站长运营着 PC 端论坛，微社区官方有计划跟 PC 端论坛的数据进行打通，这样即可利用原来社区的内容，又可吸引原来社区的用户。
- 获取用户的成本降低。
- 与公众账号的推送能力相结合，增加用户回流和活跃度。

那么如何运营好微社区呢？

第一，定位要清晰。微社区官方希望推荐给用户一些垂直化、本地化的信息，更好的满足用户个性化的需求。比如根据用户的兴趣或用户的所在地，推荐用户比较感兴趣、与之相关联的信息。

第二，要有优质内容。能够吸引用户，并且使其有分享和传播的欲望。

第三，合理利用社交关系来引流。我们可以利用朋友圈、QQ 群、微信好友和 QQ 好友等社交关系来吸引流量。

微社区官网地址为：http://wsq.qq.com

1.2.6　微信公众平台管理后台

读者登录公众平台后，会进入如图 1-6 所示的界面。

图 1-6

左侧是导航菜单，共分功能、管理、推广、统计、设置和开发者中心等六个部分。右上显示新消息、新增人数和总用户数。右下为系统公告，公众平台发布的公告和更新说明都在这里出现。

功能包括群发功能和自动回复等功能。群发功能可以将文字、语音、图片、视频、图文消息等类型的内容，下发给粉丝，而且人数不限。群发消息的到达率和阅读量都远高于其他渠道，而且作者能够自由控制推送的时间，能够接受读者的反馈，所以这个功能一开始就得到了广大媒体用户的欢迎，“自媒体”概念也随之产生和流行。管理分为消息管理、用户管理和素材管理。消息管理中，可以查看最近 5 天的消息，并能回复用户。用户管理显示用户列表，能够对用户进行分组、修改备注名、拉黑名单等。素材管理可以上传图片、语音、视频，并可以编辑图文消息。

服务分为服务中心和我的服务。服务中心显示所有可申请的服务，而我的服务显示我已经获得的服务。

统计功能分为用户分析、图文分析、消息分析和接口分析。其中用户分析可以查看用户增长情况和用户属性；图文分析可以查看群发图文消息的效果，包括送达人数、图文页阅读人数、原文页阅读人数和分享转发人数；消息分析可以查看用户发送的消息的统计情况；接口分析则能查看接口的调用次数、失败率、平均耗时和最大耗时等统计情况，供开发者根据数据改善程序。

设置分为账号信息、公众号安全助手和安全中心。账号信息页可以修改头像、登录邮箱和功能介绍，但一个月内只能申请修改一次；可以绑定腾讯微博和设置图片水印，另外还有关联微博认证和微信认证的入口。公众号安全助手可以绑定个人微信号，绑定后能够通过微信号进行群发，并通过设置安全微信保护来保证公众账号的安全。安全中心用来设置公众号安全助手的安全保护和安全提醒功能。

开发者中心包含了开发者信息、服务器配置、开发者工具和接口权限表。在该页卡内，修改服务器配置即可开启开发模式。开启开发模式后，用户消息和开发者需要的事件推送，将会被转发到配置项的 URL 中。当不开启开发模式时，默认进入编辑模式。编辑模式的使用将在第 2 章探讨，而开发模式正是本书的重点，将在第 3 章及以后的章节中详细说明。

1.3 本章小结

本章首先介绍了微信的愿景，连接一切，包括“连接人，连接企业，连接物体”。微信本身连接人与人，物联网连接物与物，二维码连接人与物。三者结合，“形成有机的自运转的系统”。微信公众平台正是微信开放系统的一部分。本章还介绍了公众平台的发展历程和基本知识、运营需注意的问题，并简单介绍了管理后台的使用。通过本章的学习，希望读者能发现符合“连接”的产品和方向，加入到微信公众号开发者的行列中。

第2章　编辑模式及微信公众号

微信公众平台的核心是与用户的互动，在互动中给用户带去服务，在服务中产生价值，微信运营理念也提倡通过人工回复与用户进行沟通。通过上一章的学习，相信读者已经掌握如何通过微信公众号管理后台与用户进行互动。但实际中也存在很多根据关键词提取固定信息回复的场景，比如对刚关注用户发送一条消息，再比如针对用户询问发送某件商品的详细信息，这时完全通过人工回复不仅效率较低，也不能满足对用户实时回复的要求，降低了用户的体验。微信公众平台通过开发模式和编辑模式为公众号运营者提供了强大的工具，其中编辑模式主要针对没有开发能力的公众号运营者。下面我们将带你走进编辑模式。

2.1 开启编辑模式

微信公众平台管理后台提供了两种模式：编辑模式和开发模式。单击公众平台管理后台的“开发者中心”，可以看到“服务器配置”，如图 2-1 所示。当服务器设置为未开启状态时，管理后台为编辑模式。

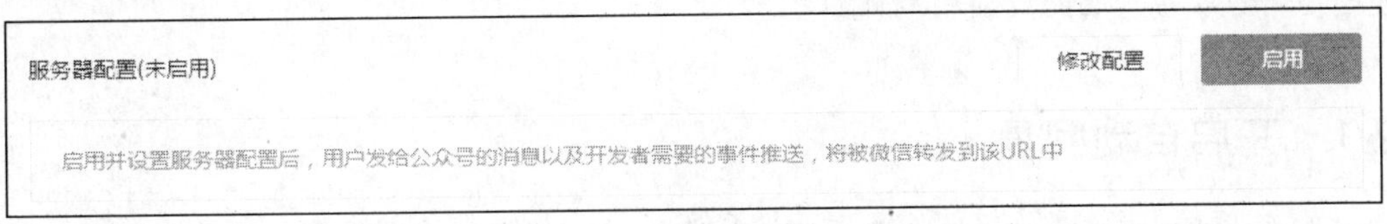

服务器配置(未启用)　修改配置　启用

启用并设置服务器配置后，用户发给公众号的消息以及开发者需要的事件推送，将被微信转发到该URL中

图 2-1

两种模式互斥，不能同时开启，默认情况下服务器配置为空，处于关闭状态。

当我们在开发者中心开启了回调 URL 和 Token，就进入开发模式，如图 2-2 所示。

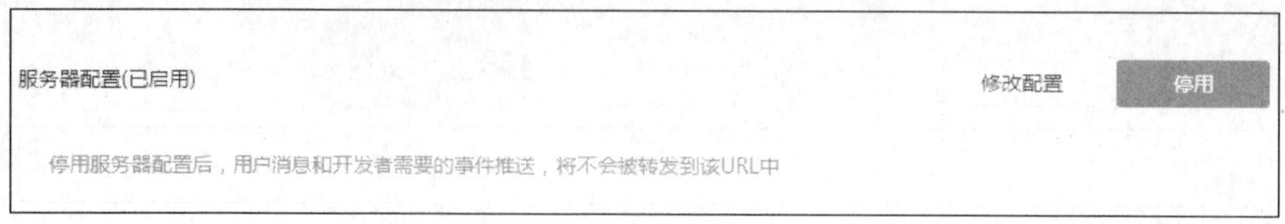

图 2-2

这时要进入编辑模式，只要点击“停用”按钮，在弹出的对话框内，点击“确定”按钮即可，如图 2-3 所示。

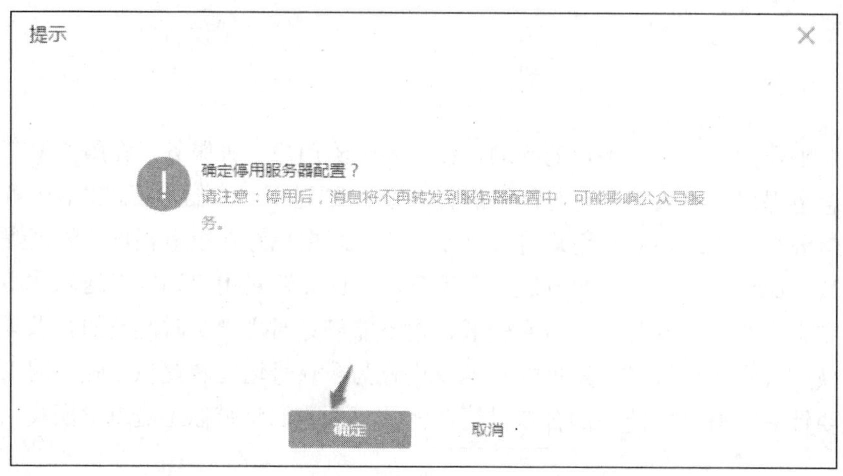

图 2-3

2.2 自动回复消息

自动回复消息是微信为公众号提供的强大工具，通过设置自动回复消息不但能引导用户方便地使用公众号，还能提高用户体验。

2.2.1 开启自动回复

点击“功能”下的“自动回复”页卡，进入自动回复消息设置页面。默认情况下，自动回复功能是关闭的，如图 2-4 所示。

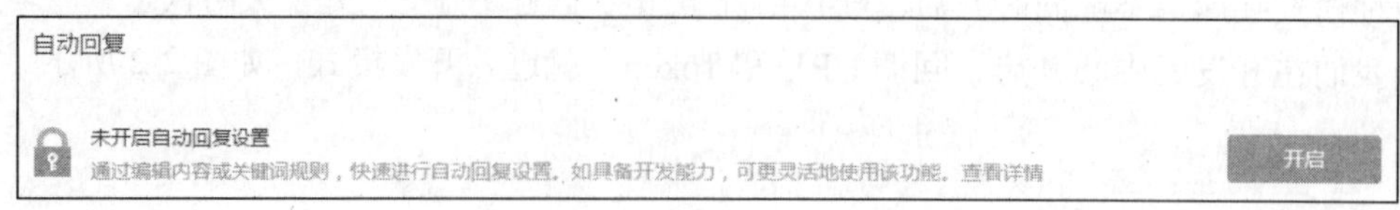

图 2-4

点击“开启”按钮，弹出确认对话框。这里的设置是全局性的，并且立即生效。点击“确认”后，自动回复功能已被开启。如图 2-5 所示。

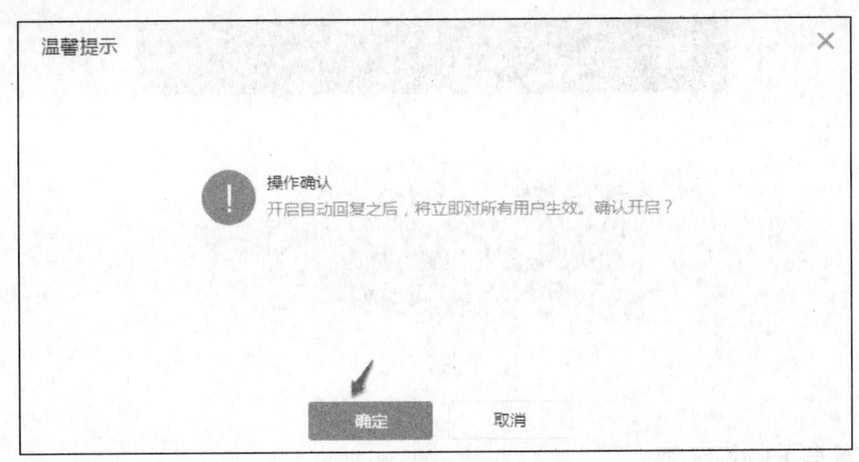

图 2-5

在右侧我们看到，微信提供了三种自动回复，分别是：被添加自动回复，消息自动回复和关键词自动回复。

2.2.2　被添加自动回复

当用户关注公众号就会触发该自动回复，该自动回复主要用于欢迎信息，功能说明，引导用户了解公众号的定位，提供的功能服务，让用户正确的使用该公众号，方便与微信公众号运营者的良好互动沟通。回复消息可以是文字、图片、语音和视频，如图 2-6 所示。

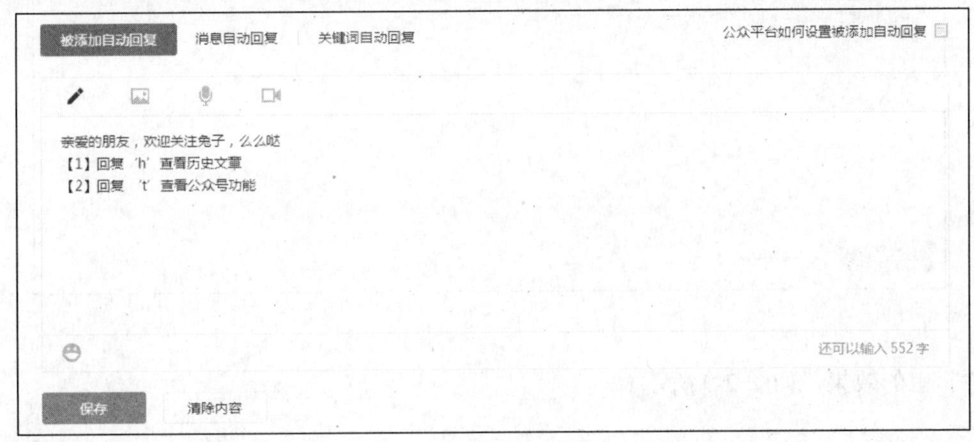

图 2-6

欢迎信息内容不要过多，也不要太简单，设置一些艺术字体，让你的欢迎信息更个性。微信里有一种特殊表情，当输入特定文字会有彩蛋表情飘落效果，这些文字包括生日快乐、恭喜发财、么么哒、miss u、想你了……在欢迎消息中包括这些文字，也能让你的公众号更加出彩。

手机上的效果如图 2-7 所示。

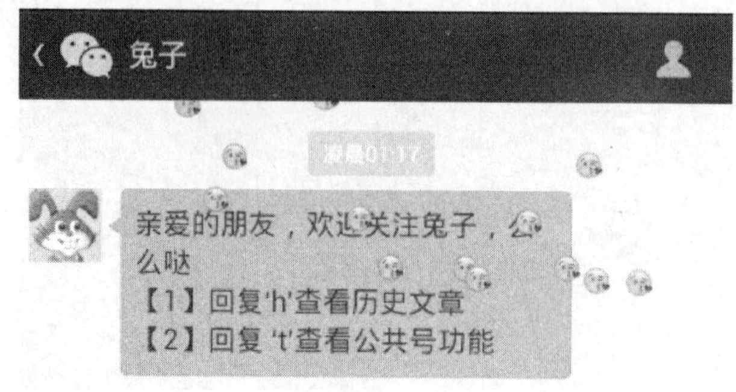

图 2-7

2.2.3 消息自动回复

如果用户输入一些没在后台设置好的关键词或者无效消息，系统将发送该消息，用于提醒用户输入正确的关键词，以正确的方式与公众号进行沟通。这里的设置是至关重要的，否则当用户输入无效信息，公众号将不会发送任何消息给用户，这会给用户一个错觉，以为公众号不工作了，不知道问题出在自己身上。自动回复消息也有四种类型：文字、图片、语音和视频，如图 2-8 所示。

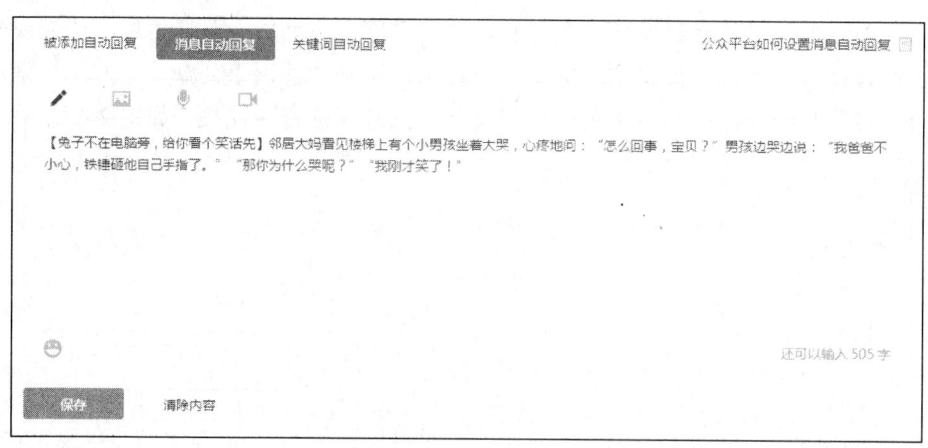

图 2-8

手机上的效果，如图 2-9 所示。

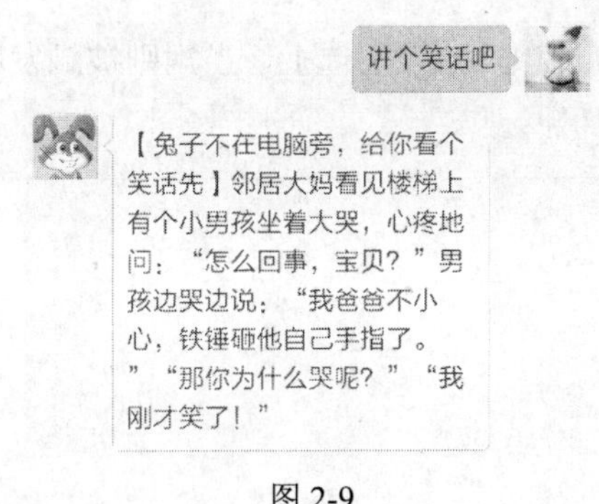

图 2-9

2.2.4　关键词自动回复

关键词自动回复是当用户输入的文字满足设定好的关键词规则时，公众号即把设置在此规则中的内容自动发送给用户。

点击【添加规则】，如图 2-10 所示，我们可以看到每条规则都包括三部分：

图 2-10

【规则名】规则名是方便识别用的，根据规则的用处做合理的命名即可。

【关键字】当用户输入的词与关键词匹配，该规则就会触发。每条规则可以设置最多 10 条（每条关键字最多可设置 30 个汉字）。

【回复】当用户输入的词语触发了规则时，公众号就会回复设置的内容，可以是文字、图片、语言、视频和图文。每条规则最多可以设置 5 条回复（每条回复，最多可设置 300 个汉字）。

读者可能会考虑到这样一种情况，用户想查找某信息，但不清楚该如何输入精确的关键词，规则的关键词设置也不可能考虑到用户的所有可能输入。如图 2-11 所示，我们可以发现关键词的设定包括一个【未全匹配】选项，这是指用户的输入包括这个关键词就算匹配该关键词，比如关键词"讲经"，用户输入的是"听老师讲经"，就会触发规则。默认是【未全匹配】，也可以切换成【已全匹配】，这时用户输入的词语必须与关键词一致才会触发规则。

图 2-11 有个【回复全部】选项，如果勾选上，当规则被触发时公众号会回复该规则内的所有的回复，若未勾选，则随机回复。

图 2-11

当输入“讲经”符合规则 1 的关键词设置，公众号就会发送一个图文消息给给用户，如图 2-12 所示。

图 2-12

2.2.5 自动回复优先规则

如果同时设置了关键字自动回复和消息自动回复，那么就存在优先级的问题，常理来说，应该优先触发关键词自动回复规则，如果没有满足的关键词再触发消息自动回复规则，实际上微信公众号也是这么处理的。如图 2-13 图 2-14 所示。

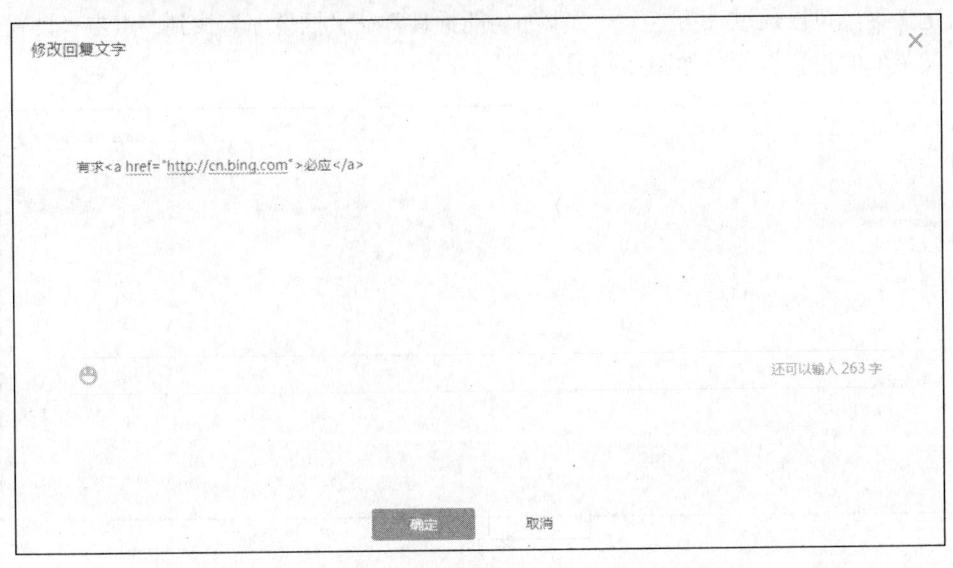

图 2-13

图 2-14

微信说明文档中指出文字中可以输入网页链接地址，但不支持设置超链接。如果用户了解一些 html 的知识，完全可以自己设置超链接效果。通过<a>标签将文本中的某些文字链接到其他网页上。

2.3 自定义菜单

2013 年 3 月 19 日，公众平台开放了“自定义菜单”的内测申请。当时引起不小的轰动，不少公众账号的运营者纷纷求内测资格，希望为自己的账号加上自定义菜单功能。2013 年 8 月 5 日，公众平台将公众账号分为订阅号和服务号。服务号只能由运营主体为组织的账号申请，并且可以申请自定义菜单。通过微博认证的订阅号也可以申请自定义菜单。2015 年 2 月 12 日，公众平台全面开放自定义菜单。

2.3.1 设置自定义菜单

自定义菜单可以通过“功能”→“添加功能插件”→“插件库”找到。点击“设置”，进入自定义菜单的设置页面。如图 2-15 所示。

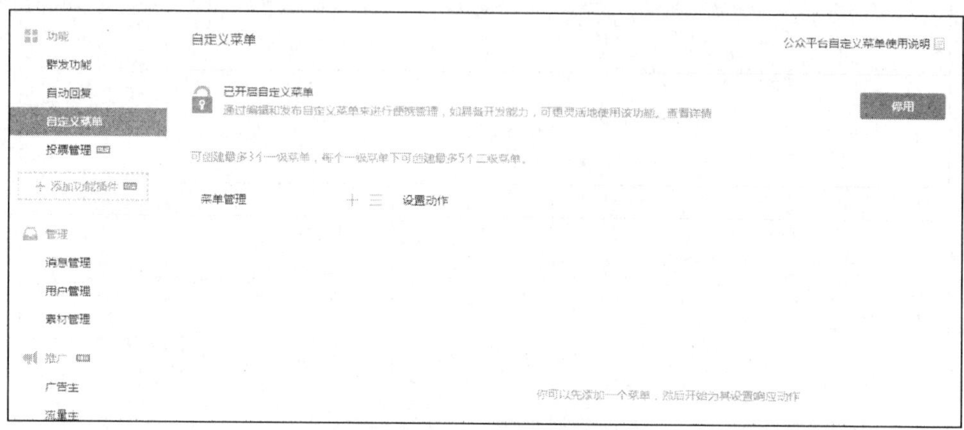

图 2-15

点击“添加”按钮，可以依次添加一级菜单，并可以在一级菜单下添加二级菜单。菜单名称名字不多于 4 个汉字或 8 个字母。可创建最多 3 个一级菜单，每个一级菜单下可创建最多 5 个二级菜单。如图 2-16 所示。

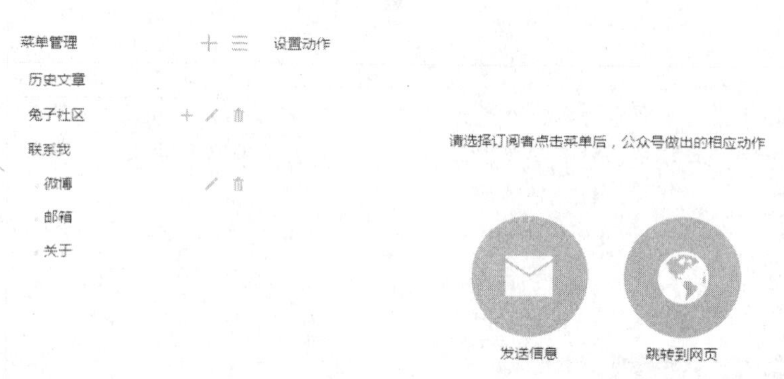

图 2-16

创建的过程中，读者可以随时点击“预览”按钮，查看自定义菜单的效果，如图 2-17 所示。

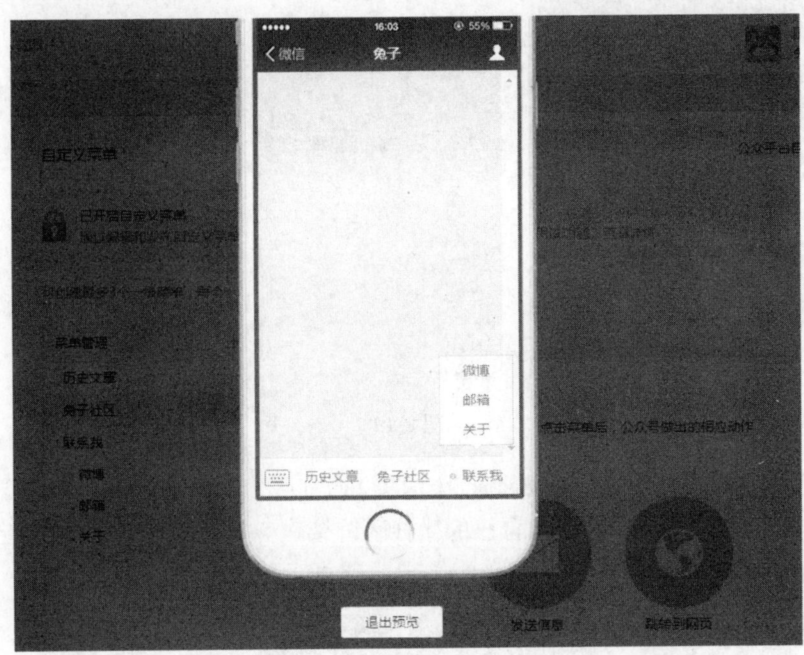

图 2-17

2.3.2　设置动作

可以为每个菜单项设置动作。选中菜单项后，右侧会出现“设置动作”的页面，读者可以选择“发送消息”或“跳转到链接”。如图 2-18 所示。

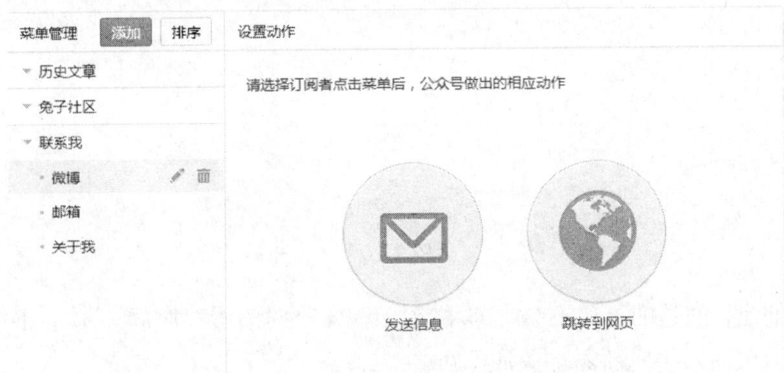

图 2-18

发送消息，意味着微信用户点击后，回复给用户一条消息。目前支持的消息类型有文字、图片、语音、视频和图文消息。如图 2-19 所示。

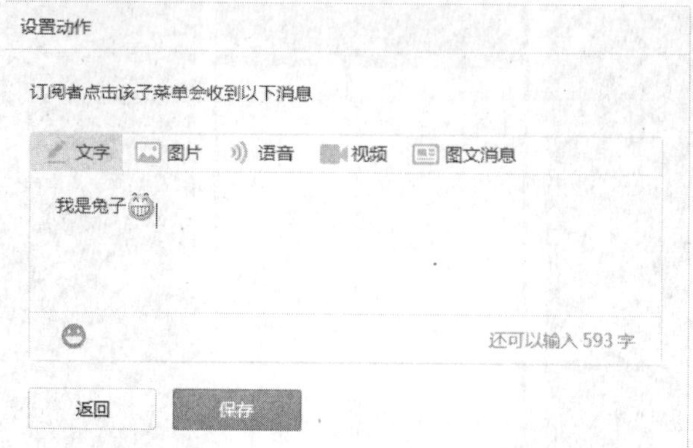

设置动作
订阅者点击该子菜单会收到以下消息
文字
图片
语音
视频
图文消息
我是兔子
还可以输入 593 字
返回
保存

图 2-19

跳转到网页，即用户点击后，跳转到一个网页。微社区（http://wsq.qq.com/）已开放申请，很多公众账号都把一个菜单项设置为自己的微社区链接。点击“兔子社区”，跳转到兔子的微社区页面。如图 2-20 所示。

兔子DV
兔子DV
david
颐和园的风景
发话题

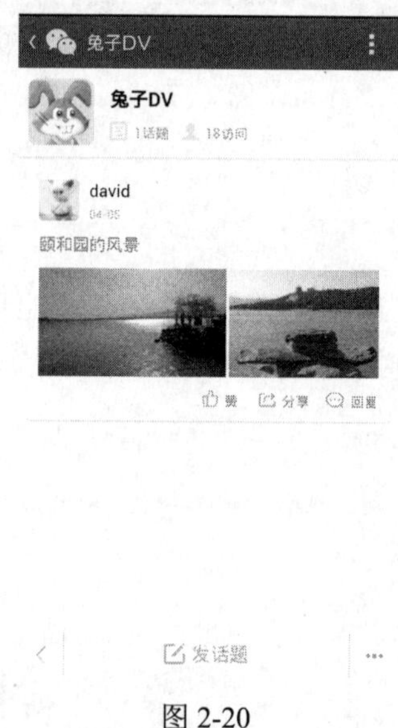

图 2-20

需要注意的是，创建的菜单不会立即生效，有 24 小时的缓存时间。读者如需立刻看到效果，可以先取消关注，再重新添加关注即可。

最后，自定义菜单的实际效果如图 2-21 所示。

你好
微博
邮箱
你好
关于我
历史文章
兔子社区
联系我

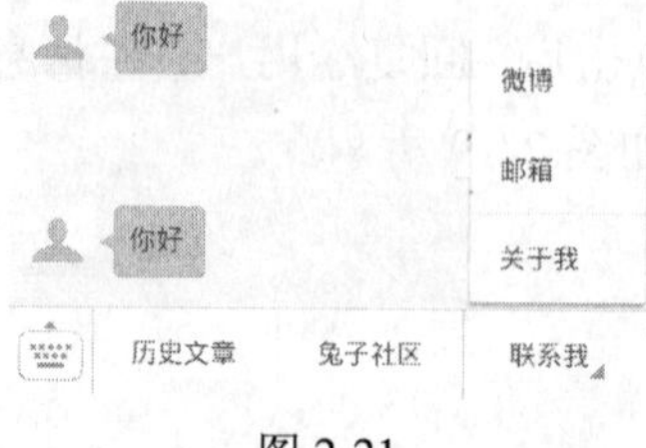

图 2-21

2.4 投票

投票是一个运营者征集用户意见，决定最终结果的好方法。微信公众平台在 2014 年 5 月 9 日增加了投票功能，公众号的运营者可以在图文消息编辑框中，添加一个图片投票。

选择 图标，即可弹出投票选项页面。在页面上填写投票标题，截止时间，投票选项，并可设置是否允许多选。如图 2-22 所示。

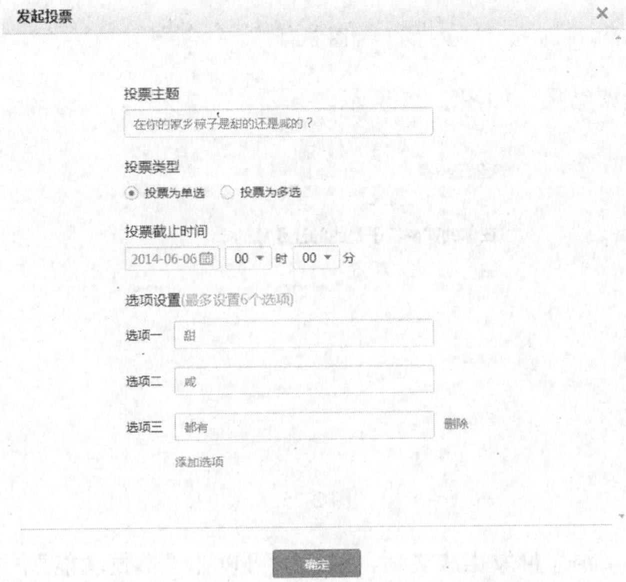

发起投票

投票主题

在你的家乡粽子是甜的还是咸的？

投票类型

投票为单选　投票为多选

投票截止时间

2014-06-06　00 时　00 分

选项设置(最多设置6个选项)

选项一　甜

选项二　咸

选项三　都有　删除

添加选项

确定

图 2-22

运营者可以将包含投票的图文消息群发出去。只有群发出去，才能收到用户的投票及查看投票结果。如图 2-23 所示。

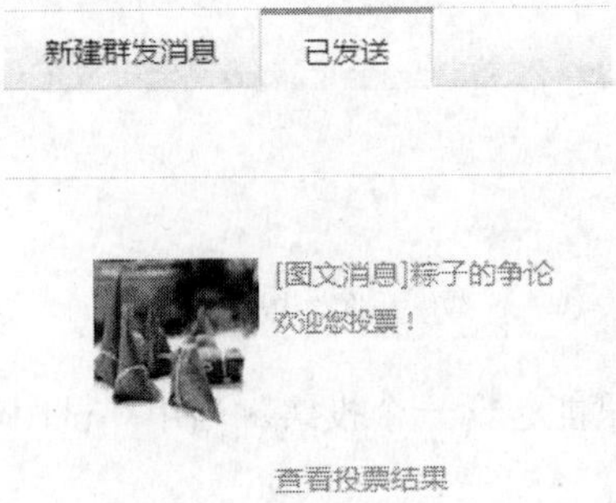

新建群发消息　已发送

[图文消息]粽子的争论

欢迎您投票！

查看投票结果

图 2-23

用户收到推送的图文消息后，可以选择选项进行投票。如图 2-24 所示。

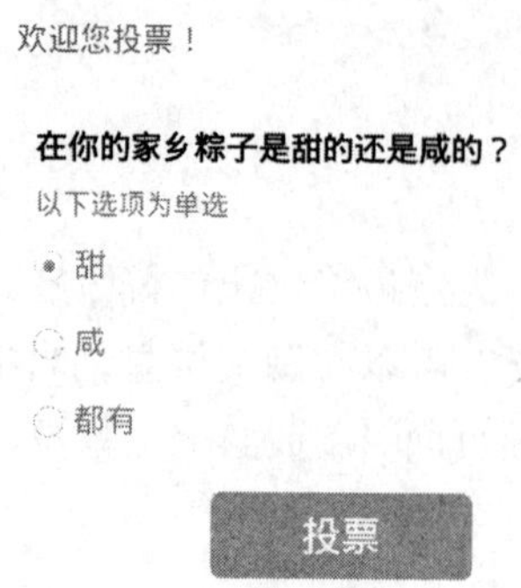

欢迎您投票！
在你的家乡粽子是甜的还是咸的？
以下选项为单选
甜
咸
都有
投票

图 2-24

投票后能看到投票结果。如图 2-25 所示。

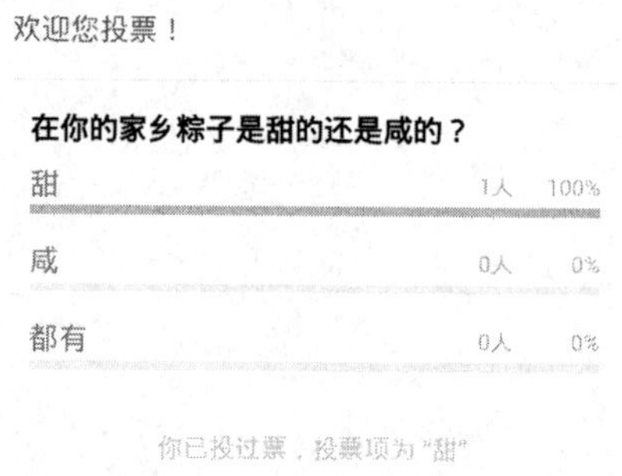

欢迎您投票！
在你的家乡粽子是甜的还是咸的？
甜
1人 100%
咸
0人 0%
都有
0人 0%
你已投过票，投票项为"甜"

图 2-25

把包含投票的图文消息群发出去之后，运营者可以在“群发功能”→“已发送”页卡中查看投票结果。如图 2-26 所示。

投票结果
在你的家乡粽子是甜的还是咸的？
1. 甜
1人 100%
2. 咸
0人 0%
3. 都有
0人 0%

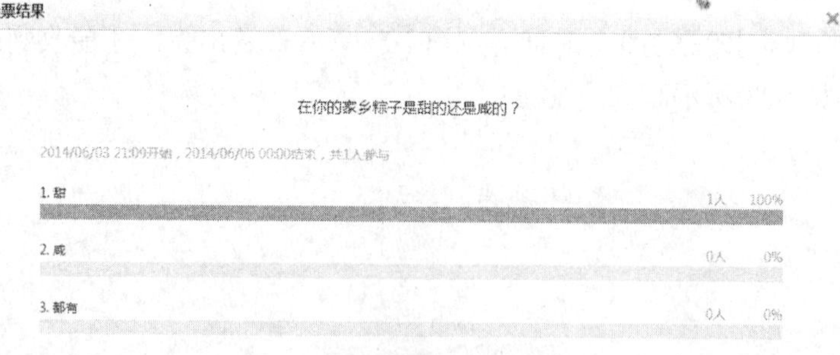

图 2-26

注意，每个图文消息最多只能包含一个投票。当用户试图添加多个投票时，会弹出警告并添加失败。

2.5 案例分析

本节通过两个小案例，来说明自动回复和自定义菜单的使用及运营方法。

2.5.1 利用自动回复实现我的书目功能

不知道读者有没有订阅一些自媒体账号？如果订阅了，很有可能见过这样的功能：回复“书目”可以查看作者的历史文章书目，回复数字可以访问相应的文章。现在你也可以实现这样的功能啦!

1. 首先要设置一些引导文字，在公众号被添加或用户发消息时自动回复给用户。

在自动回复的设置页，分别设置被添加自动回复和消息自动回复的引导文字，见图 2-10 和图 2-11。在用户关注公众号或发送消息时，会回复给用户。

2. 这时你需要在“管理”→“素材管理”页面，新建一个全文目录的图文消息。如图 2-27 所示。

全文目录

图 2-27

这是豁牙小兔的微信 huoyaxiaotu。人类一思考，上帝就发笑；若没有思考，又与草木何异？一半欢乐，一半思考。关注我的微信号，能收到我的最新文章推送。

本文是全文文章目录。

通过查看文章目录，回复文章编号查看对应文章全文。

例如：回复 002，就能查看《世界因你而不同》

- 001 兔的形象
- 002 世界因你而不同
- 003 平衡

- 004 如歌的行板
- 005 父亲
- 006 塑料儿童
- 007 一生所爱
- 008 最开心的事
- 009 简

3. 为文章目录设置关键词自动回复规则，如图 2-28 所示。

图 2-28

4. 为每篇文章设置关键词自动回复规则，如图 2-29 所示。

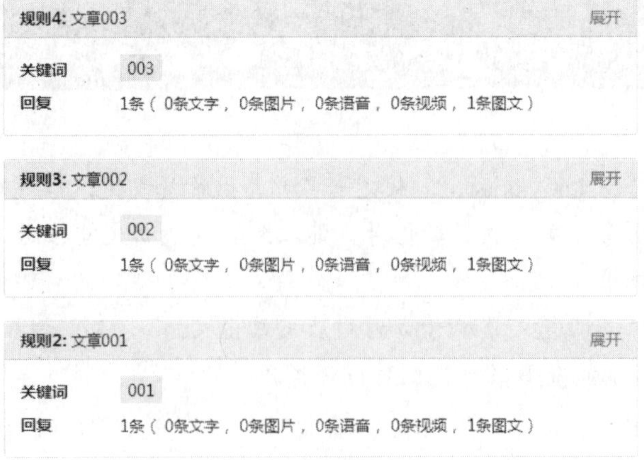

图 2-29

经过以上几个步骤，一个简易书目就做好了。效果如图 2-30 和图 2-31 所示。

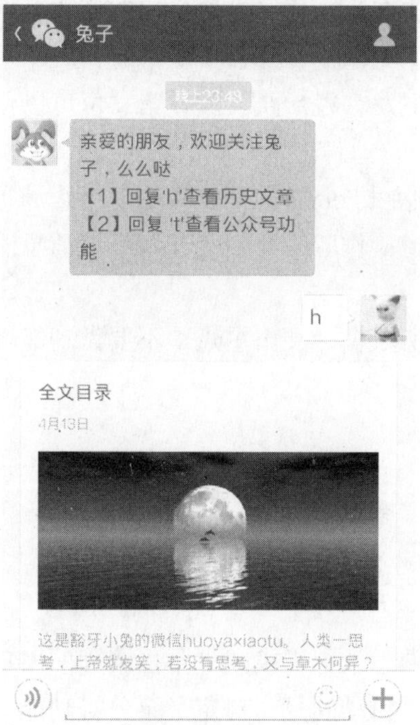

图 2-30

图 2-31

2.5.2　自定义菜单的典型案例：小道消息

自定义菜单最多可以创建 3 个一级菜单，每个一级菜单下最多可创建 5 个二级菜单。数量上的限制，加上手机屏幕的限制，使得在设计自定义菜单时，一定要把对用户最有用，使用频率最高的功能放在自定义菜单的显著位置，不太重要或不太常用的功能放在第二级菜单中，甚至不放。这里有一个成功案例，跟读者分享一下。

小道消息（WebNotes）是一个很成功的微信公众账号，其主人为 Fenng（丁香园技术负责人冯大辉）。Fenng 以思想独特、文笔犀利、消息灵通著称，微博粉丝 104 万，微信公众号关注者超过 26 万，属于最早的个人微信公众号之一。

之所以举小道消息的例子，是因为他的自定义菜单设置非常典型和实用。

如图 2-32 所示，有三个一级菜单：更多阅读、小道社区、与我联系。

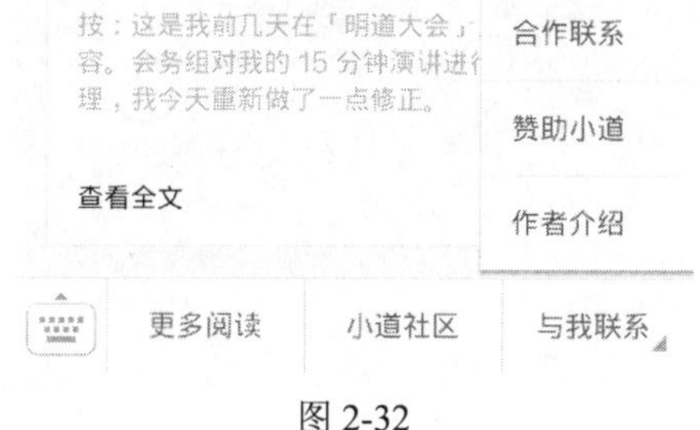

图 2-32

更多阅读存放的是小道消息文章的备份。用户订阅小道消息，大部分人都是阅读他的文章，因为有料、幽默、有启发，所以将文章备份放在第一位，方便后来的订阅者查看以前的文章。

小道社区是较早获得内测资格的微社区，用户发言很活跃。放在第二位可以使用户之间互相交流，带来更好的互动体验。

与我联系则包含了 3 个二级菜单：合作联系返回 Fenng 的邮箱和 QQ 号，满足用户合作或求助的需求；赞助小道为用户提供了赞助的渠道；作者简介则会介绍小道消息的主要关注内容。

读者在设计自己的自定义菜单时，应注意有所取舍，突出重点，不要做功能堆砌，用户喜欢才是王道。

2.6 本章小节

本章详细说明了微信公众平台的编辑模式。熟悉了编辑模式，不懂编程的用户也能轻松地使用微信公众平台，完成群发消息、回复消息、自动回复、自定义菜单等功能。

第3章　搭建开发环境

第 2 章详细介绍了公众平台编辑模式的用法，通过学习，读者应该掌握了设置自动回复、自定义菜单等运营方法。但是，公众平台提供的众多接口，包括事件推送、语音识别、客服接口、二维码等，需要在开发模式下使用。

本章主要介绍如何启用开发模式，并介绍如何在 SAE 和 BAE 下搭建开发环境，最后通过开发第一个应用，让读者了解公众平台开发的一般步骤。

3.1 启用公众平台开发模式

公众平台提供了编辑模式和开发模式，两种模式互斥，不能同时开启，但可以随时切换。

进入“开发者中心”下，可以看到配置项和接口报警两个选项卡，如图 3-1 所示。在配置项中，可以看到开发者 ID、服务器配置、开发者工具和接口权限表。接口报警中，可以扫描二维码加入微信群，用来接收报警通知。

图 3-1

如果当前服务器配置为未启用状态，表示当前模式为编辑模式。需要点击“启用”按钮。点击后会弹出确认对话框，点击确认后即开启了开发模式，如图 3-2 所示。

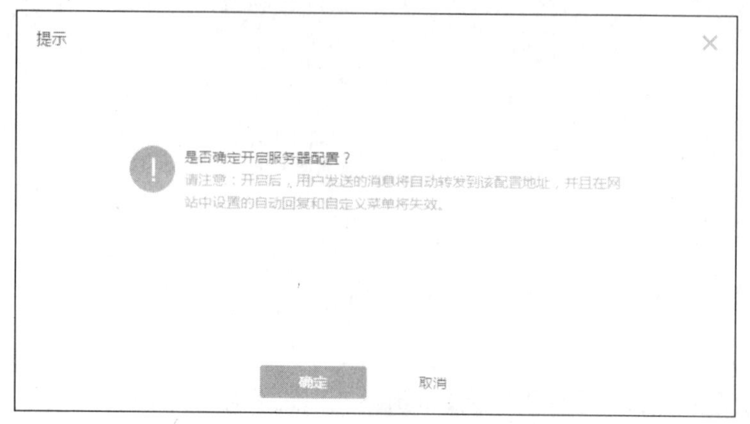

图 3-2

本节主要介绍开发模式的启用和网址接入。

3.1.1　申请网址接入

成为公众平台开发者之前，需要做一些准备工作。

1. 公网服务器环境

首先要保证服务器处于公网环境，使微信的服务器能够访问得到。在个人电脑上部署的服务器，一般通过 127.0.0.1 或 localhost 访问。而 127.0.0.1 是回送地址（Loopback Address），只能在本地机器上使用。常见的公网服务器可以通过购买虚拟主机、使用 SAE 或 BAE 等云服务、利用花生壳动态解析等方式获得。

2. Token 验证程序

在开启开发模式的过程中，需要填写 URL 和 Token，其中 URL 是开发者用来接收微信服务器数据的接口 URL。Token 可由开发者任意填写，用作生成签名（该 Token 会和接口 URL 中包含的 Token 进行比对，从而验证安全性）。这部分会在第 4 章详细说明。

在公众平台的“开发者中心”→“配置项”下，进入配置项页面。点击“服务器配置”的“修改配置”按钮，填写 URL 和 Token，如果验证成功即接入生效，就成为开发者。消息加解密方式可以选择明文方式，如图 3-3 所示。

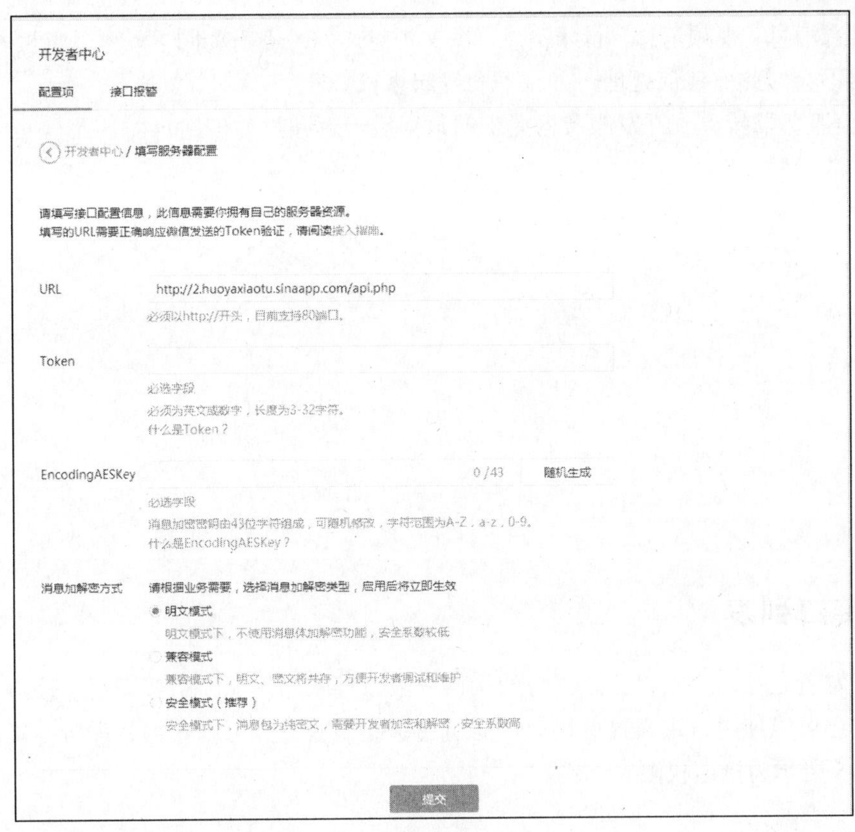

图 3-3

3.1.2 数据交换方式

网址接入成功后，开发者立即会获得消息接口权限，而消息接口为开发者提供了与用户进行消息交互的功能。当普通微信用户向公众账号发消息时，微信服务器将 POST 消息的 XML 数据包发到开发者填写的 URL 上。开发者的 URL 接收到 XML 数据后，通常会解析 XML、区分消息类型、进行相应处理，把要回复的内容拼装成 XML 返回给微信服务器。微信服务器再将消息回复给微信用户。

如图 3-4 所示为微信用户向公众平台发消息并获得回复的数据交换过程。

① 微信用户发消息到微信服务器

② 微信服务器将消息进行预处理，区分出消息类型，包括文本消息、图片消息、语音消息、视频消息、地理位置消息和链接消息。如果公众账号有语音识别接口权限并且开启了语音识别功能，则在语音消息中增加一个语音识别结果的字段。微信服务器将消息封装为 XML 数据后，以 POST 的方式提交给开发服务器。微信服务器在 5 秒内收不到响应会断掉连接，并且重新发起请求，总共重试 3 次。

③ 开发服务器接收到微信服务器提交的数据，根据开发者需要进行处理。如需回复消息给用户，则将回复消息封装为 XML 数据，返回给微信服务器。现在支持回复文本消息、图

片消息、语音消息、视频消息、音乐消息、图文消息。如果不需要回复，可以直接回复空串，微信服务器不会对此作任何处理，并且不会发起重试。

④ 微信服务器接收到开发服务器提交的数据后，返回给微信用户。

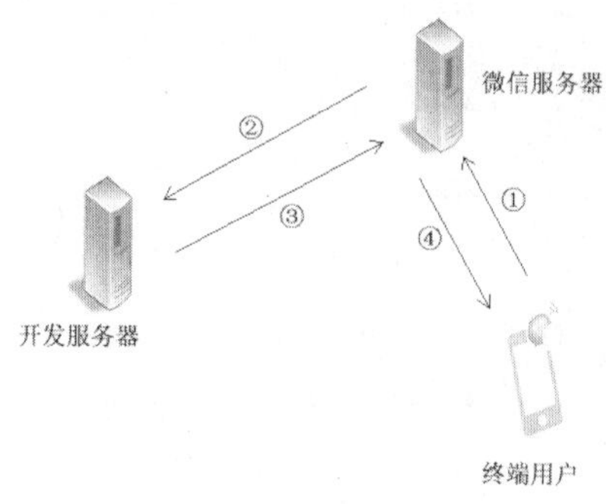

图 3-4

3.1.3 接口列表

成为开发者之后，会获得公众平台的接口权限，订阅号只能使用普通消息接口，通过认证的订阅号还可以使用自定义菜单接口，而通过认证的服务号可以获得几乎所有接口权限。

如图 3-5 所示为接口权限表示例。

接口权限表

类目	功能	接口	每日调用上限/次	接口状态	操作
对话服务	基础支持	获取access_token	2000	已获得	
		获取微信服务器IP地址		已获得	
	接收消息	验证消息真实性	无上限	已获得	
		接收普通消息	无上限	已获得	
		接收事件推送	无上限	已获得	
		接收语音识别结果 (已关闭)	无上限	已获得	开启
	发送消息	自动回复	无上限	已获得	
		客服接口		未获得	
		群发接口		未获得	
		模板消息（业务通知）		未获得	
	用户管理	用户分组管理		未获得	
		设置用户备注名		未获得	
		获取用户基本信息		未获得	
		获取用户列表		未获得	
		获取用户地理位置(已关闭)		未获得	
	推广支持	生成带参数的二维码		未获得	
		长链接转短链接接口		未获得	
	界面丰富	自定义菜单	详情 ▾	未获得	
	素材管理	上传下载多媒体文件		未获得	

（1） 对话服务

功能服务	智能接口	语义理解接口	未获得 ❓
	多客服	获取客服聊天记录	未获得 ❓
		客服管理	未获得 ❓
		会话控制	未获得 ❓
	微信支付	微信支付接口	未获得 ❓
	微信小店	微信小店接口	未获得 ❓
	微信卡包	微信卡包接口	未获得 ❓
	设备功能	设备功能接口	未获得 ❓

（2）　功能服务

网页服务	网页账号	网页授权获取用户基本信息		未获得 ❓
	基础接口	判断当前客户端版本是否支持指定JS接口	无上限	已获得
	分享接口	获取“分享到朋友圈”按钮点击状态及自定义分享内容接口		未获得 ❓
		获取“分享给朋友”按钮点击状态及自定义分享内容接口		未获得 ❓
		获取“分享到QQ”按钮点击状态及自定义分享内容接口		未获得 ❓
		获取“分享到腾讯微博”按钮点击状态及自定义分享内容接口		未获得 ❓
	图像接口	拍照或从手机相册中选图接口	无上限	已获得
		预览图片接口	无上限	已获得
		上传图片接口	无上限	已获得
		下载图片接口	无上限	已获得
	音频接口	开始录音接口	无上限	已获得
		停止录音接口	无上限	已获得
		播放语音接口	无上限	已获得
		暂停播放接口	无上限	已获得
		停止播放接口	无上限	已获得
		上传语音接口	无上限	已获得
		下载语音接口	无上限	已获得
	智能接口	识别音频并返回识别结果接口	无上限	已获得
	设备信息	获取网络状态接口	无上限	已获得
	地理位置	使用微信内置地图查看位置接口	无上限	已获得
		获取地理位置接口	无上限	已获得
	界面操作	隐藏右上角菜单接口	无上限	已获得
		显示右上角菜单接口	无上限	已获得
		关闭当前网页窗口接口	无上限	已获得
		批量隐藏功能按钮接口	无上限	已获得
		批量显示功能按钮接口	无上限	已获得
		隐藏所有非基础按钮接口	无上限	已获得
		显示所有功能按钮接口	无上限	已获得
	微信扫一扫	调起微信扫一扫接口	无上限	已获得
	微信小店	跳转微信商品页接口		未获得 ❓
	微信卡券	调起适用于门店的卡券列表并获取用户选择列表		未获得 ❓
		批量添加卡券接口		未获得 ❓
		查看微信卡包中的卡券		未获得 ❓
	微信支付	发起一个微信支付请求		未获得 ❓

（3）　网页服务

图 3-5

服务按类目分为三类：

- 对话服务：即消息和用户服务，包括接收用户消息、发送消息、自定义菜单、推广支持和用户管理等。
- 功能服务：包括智能接口、多客服、微信支付、微信小店、微信卡包、设备功能等。
- 网页服务：包括网页账号（网页授权）、微信 JS-SDK 等，其中微信 JS-SDK 支持分享、图像、音频、智能、设备信息、地理位置、界面操作、二维码、微信小店、微信卡券和微信支付等。

3.2 SAE 环境搭建

Sina App Engine（SAE），是新浪公司（sina.com.cn）推出的一款云应用引擎，自 2009 年 11 月问世后，SAE 一直受到开发者的青睐。到 2013 年 11 月份止，SAE 已经有近 40 万开发者，共托管了 56 万多个应用。一些成熟的软件和框架，如 Wordpress、CodeIngiter、Yii 等，都被移植到 SAE。其中 Wordpress 的安装次数已经超过 11 万，异常火爆。

SAE 现在支持多种语言：PHP、Java、Python，采用不同技术的开发者都可以使用 SAE 服务。除了网页应用，SAE 也有移动云平台，可以开发移动应用。

SAE 吸引了大量的开发者。SAE 体现了新浪的一贯作风：一流客服+一流运营，就易用性和稳定性而言，要远远超过其他竞争者。

这里从应用创建、本地开发环境和 SAE 常用服务等方面，介绍基于 SAE 的开发环境搭建。

3.2.1 应用创建

1. 注册账号

SAE 采用新浪微博账号体系进行登录，所以你需要有一个新浪微博账号或邮箱.

进入 SAE 官网（http://sae.sina.com.cn/），在页面顶部右上角可以看到“注册”链接，如图 3-6 所示。

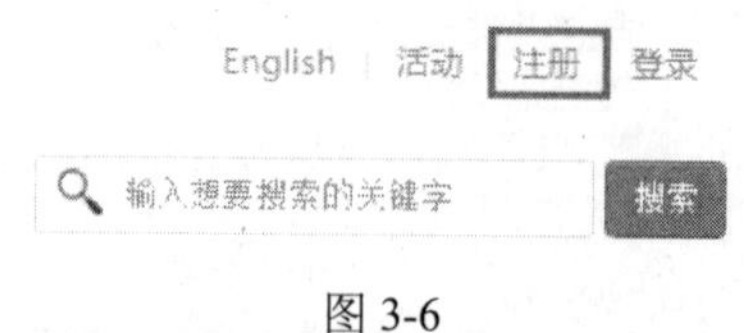

图 3-6

进入了“SAE 新浪云计算平台”的登录页面。如果你已经有新浪微博账号，在此页面输入账号和密码，点击登录即可，如图 3-7 所示。

如果你还没有新浪微博账号，请先点击右上角的“注册”链接，用邮箱注册一个新浪微博账号，再返回此页面进行登录。

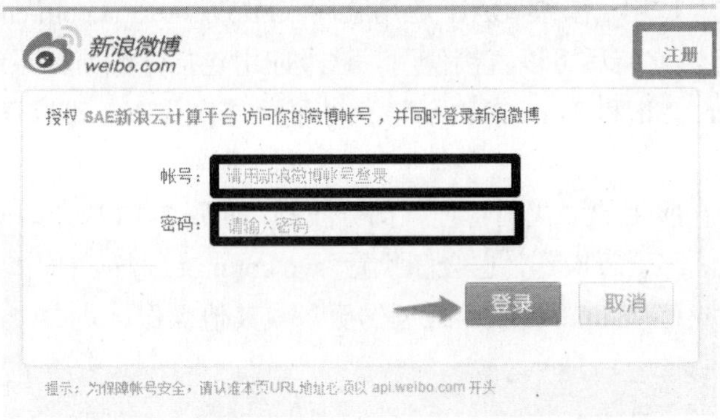

图 3-7

登录后进入授权页，点击“授权”按钮即可完成，如图 3-8 所示。

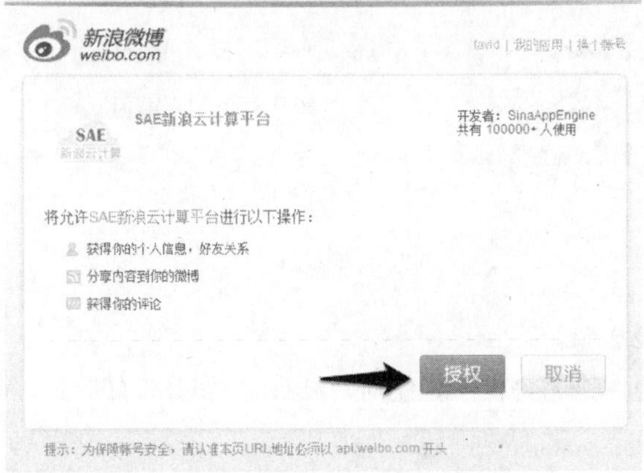

图 3-8

这样，你已经完成了 SAE 的注册，SAE 的账号就是你的微博账号。

2. 使用 SVN 部署代码

SAE 代码部署原理图，如图 3-9 所示。

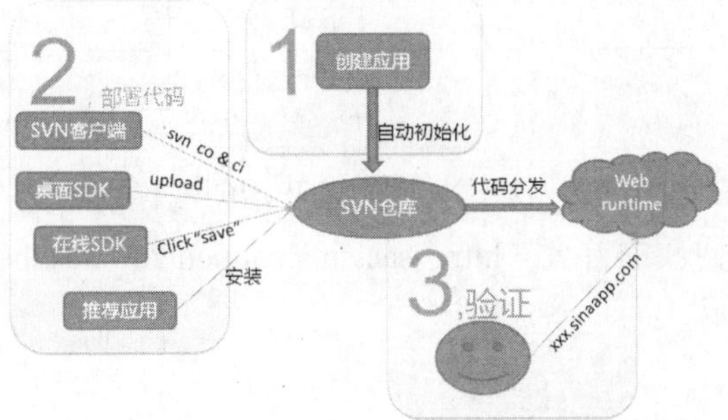

图 3-9　来源：SAE 官网

SAE 有 4 种代码管理方式：在线安装应用、在线编辑、本地开发环境上传和 SVN 部署。

在线安装的方式，适用于安装 SAE 应用仓库（http://sae.sina.com.cn/?m=appstore）里的 Web 应用和开发框架，安装后可以直接使用。这类应用包括开源博客系统 Wordpress、开源 PHP 框架 CodeIgniter、Yii 和 ThinkPHP 等。后续需要修改代码，可以通过在线编辑和 SVN 等方式实现。

在线编辑器可以在应用的“代码管理”部分找到，如图 3-10 所示。如果通过在线代码编辑器对代码进行修改、部署等操作，也会和执行 svn commit 一样，产生一个新的提交，即可以使用 SVN 客户端执行 svn update 获取最近的更新或其他操作。

图 3-10

本地开发环境见 3.2.2 节。

这里推荐 SVN 部署，其优势在于，任何对代码的修改都有记录，可以回退到任意的历史版本。

在 Windows 下开发应用，推荐 Tortoise SVN 客户端，下载地址为：

http://tortoisesvn.net/downloads.html

应用对应的 SVN 配置为：

SVN 仓库地址	https://svn.sinaapp.com/YOUR_APP_NAME
SVN 用户名	SAE 安全邮箱
SVN 密码	SAE 安全密码

3. 准备工作

完成了账号申请和 SVN 安装，接下来就可以开始创建你的第一个应用了。

首先登录 SAE，访问我的首页（http://sae.sina.com.cn/?m=dashboard），单击“创建新应用”链接，如图 3-11 所示。

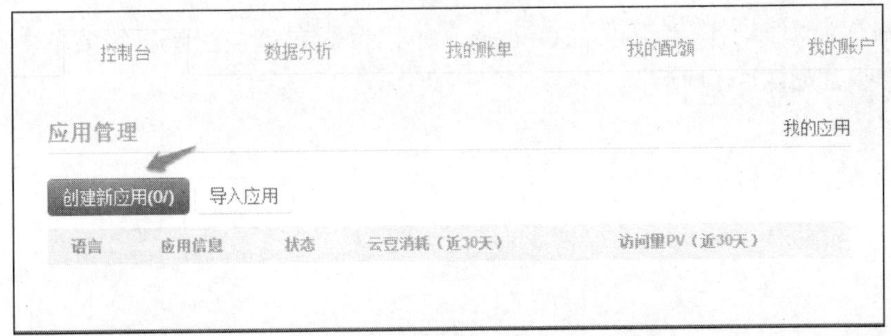

图 3-11

页面会弹出提醒，禁止创建包含违法、违规或“擦边球”内容的应用，如图 3-12 所示。

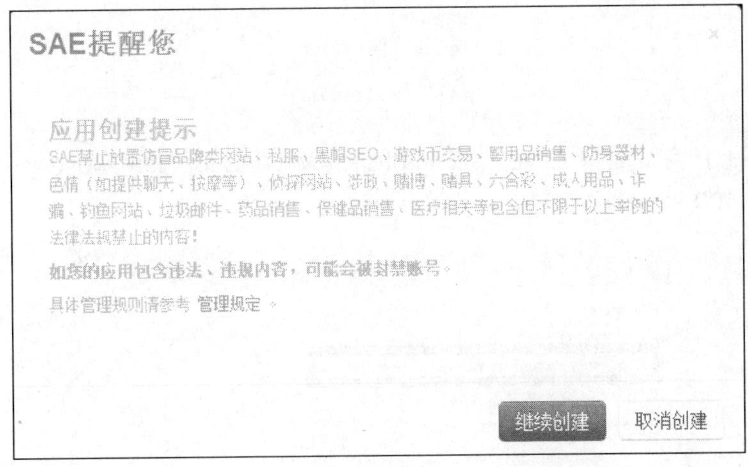

图 3-12

填写二级域名、应用名称等，单击“创建应用”，你的应用就被创建了。所填写的域名就是你应用的访问地址，如图 3-13 所示。需要注意的是，应用创建后，二级域名和开发语言不可修改，请慎重填写。

创建新应用　选择开发框架
*二级域名（AppID）　weixinproject100　sinaapp.com
*应用名称　微信开发
应用的中文名称，供显示用。
*验证码
应用描述　微信开发
开发语言　php　python　java
应用创建后，开发语言不可修改
应用类型　web应用　移动应用
创建应用

图 3-13

现在选择你的本地工作目录，如 G:\sae 。单击鼠标右键，在弹出的菜单中选择“SVN Checkout”命令，如图 3-14 所示。

图 3-14

在弹出页面中填写仓库路径，如：https://svn.sinaapp.com/weixinproject100 （其中 weixinproject100 是你刚创建的应用名称）。如图 3-15 所示。

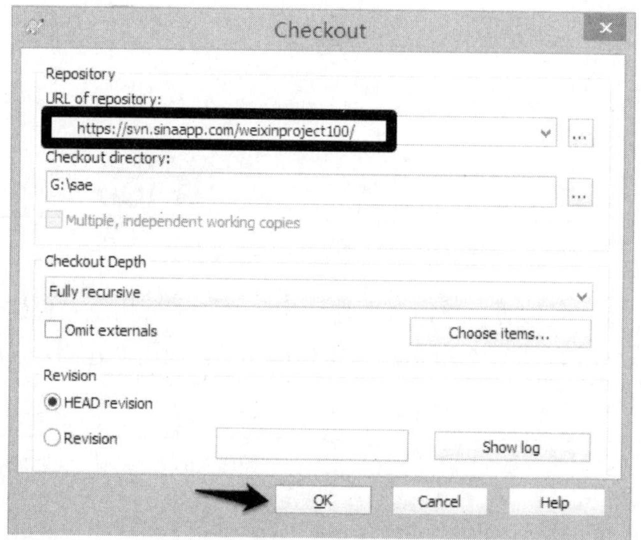

图 3-15

单击“OK”按钮开始执行 update 操作，如果是第一次使用会弹出 Authentication 窗口进行身份验证。(另外，如果你不希望每次使用都进行身份验证，可以勾选“Save authentication”复选框)。

- username：注册 SAE 时填写的安全邮箱（并非微博账号）
- password：注册 SAE 时填写的安全密码（并非微博密码）

如图 3-16 所示。

图 3-16

身份验证成功后 SVN 会自动将你的应用同步到本地工作目录中并创建以你应用命名的文件夹。

接下来需要创建一个版本，在该文件夹中创建一个新的文件夹作为这个应用的版本（注意文件夹的名称就是应用的版本号，必须是正整数，如：1, ...）。

现在可以使用你最喜欢的编码工具（如：EditPlus、Notepad++等）在该文件夹下创建你的第一个页面，如 index.php（如果你创建的是 PHP 应用），文件内容如下：

```
<?php
echo '_Welcome to SAE!';
?>
```

完成后，该文件左侧会出现一个红色的“！”，右键单击该文件，在弹出的菜单中选择 SVN Commit...，执行提交操作。如图 3-17 所示。

图 3-17

在弹出的窗口的 Message 处填写更新的理由，点击“OK”，即可完成代码的上传。

现在，在浏览器中输入你的应用的地址，就可以马上访问了；本例地址为 http://weixinproject100.sinaapp.com（其中 weixinproject100 为你的应用名称）。如图 3-18 所示。

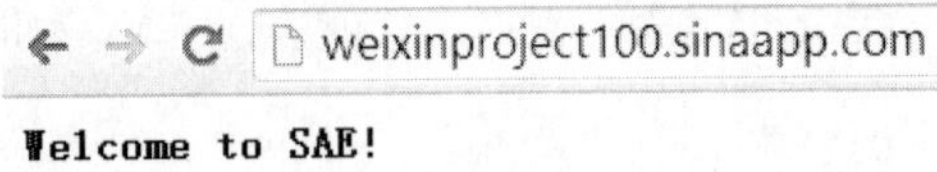

图 3-18

3.2.2　搭建本地开发环境

为方便开发者测试开发，SAE 提供了本地开发环境。它们都能模拟 SAE 的大部分功能和服务，在本地开发环境开发调试，就不用频繁地上传代码，不但节省时间，而且减少调试程序时调用 SAE 服务造成的云豆消耗。

SAE 本地开发环境集成了 Apache、PHP、Redis 等服务，又用 PHP 文件模拟 SAE 的 Storage、KVDB、FetchURL 等服务。这是一个绿色软件，解压缩之后可以直接运行。值得注意的是，该软件没有集成 mysql，如果在开发应用时用到，需要自行配置；该软件只有可视化界面，只有命令行方式。目前版本为 1.3.0，仅支持 Windows 操作系统。

1. 下载与环境初始化

SAE 本地开发环境可以在 SAE 公共资源加速网站（http://lib.sinaapp.com/）获取，点击页面底部的“SAE Local Environment (Windows)”链接即可下载。目前版本为 1.3.0。

下载到本地的文件是 SAE*Local*Environment-windows-1.3.0.zip，解压缩后看到的文件目录结构是这样的：

```
bin         <DIR>#可执行文件/程序目录，Apache、PHP、Redis 等都在此文件夹下
emulation     <DIR>#环境模拟文件，用来模仿 SAE 环境，包括 FetchUrl、Storage 等
storage       <DIR>#storage 存储目录
tmp         <DIR>#临时目录
wwwroot       <DIR>#根目录，网站代码应放在此处
changelog     #变更历史
init.cmd          #SAE 环境初始化脚本
readme        #帮助文本，介绍环境的常见命令
sae.conf          #SAE 配置文件，可配置 Apache、Redis、Mysql 等参数
tool.cmd          # SAE 本地模拟环境数据清理工具
```

运行本地开发环境只需要执行“init.cmd”脚本即可。如果你的 Windows 操作系统为 XP，请确保当前登陆用户是计算机管理员；如果为 Windows7，Vista，Windows8，Windows8.1 等，需要使用管理员身份运行，如图 3-19 所示。

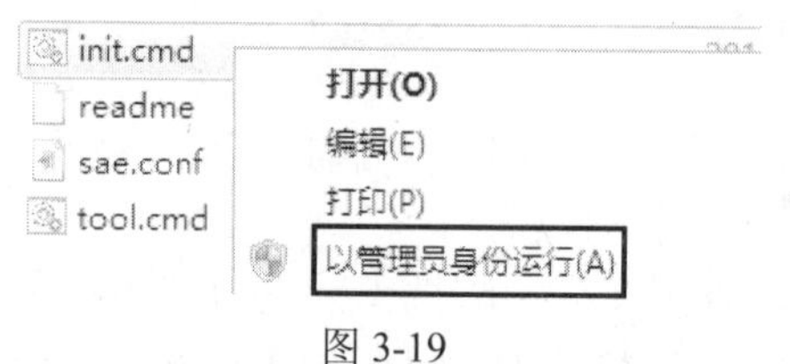

图 3-19

“Init.cmd”脚本的运行场景如图 3-20 所示，可以看到启动了 Apache 和 redis 等服务。当 Windows 命令行界面出现“LocalSAE>”字符时，就表示 SAE 本地模拟开发环境启动成功，可以使用了。

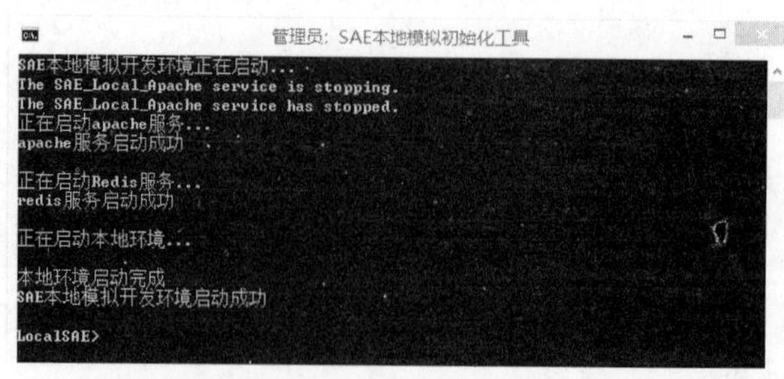

图 3-20

2. 常用应用管理命令

现在我们要创建一个名称为“demo”的应用，步骤大致为：创建应用→选择应用→创建版本→更新配置文件（可选）。

（1）创建应用

命令如下：

```
LocalSAE> capp demo
应用创建成功
```

创建成功后，wwwroot 目录下自动增加了一个名称为“demo”的文件夹。

（2）选择或切换应用

因为可能有多个应用存在，所以使用前需要切换到当前开发的应用。

```
LocalSAE> use demo 已切换当前应用
```

如果想查看当前选择的应用，可以用 sapp 命令。

```
LocalSAE> sapp demo
```

（3）创建版本

版本的意义在于你的应用可以同时允许多个面目存在，推出新版本时又需要保留旧版，这种情况下多版本就很必要。SAE 最多允许创建 10 个版本，并且版本号必须为正整数。 运行以下命令：

```
LocalSAE> cversion 1 创建版本成功
```

在你的应用目录下，会添加名称为“1”的文件夹。

还可以设置一个默认版本，当用户访问时，默认版本会首先呈现。

```
LocalSAE> defver 1 设置默认版本成功
```

同时可以查看当前默认版本号：

```
LocalSAE> sversion 1
```

（4）更新配置文件

如果你的操作会更改 config.yaml 文件，完成以上步骤后，需要更新 config.yaml 文件，保证你的操作生效。

更新单个版本的配置文件：

```
LocalSAE> upconfig 1
config.yaml 文件更新成功。
```

更新应用的所有版本下的配置文件：

```
LocalSAE> upallconfig
demo 应用的 config.yaml 文件更新成功。
```

至此，我们创建了一个名称为“demo”的应用，默认版本号为 1。按照 SAE 的路由规则，我们可以通过 demo.sinaapp.com 或 1. demo.sinaapp.com 来访问刚才创建的应用。

要在本地访问，还要查看是否要配置 HOSTS。

打开 HOSTS 文件（默认位置在 C:\Windows\System32\drivers\etc\hosts，如果没有，请查看%Systemroot %\System32\drivers\etc\hosts，其中%Systemroot%指系统安装路径），发现 SAE 已经给配好了。

```
127.0.0.1 demo.sinaapp.com 127.0.0.1 1.demo.sinaapp.com
```

在浏览器中打开 1.demo.sinaapp.com 和 demo.sinaapp.com，发现 SAE 已经在欢迎我们了！如图 3-21、图 3-22 所示。

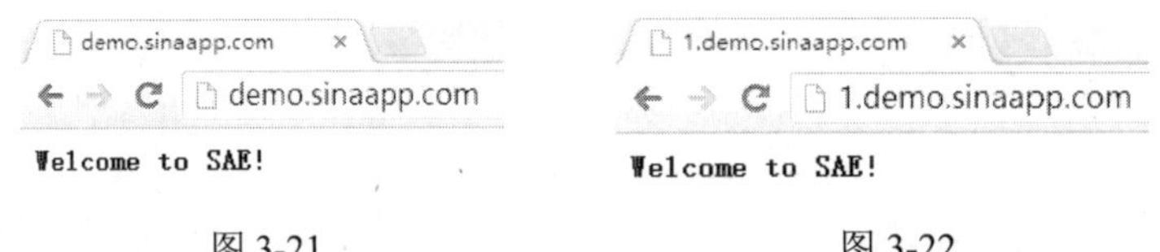

图 3-21　　图 3-22

3.2.3 SAE 常用服务

SAE 的常用服务包括云计算类和云存储类，前者解决程序运行问题；后者解决数据存储问题。

1. SAE 云计算类服务

云计算有两个重要的特点：

- 分布式。将大量廉价的计算机通过共享网络（如互联网）连接起来，共同运行程序或应用。
- 弹性计算。云计算提供的服务应该能根据用户的资源使用量进行动态调整，而用户只需为自己使用的资源付费。

为此 SAE 提供了多种云计算服务，来满足各种场景业务的需求。

（1）Cron：定时服务

Cron 服务是 SAE 为开发者提供的分布式定时服务，用来定时触发开发者的特定动作。Cron 的应用场景主要是让用户可以在指定的时间执行一些计划任务，可以分为两类：

- 每隔一定时间执行，例如每 30 分钟更新一下排行榜。
- 在某个特定时间点执行，例如每天 0 点备份数据库。

（2）Image：图像处理服务

Image 是 SAE 为开发者提供的分布式图像处理服务，用来同步地对图片进行 CPU 密集型操作。Image 服务封装了一些常见的图像处理方法，包括缩放、水平翻转、垂直翻转、裁剪和添加文字/图片水印等，满足了一般需要。

（3）FetchURL：网页抓取服务

FetchURL 是 SAE 为开发者提供的分布式网页抓取服务，用来同步地抓取 HTTP 页面。FetchURL 主要用于发起 HTTP 请求，包括 get 和 post，并且支持 HTTPS 和重定向。

（4）Mail：邮件发送服务

Mail 是 SAE 为开发者提供的分布式邮件发送服务，用来异步发送标准 SMTP 邮件。Mail 常见的应用场景是注册账号时发送确认邮件、发送订阅内容等。

（5）TaskQueue：任务队列服务

TaskQueue 是 SAE 为开发者提供的分布式任务队列服务，用来以异步 HTTP 方式执行用户任务。SAE 提供了顺序队列和并发队列，顺序队列的任务顺序执行，而并发队列中的任务则以并行的方式执行。对于没有数据关联的任务，可以使用并行队列来批量处理。

（6）DeferredJob：离线任务服务

DeferredJob 是 SAE 为开发者提供的分布式重量级的长时间离线任务执行队列。DeferredJob 通常用于没有截止时间限制、数据量大并且运行时间较长的任务，例如用户的数据库大文件导入/导出、数据库批量操作等。同样是任务队列，DeferredJob 与 TaskQueue 差别很大，表 3-1 这里做一个比较。

表 3-1　DeferredJob 与 TaskQueue 的比较

特征	TaskQueue	DeferredJob
执行方式	HTTP 触发	系统级语言执行
最大运行时间	300 秒	无限制
执行时机	加入队列即执行	一般在次日凌晨 1 点到 7 点之间
限额	所有队列总数<=10，任务总数不限	每天最多 10 个任务

（7）Channel：实时消息推送服务

Channel 是 SAE 为开发者提供的实时消息推送服务，用来支持实时性较高的应用，如游戏、在线聊天室、在线直播等。Channel 服务在 2014 年 2 月 14 日正式对外开放。

2. SAE 云存储类服务

云存储是与云计算密切相关的一个重要研究方向。与云计算一样，优秀的云存储平台需要具备以下几个条件：

- 安全。这是云存储的首要要求。数据不能被授权之外的人或机器窃取，并且保证数据完整。

- 透明化。当用户通过云存储平台读取或存放数据时，只需通过平台提供的接口去读写，无需关心数据存储在哪块物理磁盘，也无需担心物理磁盘是否已满等。
- 按需分配。用户只为自己使用的服务付费。举例来说，某用户存储数据用了 20M 空间，那他只用支付 20M 空间的钱，肯定不会花费一个磁盘的钱。
- 动态服务。动态意味着可扩展。例如，一个刚上线的产品，前期访问人数较少，这时所需的云计算和云存储资源也较少；某一天，运营发起了一个给力的营销活动，访问人数暴增。这时平台需要有可扩展性，来应对突如其来的流量。

作为优秀的应用引擎，SAE 提供了多种云存储类服务，包括 MySQL、Storage、Memcache、KVDB、Counter 和 Rank，对企业用户还提供 CDN 服务。

图 3-23 所示是 SAE 云存储类服务的概括图。从是否为关系型数据库来分类，云存储类服务可分为关系型数据库和非关系型数据库。从严格意义来说，Memcache、Counter 和 Rank 不算是数据库。这里的分类着重是否为 SQL 或 NoSQL。

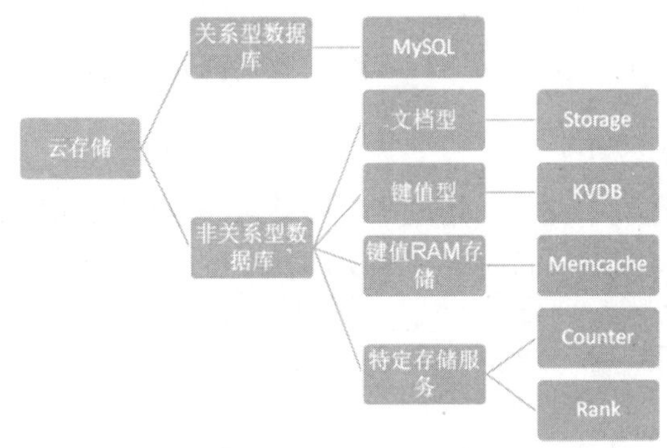

图 3-23

SAE 上的关系型数据库是 MySQL。SAE 上的 MySQL 服务和普通 MySQL 服务几乎一样，所以你可以按照常规的 MySQL 使用方法来使用。

非关系型数据库即近年来得到广泛关注和发展的 NoSQL。NoSQL 是 Not Only SQL 的简写，意为"不仅仅是 SQL"。它不是单纯地反对关系型数据库，而是强调根据应用所需业务的不同，灵活地采用键值、文档、图形关系等数据库的优点，来达到高并发（High performance）、大存储（Huge Storage）和高可扩展性和高可用性（High Scalability & High Availability）的目的。下面对 SAE 的几个非关系型数据库做一个简介，详细分析见后续各章节。

Storage 属于文档型数据库，从 SAE 早期文档中可以看到，其存储系统采用著名的文档型数据库 MongoDB 的 GFS 文件存储（MongoGFS）。Storage 为开发者提供分布式文件存储服务，用来存放用户的持久化存储的文件，例如用户上传的图片、附件等。

KVDB 属于键值型数据库，类似于 redis，提供分布式 key-value 数据存储服务。据 SAE 文档所述，KVDB 对每个用户可支持 100GB 的存储空间，可支持 10 亿条记录；并且高性能高可靠，读写可达 10bit/s。

Memcache 为开发者提供分布式缓存服务，主要用于缓存程序中经常读取又在一段时间内不变的数据，其使用与标准的 Memcache 一致。

Counter 为开发者提供计数器服务。例如中国好声音网上投票，每秒钟有数以万计的人参与，这时对云存储的要求是高并发情景下处理计数的能力。Counter 简化了计数应用的开发，通过 API 即可对计数器进行加减操作，得到统计结果。

Rank 是为开发者提供的分布式环境下的排行榜服务，其特点是快速可靠，可以用于实时环境。利用 Rank 服务可以轻松地实现热门文章排行、用户活跃度排行等。

3.3 BAE 环境搭建

Baidu App Engine（BAE）是百度公司（baidu.com）推出的云应用引擎，支持的语言环境包括 PHP、Java、Python、Node.js、static 等，最新版本为 3.0。

说到 BAE，不得不说一下 2.0 到 3.0 的“巨变”。

开发者在使用 BAE 2.0 的过程中，会发现很多功能受到限制，最大的障碍在于禁止本地写。有一些著名的 CMS 或博客系统，它们的安装过程通常要求配置文件是可写的，但 BAE2.0 禁止本地写操作，导致安装不了；另外有些系统有 cache 缓存目录，要求该目录可读写，但在 BAE 2.0 上实现不了。本地开发环境和云端环境不一致，开发者不得不针对 BAE 做相应的修改，于是就出现了 WordPress for BAE 这样类似的移植版本。

这个问题的主要原因在于传统 PaaS（例如 BAE 2.0 等）采用“沙盒技术”来实现应用之间的资源隔离，“沙盒技术”需要对运行环境和编程语言进行功能限制，例如禁止创建进程和线程，禁止某些系统调用，禁止对某些文件系统路径的读写，禁止加载 C 语言模块、禁止某些网络功能等，这就大大增加了开发者的学习成本，也使得应用的开发和迁移难度变大。

为了解决这个困扰广大开发者的问题，百度推出了 BAE3.0。BAE3.0 在底层采用“轻量虚拟机技术”完美解决了资源隔离问题，而在运行环境和编程语言层面，则不做任何限制；应用在云端的运行环境与开发者本地的开发环境保持一致，从而使得学习成本、开发和迁移成本降到最低，开发者的生产力得到最大限度的解放。

这里介绍 BAE 的几个基本概念：

- 执行环境：云环境中应用程序执行的环境。执行环境由执行组组成，每个执行组包含执行单元。执行环境分为公共集群和私有集群。
- 执行单元：执行单元是云环境里面运行用户代码的最小服务实例。
- 执行组：若干执行单元组成的集合。同一个执行组内的不同执行单元的环境是同构的。执行组内执行单元个数会根据实际负载自动调整，但会受到系统阈值的限制或用户配额的限制。
- 公共集群：指属于云环境系统的执行组的集合。云环境会保证公共集群里面不同用户不同应用之间代码和数据的安全隔离。公有集群对用户来说是完全透明的。

- 私有集群：完全属于用户自己的执行组的集合。用户可以选择自己应用的代码部署到自己拥有的任意执行组内。私有执行组内的执行单元不会和其他用户共享。

3.3.1 创建工程

BAE 采用百度通行证登录，如果还没有，请到百度网站注册通行证。（怎么注册？百度一下，你就知道）。下面是创建一个工程的步骤：

步骤 01 进入百度开放云平台（http://developer.baidu.com/），点击页面右上角的“登录”，在弹出的浮层中登录。如图 3-24 所示。

图 3-24

步骤 02 在顶部导航处点击“开发者服务管理”，选择弹出菜单中的“开发者服务管理”，进入已创建的工程列表，如图 3-25 所示。

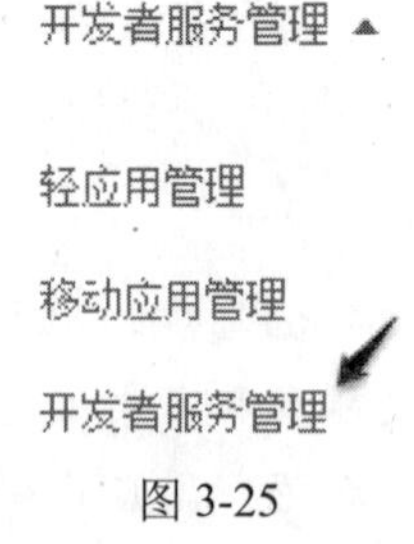

图 3-25

或者直接输入开发者服务管理的网址：

```
http://developer.baidu.com/console#app/project
```

步骤 03 点击“创建工程”按钮，勾选上“解决方案”的“使用 BAE”，会出现完整的选项。

注意，如果需要 PHP 环境，“类型”应该选择 php-web；域名一经创建，不能更改，请慎重填写。

确认信息填写完整后，点击“创建”按钮，就完成了工程创建。如图 3-26 所示。

图 3-26

步骤 04 在开发者服务管理页面点击刚才创建的“微信开发”工程，进入该工程的详细信息页。左边栏是可用的服务，点击项目可进入相应的设置页。如图 3-27 所示

图 3-27

步骤 05 点击左边栏的“应用引擎”，可以看到已创建的执行单元。点击“SVN/GIT 地址”栏下的“点击复制”，可以得到仓库地址。仓库的登录账号为 BAE 账号，如图 3-28 所示。

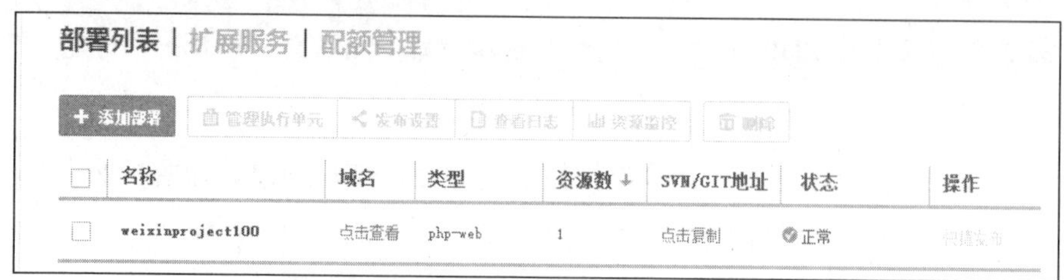

图 3-28

BAE 环境已经创建好了，可以进行开发了。

3.3.2 BAE 常用服务

BAE 的常用服务包括 Cache（缓存）、Image（图片处理）、MySQL（数据库）、Redis（数据库）、MongoDB（数据库）、Cron（定时任务）、FetchURL（网页抓取）、TaskQueue（任务队列）等。

Cache（缓存）：是一个内存对象缓存服务，使用接口和 Memcache 相似。将短期内需要集中访问的数据放在内存中，从内存中读取，从而减少数据库访问次数，提高读取速度。

Image（图片处理）：BAE 提供 Image 服务功能很强大，除了基本的图片处理（图片裁剪、缩放、旋转、合成）外，还提供了二维码、文字水印、验证码等功能。只需很少的代码，就能实现基本的图片处理。

MySQL（数据库）：提供 MySQL 数据库服务，使用上和 MySQL 完全一致。

Redis（数据库）：key-value 型 NoSQL 数据库服务。服务器端采用 Redis（http://redis.io/）。

MongoDB（数据库）：是一个分布式 NoSQL 数据库服务。服务器端采用著名的文档型数据库 Mongodb（http://www.mongodb.org），使用方式和标准 MongoDB 完全一致，并且支持各语言原生的 SDK 访问数据库。

Cron（定时任务）、FetchURL（网页抓取）、TaskQueue（任务队列）分别提供定时任务、网页抓取、任务队列服务，不再赘述。

3.4 开发第一个应用

当你决定进入微信公众平台开发时，有件最重要的事情摆在你面前：申请公众账号和相关接口。在等待微信官方审核的过程中，我们可以利用微信公众平台提供的测试账号来进行开发。

3.4.1　下载 PHP SDK

微信公众平台提供了多个接口，而网上也有很多开源的微信公众平台 PHP SDK。作为一个开发者，“重复造轮子”实现所有接口，不是一个明智之举。最好根据自身的用途（是否商用、是否再分发）来选择一个合适的开源软件。这里推荐几个：

1. https://github.com/spetacular/weixin 本书作者开发的 SDK，采用 MIT License。
2. https://github.com/zemzheng/WeChatPHP-SDK 采用 MIT License。
3. https://github.com/dodgepudding/wechat-php-sdk 采用 GNU LGPL version 2.1 License。

本书中采用第一个 SDK。如果你电脑上装有 git，可以 clone 一份： git clone https://github.com/spetacular/weixin.git。

或者点击项目主页右下角的“Download Zip”直接下载，下载地址为：https://github.com/spetacular/weixin/archive/master.zip。

解压后的代码结构如下：

```
README.md 使用说明
api.php 公众平台消息接口
defaultweixin.php 扩展逻辑实现
weixin.class.php 微信接口实现类
weixin.config.php 微信配置文件
```

3.4.2　微信公众平台接口测试账号申请

微信公众平台提供了测试账号，在公众账号没审核之前，也能进行开发。网址如下 http://mp.weixin.qq.com/debug/cgi-bin/sandbox?t=sandbox/login

进入登录界面，会看到如图 3-29 所示的页面：

图 3-29

左边是一个二维码，用微信扫一扫后会自动登录。如果页面放置一段时间后再去登录，微信扫一扫后出现错误页面。如图 3-30 所示。

图 3-30

这是因为这个二维码是带时间参数的临时二维码，经过过期时间后会失效，第 8 章会详细说明如何实现。

右侧提供了手机短信验证码的登录方式，不再赘述。

登录后出现测试号的管理页。这里重要的信息是测试号信息中的 appID 和 appsecret，访问接口时需要用到。接口配置信息，URL 是你的服务器地址中公众平台消息接口的网址，Token 是你与微信服务器约定的一个密码。如图 3-31 所示。

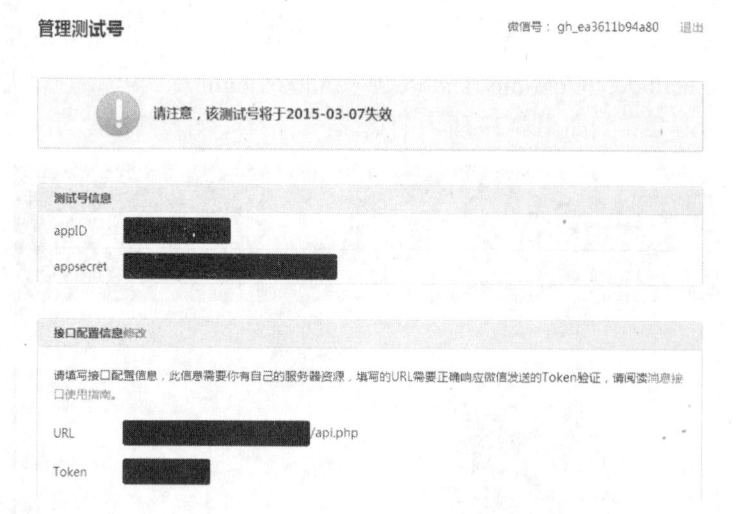

图 3-31

3.4.3 上传服务器

在上传服务器之前，需要修改 weixin.config.php 里的配置项，包括 appID、appsecret 和

Token。

<?php define('APPID','APPID');// ，这里的 APPID 替换为你的 appID define('APPSECRET','APPSECRET');// ，这里的 APPSECRET 替换为你的 appsecret define('TOKEN','Token');//，这里的 TOKEN 请与接口配置信息里的 Token 保持一致 ?>

将代码上传到服务器上。这时，如果 api.php 的网址是“http://www.example.com/api.php”，那么测试管理页的 URL 就填写“http://www.example.com/api.php”。如图 3-32 所示。

接口配置信息

请填写接口配置信息，此信息需要你有自己的服务器资源，填写的URL需要正确响应微信发送的Token验证，请阅读消息接口使用指南。

URL http://www.example.com/api.php

Token token

提交

图 3-32

点击“提交”按钮，微信服务器会自动验证接口及签名是否正确。验证过程就像装电脑主机时连各种各样的线，能连上就是正确。正确的话，修改生效，恭喜，你已接入开发者模式了。如果提示配置失败，请检查各个配置项是否正确。

3.4.4 扫描二维码

扫描测试公众号的二维码，并关注之，就能在管理测试页看到用户列表。如图 3-33 所示。

图 3-33

PHP SDK 默认的用户消息处理方法是返回用户发送的信息，即“鹦鹉学舌”。如图 3-34 所示。

图 3-34

至此，一个简单的应用完成了。

3.5 本章小节

本章详细说明了在 SAE 和 BAE 上搭建开发环境的步骤与注意事项，并以一个简单的自动回复程序，说明了开发微信号的整体流程。通过本章的学习，相信读者学到了如何接入公众平台开发模式，申请测试账号，代码部署等技巧。

第4章 消息接口API

通过第3章的介绍，相信大家已经了解了公众平台开发的流程和所能借助的各种工具。牛刀小试之后，接下来给大家详细介绍微信公众平台提供给我们的各种接口，让我们在开发过程中更加得心应手。

4.1 开发者模式接入

在第3章中，我们已经配置好了公众号的接口信息。需要提供URL和Token，其中URL是我们用来接受微信服务器数据的接口URL，是我们应用的对外接口，现在只支持80端口，这也是HTTP协议默认的端口。Token则是由我们任意填写的字符串，必须是英文字母或者数字，长度为3~32个字符。URL很好理解，Token有什么作用呢？Token相当于我们提供给微信服务器的信物，我们通过验证来访的请求携带的信物是否正确就能判断是否是真的微信服务器而不是冒名顶替者。

在我们提交URL和Token信息后，微信服务器将发送GET请求到填写的URL上，GET请求携带4个参数，见表4-1。

表4-1 GET请求的4个参数

参数	描述
signature	微信加密签名，signature结合了开发者填写的token参数和请求中的timestamp参数、nonce参数
timestamp	时间戳
nonce	随机数
echostr	随机字符串

signature的加密流程也比较简单：

1. 将token、tmestamp、nonce三个参数进行字典序排序。至于字典序是什么，大家可以必应下（给自己在做的产品做个广告^_^），因为PHP的排序函数默认就是采用字典序，这里就不做展开了。

2. 将排好序的三个参数字符串拼接成一个字符串并进行 sha1 加密，这个加密的结果就是微信服务器发给我们的数字签名了。

下面我们就来实现如何验证 URL 来源是否可靠：

$_GET 是 PHP 的全局数组变量，存储了 GET 请求携带的变量名称和值，通过该变量我们就能获取微信服务器发来请求中携带的 signature，timestamp，nonce 和 echostr 值。

```
/**
     * 验证 url 来源是否证确
     * @return boolean
     */
    private function checkSignature()
{
    //获取参数值
        $signature = $_GET['signature'];
        $timestamp = $_GET['timestamp'];
        $nonce = $_GET['nonce'];

        //按照字典序排序将三个参数排序
        $params = array($this->_token, $timestamp, $nonce);
        sort($params, SORT_STRING);

//先将数组拼接成字符串再 sha1加密
        $sig = sha1(implode($params));

    //判断获得的签名是否与本地计算的相同
        return $sig == $signature;
    }

   检查签名，如果正确，将微信服务器请求中的 echostr 字段原样返回。
    private function sourceCheck()
    {
        if ($this->checkSignature()) {
            $echostr = $_GET['echostr'];
            echo $echostr;
        }else{
            throw new Exception('签名不正确');
        }
        exit(0);
}
```

验证 URL 有效性成功后即接入生效，成为开发者，此后用户每次向公众号发送消息，或者产生自定义菜单点击事件时，响应 URL 都将得到推送。

4.2 基础支持

4.2.1 申请测试账号

在第 1 章中提到微信公众号有订阅号和服务号之分，服务号审核较为严格，但提供的接口也更为丰富，作为开发者可能手头上并没有服务号可以使用，或者直接拿服务号来做开发测试页较为不妥，会影响订阅者的体验。微信公众平台提供了测试账号给开发者，让开发者能尽情体验各种接口的实际效果。

在“开发者中心”→“配置项”页面下的“开发者工具”部分，点击“接口测试申请系统”的链接，打开申请页面，如图 4-1 所示。

图 4-1

可以分别选择微信账号登录或者手机账号登录。这里我们选择用自己的微信账号扫描二维码的方式来登录，如图 4-2 所示。

图 4-2

测试账号有一年的使用期，这个日期足够我们开发使用了。红框中的 appID 是每个公众号的唯一 ID，appSecret 是对应的秘钥，默认只有已经成为开发者的服务号才有，有了它我们才能进行一些接口访问，这个在后面会介绍。按照第 3 章介绍的方式，配置好接口信息。扫描测试号二维码，关注我们的测试号，就可以正常使用微信公众号提供的各种接口了。

4.2.2　获取 access_token

access_token 在微信开发中有着非常重要的作用，它相当于一把钥匙，只有获得这个值，才能获得其他接口的使用权限。Access_token 是公众号的全局唯一票据，公众号调用各接口都需要使用 access_token，有效期是 7 200 秒，重复获取将导致覆盖上次获取的值。由于获取 access_token 的 API 调用次数有限，建议全局存储与更新 access_token。

获取 Access_token 的接口需要使用 appID 和 appSecret，这个我们在上一小节已经介绍过了，只有服务号有，订阅号没有 appID 和 appSecret，因为对订阅号开放的接口都是被动接口，并不需要这个。

1. 接口调用请求说明

```
http 请求方式：GET
https://api.weixin.qq.com/cgi-bin/token?grant_type=client_credential&appid
=APPID&secret=APPSECRET
```

参数说明

参数	是否必须	说明
grant_type	是	获取 access_token 填写 client_credential
appid	是	第三方用户唯一凭证
secret	是	第三方用户唯一凭证密钥，即 appsecret

这个接口的调用也很简单，将 URL 中的 APPID 和 APPSECRET 替换成我们自己的申请到的 appID 和 appSecret，使用 GET 方式发送 HTTP 请求。注意到调用微信接口时均使用 HTTPS 协议，这样保证了个人信息不会泄露。

2. 返回说明

正常情况下，微信会返回下述 JSON 数据包给公众号：

```
{"access_token":"ACCESS_TOKEN","expires_in":7200}
```

参数	说明
access_token	获取到的凭证
expires_in	凭证有效时间，单位：秒

发生错误时微信会返回错误码等信息，JSON 数据包示例如下（该示例为 appID 无效错误）：

```
{"errcode":40013,"errmsg":"invalid appid"}
```

了解了接口的基本信息，下面我们给出具体的代码：

```
const API_URL  = 'https://api.weixin.qq.com';
    private static $access_token;
    private static $expries_time = 0;

   /**
   * 用于获取 AccessToken。如成功返回 AccessToken，失败返回 false
   */
   public static function getToken(){
```

```
    //如果已经获取过且没有过期，直接返回
    if(isset(self::$access_token) && time() < self::$expries_time){
        return self::$access_token;
    }

$url=self::API_URL."/cgi-bin/token?grant_type=client_credential&appid=".APPID
."&secret=".APPSECRET;
    $content=curl_get($url);
    //解析成 json

$ret=json_decode($content,true);//{"access_token":"ACCESS_TOKEN","expires_in"
:7200}
        if(array_key_exists('errcode',$ret) && $ret['errcode'] != 0){
            return false;
        }else{
            self::$access_token = $ret['access_token'];
          //计算过期时间
            self::$expries_time = time() + intval($ret['expires_in']);
            return self::$access_token;
        }
    }
```

函数 curl_get(URL)是利用 cURL 库实现 GET 方式发送请求，获取数据，这个函数我们以后会经常用到，由于本书主要是介绍微信开发，具体的 PHP 函数这里就不做展开了，搜索一下大家都能知道这个函数是什么用法：

```
    /**
     * GET 方式获取服务器响应
     * @param {string} $url
     * @return {string|boolen} 成功时返回服务器响应内容，失败则返回 false
     */
    function curl_get( $url ){
        $ch = curl_init();
        curl_setopt($ch, CURLOPT_URL, $url);;
        curl_setopt($ch, CURLOPT_RETURNTRANSFER, 1);
        curl_setopt($ch, CURLOPT_SSL_VERIFYPEER, FALSE);
        curl_setopt($ch, CURLOPT_SSL_VERIFYHOST, FALSE);
        if(!curl_exec($ch)){
            error_log( curl_error ( $ch ));
            $data = '';
        } else {
            $data = curl_multi_getcontent($ch);
        }
        curl_close($ch);
        return $data;
    }
```

4.3 接收消息

接收消息是微信服务器发送给公共账号的消息。在第 3 章中我们已经介绍了微信服务器的数据交互方式，当订阅用户给微信公众号发送消息时，微信服务器会将消息封装成 XML 数据以 POST 方式发到我们配置的 URL 上。根据消息类型的不同，XML 数据的格式也有所不同，下面我们将详细介绍每种消息格式。

4.3.1 文本消息

文本消息是最常使用的交互方式，任何发送的文字（包括 URL）都是文本消息。文本消息的结构如下：

```
<xml>
 <ToUserName><![CDATA[toUser]]></ToUserName>
 <FromUserName><![CDATA[fromUser]]></FromUserName>
 <CreateTime>1348831860</CreateTime>
 <MsgType><![CDATA[text]]></MsgType>
 <Content><![CDATA[this is a test]]></Content>
 <MsgId>1234567890123456</MsgId>
 </xml>
```

参数说明：

参数	描述
ToUserName	消息接收方的微信号，一般为公众平台账号微信号
FromUserName	消息发送者的 openid
CreateTime	消息创建时间 （整型）
MsgType	text
Content	文本消息内容
MsgId	消息 id，64 位整型

表格中的部分参数详细解释如下：

- ToUserName：是微信公共账号的原始 ID，在公共账号的账号信息里能看到，类似 gh_******的格式，这个字段对公共账号的开发者而言没什么用途。
- FromUserName：消息发送者的 OpenID。类似 og17nt6kNCcqq25b77C8L2zEJXdQ 的格式。对同一个公共账号，订阅用户的 OpenID 是固定不变的，而对于不同的公共账号，用户的 OpenID 是不同的。
- CreateTime：消息创建的时间，是一个整型数字，表示从 1970 年 1 月 1 日 0 时 0 分 0 秒到现在经过的秒数。
- MsgType：消息类型。现在微信服务器提供 6 种类型的消息：文本消息(text)，图片消息(image)，语音消息(voice)，视频消息(video)，地理位置消息(location)，链接消息(link)。

下面我们给出具体的代码，因为微信服务器是以 POST 的方式将数据发送给我们，所以首先我们解析 POST 请求，提取出数据

```
/**
     * 解析接收到的 post 数据
     * @return SimpleXMLElement
     */
```

```
    public function parsePostRequestData()
    {
        $rawData = $GLOBALS['HTTP_RAW_POST_DATA'];
        $data    =    simplexml_load_string($rawData,    'SimpleXMLElement',
LIBXML_NOCDATA);
        if ($data !== false)
            $this->_postData = $data;

        return $data;
    }
```

$GLOBALS['HTTP_RAW_POST_DATA']从$GLOBALS 全局变量中获取 POST 数据，这时得到的数据是无类型的，我们通过 simplexml_load_string 函数解析成 xml 对象，就能供后续使用了。

isTextMsg 是判断消息的类型，是否是文本消息：

```
    const MSG_TYPE_TEXT = 'text';
    /**
      * 判断是否是文字信息
      * @return boolean
      */
    public function isTextMsg()
    {
        return $this->_postData->MsgType == self::MSG_TYPE_TEXT;
    }
    //发送消息
    $this->text("你发送的是文本消息，消息内容是:".$data->Content);
```

text 函数用来发送发送文本消息，这个将在后面介绍。如图 4-3 所示。

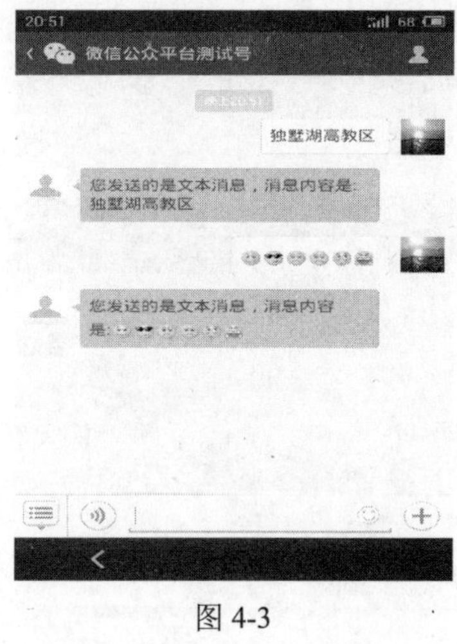

图 4-3

4.3.2　图片消息

图片消息是多媒体消息，微信在收到这类消息时，会将图片存在微信服务器端，生成图片的 URL 和媒体 ID，图片 URL 是可以公共访问的，而公共账号则可以通过媒体 ID 来获取图片文件。

```
<xml>
 <ToUserName><![CDATA[toUser]]></ToUserName>
 <FromUserName><![CDATA[fromUser]]></FromUserName>
 <CreateTime>1348831860</CreateTime>
 <MsgType><![CDATA[image]]></MsgType>
 <PicUrl><![CDATA[this is a url]]></PicUrl>
 <MediaId><![CDATA[media_id]]></MediaId>
 <MsgId>1234567890123456</MsgId>
 </xml>
```

参数说明：

参数	描述
MsgType	image
PicUrl	图片链接
MediaId	图片消息媒体 id，可以调用多媒体文件下载接口拉取数据

```
const MSG_TYPE_IMAGE='image';
/**
     * 判断是否是图片
     * @return boolean
     */
    public function isImageMsg(){
        return $this->_postData->MsgType == self::MSG_TYPE_IMAGE;
}
//发送消息
$this->text("你发送的是图片消息,图片链接是: ".$data->PicUrl."\n 媒体 ID 是:
".$data->MediaId);
```

如图 4-4 所示。

4-4

4.3.3　语音消息

语音消息一样只发送媒体 ID，还提供了语音的格式。

```
<xml>
<ToUserName><![CDATA[toUser]]></ToUserName>
<FromUserName><![CDATA[fromUser]]></FromUserName>
<CreateTime>1357290913</CreateTime>
<MsgType><![CDATA[voice]]></MsgType>
<MediaId><![CDATA[media_id]]></MediaId>
<Format><![CDATA[Format]]></Format>
<MsgId>1234567890123456</MsgId>
</xml>
```

参数说明：

参数	描述
MsgType	语音为 voice
MediaId	语音消息媒体 id，可以调用多媒体文件下载接口拉取数据
Format	语音格式，如 amr，speex 等

```
const MSG_TYPE_VOICE = 'voice';
/**
     * 判断是否是语音消息
     * @return boolean
     */
    public function isVoiceMsg(){
        return $this->_postData->MsgType == self::MSG_TYPE_VOICE;
    }
//发送消息
$this->text("你发送的是语音消息,媒体 ID 是: ".$data->MediaId."\n 语音格式是:
".$data->Format);
```

如图 4-5 所示。

图 4-5

4.3.4　地理位置消息

在 LBS 和 O2O 的价值被极大发掘的今天，知道用户的位置能提供很多针对性、个性化的服务。微信也提供了在输入里面发送当前位置的功能，如图 4-6 所示。

消息格式如下：

```
<xml>
<ToUserName><![CDATA[toUser]]></ToUserName>
<FromUserName><![CDATA[fromUser]]></FromUserName>
<CreateTime>1351776360</CreateTime>
<MsgType><![CDATA[location]]></MsgType>
<Location_X>23.134521</Location_X>
<Location_Y>113.358803</Location_Y>
<Scale>20</Scale>
<Label><![CDATA[位置信息]]></Label>
<MsgId>1234567890123456</MsgId>
</xml>
```

参数说明：

参数	描述
MsgType	location
Location_X	地理位置维度
Location_Y	地理位置经度
Scale	地图缩放大小
Label	地理位置信息

```
const MSG_TYPE_LOCATION = 'location';
/**
    * 判断是否是位置信息
```

```
     * @return boolean
     */
    public function isLocationMsg()
    {
        return $this->_postData->MsgType == self::MSG_TYPE_LOCATION;
    }
//发送消息
$this->text("你发送的是位置消息，维度为： ".$data->Location_X."\n 经度为：".$data->Location_Y."\n缩放级别为： ".$data->Scale."\n位置为： ".$data->Label);
```

如图 4-7 所示。

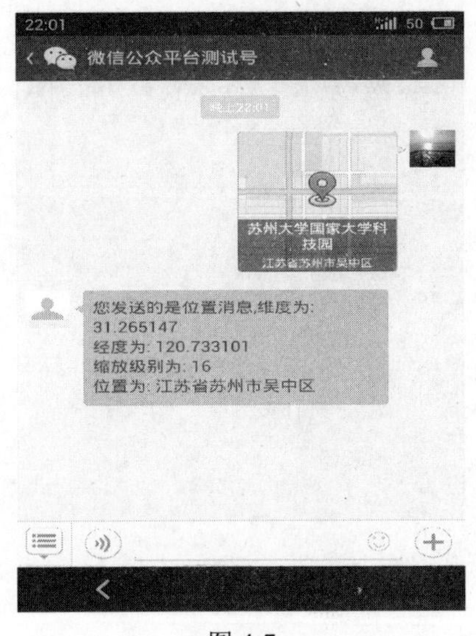

图 4-7

4.3.5　链接消息

这里的链接消息和 URL 不是相同的概念，微信公众平台将 URL 作为文本消息。那么怎么发送链接消息呢？对已有的链接（朋友圈或者朋友发送的分享），打开链接，点击右上角的分享按钮，选择“发送给朋友”，就可以发送给微信朋友和微信群了。如果是想分享一个网页呢？复制 URL，粘贴到消息框，发送给微信朋友，建议发送给公共账号，免得打扰别人；打开链接，默认是用微信浏览器打开，点击右上角的分享按钮就可以分享到朋友圈或者发送给朋友了。当前微信并不支持发送链接消息给公共账号，如果想发送，可以先将链接收藏到收藏夹，然后在消息框添加“我的收藏”，如图 4-8 所示。

图 4-8

链接消息的格式如下：

```
<xml>
<ToUserName><![CDATA[toUser]]></ToUserName>
<FromUserName><![CDATA[fromUser]]></FromUserName>
<CreateTime>1351776360</CreateTime>
<MsgType><![CDATA[link]]></MsgType>
<Title><![CDATA[公众平台官网链接]]></Title>
<Description><![CDATA[公众平台官网链接]]></Description>
<Url><![CDATA[url]]></Url>
<MsgId>1234567890123456</MsgId>
</xml>
```

参数说明：

参数	描述
MsgType	消息类型，link
Title	消息标题
Description	消息描述
Url	消息链接

```
const MSG_TYPE_LINK='link';
/**
     * 判断是否是链接
     * @return boolean
     */
    public function isLinkMsg(){
        return $this->_postData->MsgType == self::MSG_TYPE_LINK;
}
//发送消息
$this->text("你发送的是链接消息，标题是： ".$data->Title."\n 摘要是：
".$data->Description."\n 链接是： ".$data->Url);
```

如图 4-9 所示。

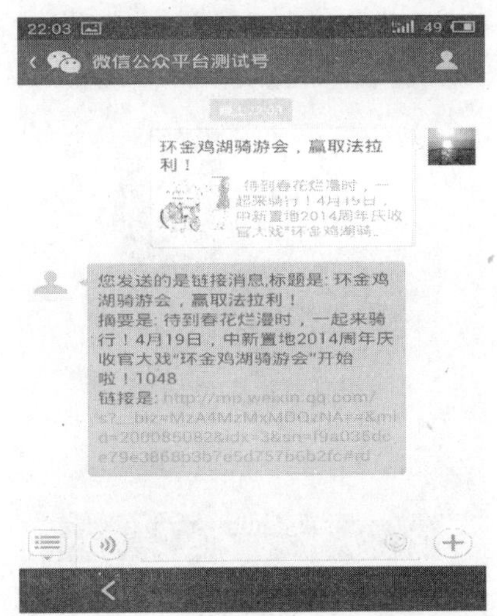

4-9　视频消息

视频消息也是多媒体消息，与语音消息类似，格式如下：

```
<xml>
<ToUserName><![CDATA[toUser]]></ToUserName>
<FromUserName><![CDATA[fromUser]]></FromUserName>
<CreateTime>1357290913</CreateTime>
<MsgType><![CDATA[video]]></MsgType>
<MediaId><![CDATA[media_id]]></MediaId>
<ThumbMediaId><![CDATA[thumb_media_id]]></ThumbMediaId>
<MsgId>1234567890123456</MsgId>
</xml>
```

参数说明：

参数	描述
MsgType	视频为 video
MediaId	视频消息媒体 id，可以调用多媒体文件下载接口拉取数据。
ThumbMediaId	视频消息缩略图的媒体 id，可以调用多媒体文件下载接口拉取数据。

```
const MSG_TYPE_VIDEO = 'video';
/**
     * 判断是否是视频消息
     * @return boolean
     */
    public function isVideoMsg(){
        return $this->_postData->MsgType == self::MSG_TYPE_VIDEO;
}
//发送消息
$this->text("你发送的是视频消息,媒体 ID 是: ".$data->MediaId."\n 缩略图 ID 是: ".$data->ThumbMediaId);
```

如图 4-10 所示。

图 4-10

4.3.6 公众平台消息体签名及加解密

2014 年 10 月 14 日，公众平台消息体签名及加密功能上线。该功能主要对公众平台推送给公众账号的基础消息和公众账号回复的响应消息进行加密，来更好地保护用户和公众账号的信息安全。

加解密的原理是 AES 对称加密。开发者服务器和公众平台服务器在发送消息时，用 EncodingAESKey（EncodingAESKey 则是加密所用的密钥）将消息体加密成密文，再进行传输。这样在网络上传输的内容是加密的，即使被截获，也无法得知明文。公众账号用此密钥对收到的密文消息体进行解密，回复消息体也用此密钥加密。

公众平台提供了 3 种加解密的模式供开发者选择，即明文模式、兼容模式、安全模式（可在“开发者中心”选择相应模式），选择兼容模式和安全模式前，需在开发者中心填写消息加解密密钥 EncodingAESKey。

如图 4-11 所示。

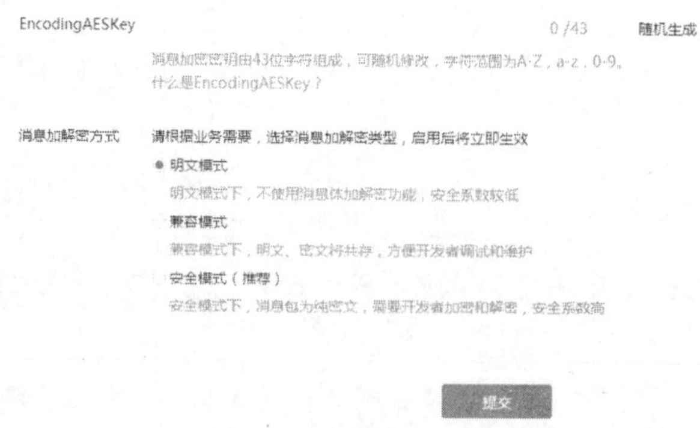

图 4-11

- 明文模式：维持现有模式，没有适配加解密新特性，消息体明文收发，默认设置为明文模式。
- 兼容模式：公众平台发送消息内容将同时包括明文和密文，消息包长度增加到原来的 3 倍左右；公众号回复明文或密文均可，不影响现有消息收发；开发者可在此模式下进行调试。
- 安全模式（推荐）：公众平台发送消息体的内容只含有密文，公众账号回复的消息体也为密文，建议开发者在调试成功后使用此模式收发消息。

公众平台消息体签名及加解密方案的示例代码请参考随书代码。

4.4 接收事件消息

事件消息是订阅用户对公众号执行某种操作触发的消息。微信公众平台支持 6 种事件：关注/取消关注事件、扫描带参数二维码事件、上报地理位置事件、自定义菜单事件、点击菜单拉取消息事件、点击菜单跳转链接事件。下面详细介绍各个事件。

4.4.1 关注\取消关注事件

当用户关注和取消关注公众号时，微信会把这个事件推送到开发者填写的 URL，方便开发者给用户发欢迎消息或者做账号的解绑。消息格式如下：

```
<xml>
<ToUserName><![CDATA[toUser]]></ToUserName>
<FromUserName><![CDATA[FromUser]]></FromUserName>
<CreateTime>123456789</CreateTime>
<MsgType><![CDATA[event]]></MsgType>
<Event><![CDATA[subscribe]]></Event>
</xml>
```

参数说明：

参数	描述
MsgType	消息类型，event
Event	事件类型，subscribe(订阅)、unsubscribe(取消订阅)

```
const EVENT_TYPE_SUBSCRIBE='subscribe';
const EVENT_TYPE_UNSUBSCRIBE='unsubscribe';
/**
    * 判断是否是订阅事件
    * @return boolean
    */
   public function isSubscribeEvent()
```

```
    {
        return $this->_postData->Event == self::EVENT_TYPE_SUBSCRIBE &&
            $this->_postData->EventKey == "";
}
/**
     * 判断是否是退订事件
     * @return boolean
     */
    public function isUnsubscribeEvent()
    {
        return $this->_postData->Event == self::EVENT_TYPE_UNSUBSCRIBE;
    }
$this->text("订阅事件，订阅用户是:".$data->FromUserName);
```

如图 4-12 所示。

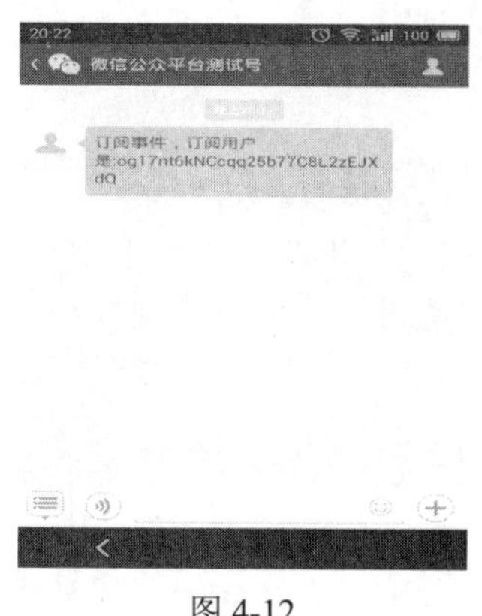

图 4-12

4.4.2 扫描二维码事件

微信提供了生成二维码的功能，赋予了公众号更多的含义和想象空间。当微信用户扫描了二维码时，微信公众平台可能会推送以下两种事件：

- 如果用户还未关注公众号，则用户可以先关注公众号，关注后微信会将带场景值关注事件推送给开发者。如果用户不关注，自然不会推送事件。
- 如果用户已经关注公众号，则微信会将带场景值扫描事件推送给开发者。

1. 用户未关注时，进行关注后的事件推送


```
<xml><ToUserName><![CDATA[toUser]]></ToUserName>
<FromUserName><![CDATA[FromUser]]></FromUserName>
<CreateTime>123456789</CreateTime>
<MsgType><![CDATA[event]]></MsgType>
<Event><![CDATA[subscribe]]></Event>
<EventKey><![CDATA[qrscene_123123]]></EventKey>
<Ticket><![CDATA[TICKET]]></Ticket>
</xml>
```

参数说明：

参数	描述
Event	事件类型，subscribe
EventKey	事件 KEY 值，qrscene_为前缀，后面为二维码的参数值
Ticket	二维码的 ticket，可用来换取二维码图片

```
/**
     * 判断是否是未关注用户扫描二维码事件
     * @return boolean
     */
    public function isSubscribeScanEvent()
    {
        return $this->_postData->Event == self::EVENT_TYPE_SUBSCRIBE &&
               $this->_postData->EventKey != "";
    }
$this->text("未订阅用户扫描二维码事件, Key 值是:".$data->EventKey."\nTicket 值是:".$data->Ticket);
```

如图 4-13 所示。

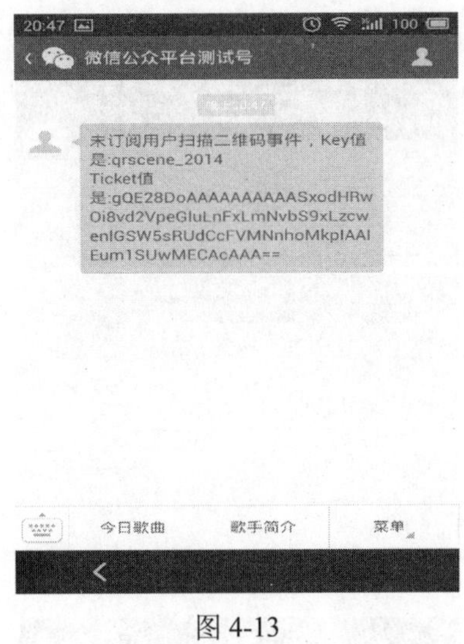

图 4-13

2. 用户已关注时的事件推送

推送 XML 数据包示例：

```
<xml>
<ToUserName><![CDATA[toUser]]></ToUserName>
<FromUserName><![CDATA[FromUser]]></FromUserName>
<CreateTime>123456789</CreateTime>
<MsgType><![CDATA[event]]></MsgType>
<Event><![CDATA[SCAN]]></Event>
<EventKey><![CDATA[SCENE_VALUE]]></EventKey>
<Ticket><![CDATA[TICKET]]></Ticket>
```

```
</xml>
```

参数说明：

参数	描述
Event	事件类型，SCAN
EventKey	事件 KEY 值，是一个 32 位无符号整数，即创建二维码时的二维码 scene_id
Ticket	二维码的 ticket，可用来换取二维码图片

```
const EVENT_TYPE_SCAN='SCAN';
/**
     * 判断是否是扫描二维码事件
     * @return boolean
     */
    public function isScanEvent()
    {
        return $this->_postData->Event == self::EVENT_TYPE_SCAN;
}
$this->text("已订阅用户扫描二维码事件, Key 值是:".$data->EventKey."\nTicket 值
是:".$data->Ticket."\nCreateTime 是:".$data->CreateTime);
```

如图 4-14 所示。

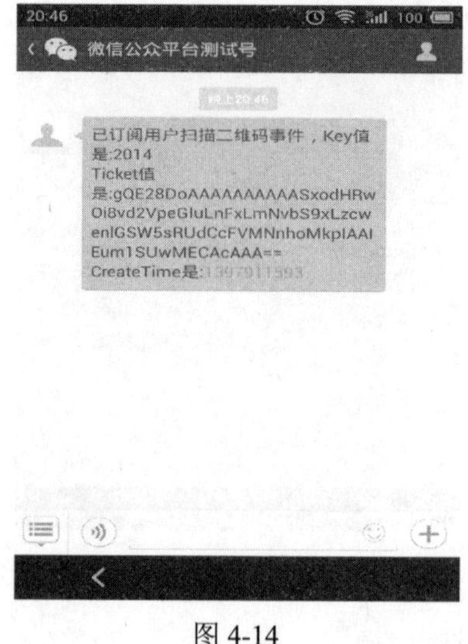

图 4-14

4.4.3 上报地理位置事件

用户同意上报地理位置后，每次进入公众号会话时，都会进入时上报地理位置，或者在进入会话后每 5 秒上报一次地理位置，公众号可以在公众平台网站上修改以上设置。上报地理位置时，微信将上报地理位置事件推送到开发者填写的 URL。

如图 4-15 所示。

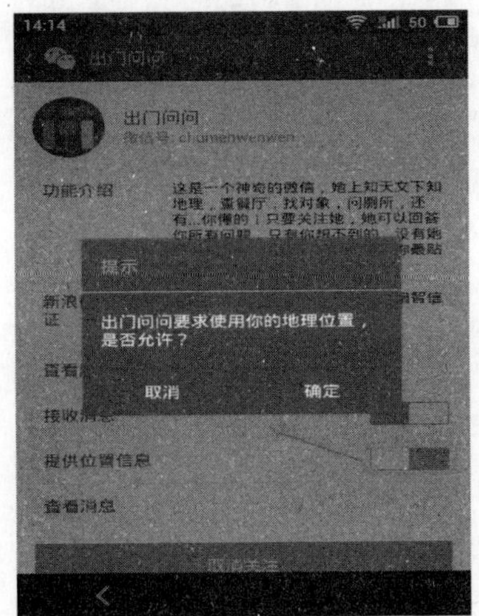

图 4-15

```
xml>
<ToUserName><![CDATA[toUser]]></ToUserName>
<FromUserName><![CDATA[fromUser]]></FromUserName>
<CreateTime>123456789</CreateTime>
<MsgType><![CDATA[event]]></MsgType>
<Event><![CDATA[LOCATION]]></Event>
<Latitude>23.137466</Latitude>
<Longitude>113.352425</Longitude>
<Precision>119.385040</Precision>
</xml>
```

参数说明：

参数	描述
Event	事件类型，LOCATION
Latitude	地理位置纬度
Longitude	地理位置经度
Precision	地理位置精度

```
const EVENT_TYPE_LOCATION='LOCATION';
/**
    * 判断是否是上传地理位置事件
    * @return boolean
    */
   public function isLocaitonEvent()
   {
      return $this->_postData->Event == self::EVENT_TYPE_LOCATION;
}
$this->text(" 上 传 地 理 位 置 事 件 ， 纬 度 是 :".$data->Latitude."\n 经 度
是:".$data->Longitude."\n 精度是:".$data->Precision);
```

如图 4-16 所示。

图 4-16

4.4.4 自定义菜单事件

用户点击自定义菜单后，如果菜单按钮是 Cllick 类型，微信会把点击事件推送给开发者，如果菜单按钮是 View 类型（跳转到 URL）或者点击菜单弹出子菜单，不会产生上报。

```
<xml>
<ToUserName><![CDATA[toUser]]></ToUserName>
<FromUserName><![CDATA[FromUser]]></FromUserName>
<CreateTime>123456789</CreateTime>
<MsgType><![CDATA[event]]></MsgType>
<Event><![CDATA[CLICK]]></Event>
<EventKey><![CDATA[EVENTKEY]]></EventKey>
</xml>
```

参数说明：

参数	描述
Event	事件类型，CLICK
EventKey	事件 KEY 值，与自定义菜单接口中 KEY 值对应

```
const EVENT_TYPE_CLICK='CLICK';
/**
     * 判断是否是点击菜单拉取消息事件
     * @return boolean
     */
    public function isClickEvent()
    {
        return $this->_postData->Event == self::EVENT_TYPE_CLICK;
}
$this->text("点击菜单拉取消息事件,Key 值是:".$data->EventKey);
```

如图 4-17 所示。

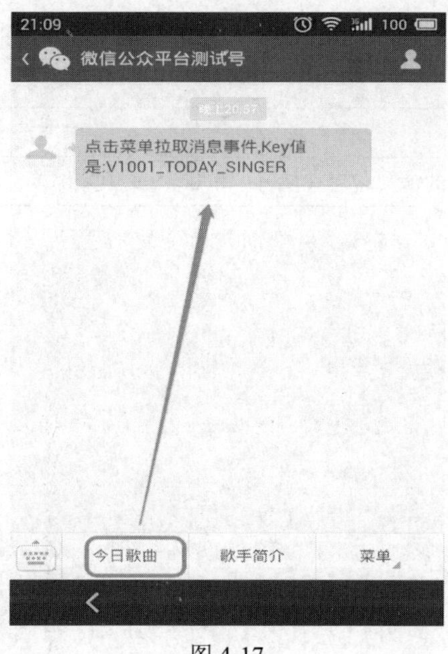

图 4-17

4.5 回复消息

对于每一个 POST 请求，开发者需要在响应包中返回特定 XML 结构的响应报文，现在支持回复文本、图片、图文、语音、视频、音乐。需要注意的是，回复图片等多媒体消息是需要预先上传多媒体文件到微信服务器。

微信服务器在 5 秒内收不到响应会断掉链接，并且重新发起请求，最多重试三次。所以我们需要有消息的排重机制，防止对同一消息或者事件回复多条响应消息。对于有 msgid 的消息可以使用 msgid 排重。事件类型消息则可以使用 FromUserName+CreateTime 排重。

对于有些耗时较多，无法保证在 5 秒内应答的请求，可以直接回复空串，微信服务器不会对此做任何处理，并且不会发起重试。这种情况下，可以使用客服消息接口进行异步回复，这个将在后面介绍。

4.5.1 回复文本消息

```
<xml>
<ToUserName><![CDATA[toUser]]></ToUserName>
<FromUserName><![CDATA[fromUser]]></FromUserName>
<CreateTime>12345678</CreateTime>
<MsgType><![CDATA[text]]></MsgType>
<Content><![CDATA[你好]]></Content>
</xml>
```

参数说明：

参数	是否必须	描述
MsgType	是	text
Content	是	回复的消息内容（换行：在 content 中能够换行，微信客户端就支持换行显示）

```
const REPLY_TYPE_TEXT = 'text';
/**
    * 生成向用户发送的文字信息
    * @param string $content
    * @return string xml 字符串
    */
   public function outputText($content)
   {
      $textTpl = '<xml>
              <ToUserName><![CDATA[%s]]></ToUserName>
              <FromUserName><![CDATA[%s]]></FromUserName>
              <CreateTime>%s</CreateTime>
              <MsgType><![CDATA[%s]]></MsgType>
              <Content><![CDATA[%s]]></Content>
           </xml>';

      $text    =    sprintf($textTpl,    $this->_postData->FromUserName,
$this->_postData->ToUserName, time(), self::REPLY_TYPE_TEXT, $content);
      header('Content-Type: application/xml');
      echo $text;
}
```

header 函数向客户端发送原始的 HTTP 报头，因为我们要发送的 XML 格式的内容，定义 Content-Type 为 application/xml。

4.5.2 回复图片消息

```
<xml>
<ToUserName><![CDATA[toUser]]></ToUserName>
<FromUserName><![CDATA[fromUser]]></FromUserName>
<CreateTime>12345678</CreateTime>
<MsgType><![CDATA[image]]></MsgType>
<Image>
<MediaId><![CDATA[media_id]]></MediaId>
</Image>
</xml>
```

参数说明：

参数	是否必须	说明
MsgType	是	image
MediaId	是	通过上传多媒体文件，得到的 id。

```
const REPLY_TYPE_IMAGE='image';
/**
```

```
     * 生成向用户发送的图片信息
     * @param string $media_id
     * @return string xml 字符串
     */
    public function outputImage($media_id)
    {
        $textTpl = '<xml>
                <ToUserName><![CDATA[%s]]></ToUserName>
                <FromUserName><![CDATA[%s]]></FromUserName>
                <CreateTime>%s</CreateTime>
                <MsgType><![CDATA[%s]]></MsgType>
                <Image>
                    <MediaId><![CDATA[%s]]></MediaId>
                </Image>
            </xml>';

        $text    =    sprintf($textTpl,    $this->_postData->FromUserName,
$this->_postData->ToUserName, time(), self::REPLY_TYPE_IMAGE, $media_id);
        header('Content-Type: application/xml');
        echo $text;
  }
```

注意这里的 mediaid 是笔者上传获取的，而且微信服务器对多媒体只保存三天，所以读者在实验这段代码的时候请自行上传多媒体文件获取 mediaid。上传下载多媒体的接口，我们将在后面介绍。如图 4-18 所示。

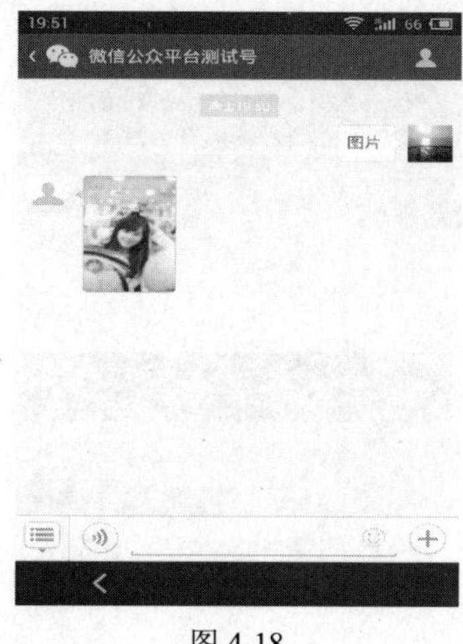

图 4-18

4.5.3　回复语音消息

```
<xml>
<ToUserName><![CDATA[toUser]]></ToUserName>
<FromUserName><![CDATA[fromUser]]></FromUserName>
<CreateTime>12345678</CreateTime>
<MsgType><![CDATA[voice]]></MsgType>
<Voice>
<MediaId><![CDATA[media_id]]></MediaId>
```

```
</Voice>
</xml>
```

参数说明：

参数	是否必须	说明
MsgType	是	语音，voice
MediaId	是	通过上传多媒体文件，得到的 id

```
const REPLY_TYPE_VOICE = 'voice';
/**
     * 生成向用户发送的语音信息
     * @param string $content
     * @return string xml 字符串
     */
    public function outputVoice($media_id)
    {
        $textTpl = '<xml>
                <ToUserName><![CDATA[%s]]></ToUserName>
                <FromUserName><![CDATA[%s]]></FromUserName>
                <CreateTime>%s</CreateTime>
                <MsgType><![CDATA[%s]]></MsgType>
                <Voice>
                    <MediaId><![CDATA[%s]]></MediaId>
                </Voice>
            </xml>';

        $text    =    sprintf($textTpl,    $this->_postData->FromUserName,
$this->_postData->ToUserName, time(), self::REPLY_TYPE_VOICE, $media_id);
        header('Content-Type: application/xml');
        echo $text;
}
```

如图 4-19 所示。

图 4-19

4.5.4 回复视频消息

```
<xml>
```

```
<ToUserName><![CDATA[toUser]]></ToUserName>
<FromUserName><![CDATA[fromUser]]></FromUserName>
<CreateTime>12345678</CreateTime>
<MsgType><![CDATA[video]]></MsgType>
<Video>
<MediaId><![CDATA[media_id]]></MediaId>
<Title><![CDATA[title]]></Title>
<Description><![CDATA[description]]></Description>
</Video>
</xml>
```

参数说明：

参数	是否必须	说明
MsgType	是	video
MediaId	是	通过上传多媒体文件，得到的 id
Title	否	视频消息的标题
Description	否	视频消息的描述

```
const REPLY_TYPE_VIDEO = 'video';
/**
     * 生成向用户发送的视频信息
     * @param string $content
     * @return string xml 字符串
     */
    public function outputVideo($videopost)
    {
        $textTpl = '<xml>
                <ToUserName><![CDATA[%s]]></ToUserName>
                <FromUserName><![CDATA[%s]]></FromUserName>
                <CreateTime>%s</CreateTime>
                <MsgType><![CDATA[%s]]></MsgType>
                <Video>
                    <MediaId><![CDATA[%s]]></MediaId>
                    <Title><![CDATA[%s]]></Title>
                    <Description><![CDATA[%s]]></Description>
                </Video>
            </xml>';

        $text    =    sprintf($textTpl,    $this->_postData->FromUserName,
$this->_postData->ToUserName,          time(),          self::REPLY_TYPE_VIDEO,
$videopost['media_id'], $videopost['title'], $vidcopost['description']);
        header('Content-Type: application/xml');
        echo $text;
    }
private function testVideo()
{
    $video = array(
          'media_id'                                                       =>
'Dx09rTLDC3nZKTSmfWMHXKxNxb01oTbgqn3yHtLPgTUmDJxSSamGW7uqNGRZp3of',
          'title' => '独墅湖',
          'description' => '生活在独墅湖'
```

```
        );
    $this->outputVideo($video);
}
```

如图 4-20 所示。

图 4-20

4.5.5 回复音乐消息

```
<xml>
<ToUserName><![CDATA[toUser]]></ToUserName>
<FromUserName><![CDATA[fromUser]]></FromUserName>
<CreateTime>12345678</CreateTime>
<MsgType><![CDATA[music]]></MsgType>
<Music>
<Title><![CDATA[TITLE]]></Title>
<Description><![CDATA[DESCRIPTION]]></Description>
<MusicUrl><![CDATA[MUSIC_Url]]></MusicUrl>
<HQMusicUrl><![CDATA[HQ_MUSIC_Url]]></HQMusicUrl>
<ThumbMediaId><![CDATA[media_id]]></ThumbMediaId>
</Music>
</xml>
```

参数说明：

参数	是否必须	说明
MsgType	是	music
Title	否	音乐标题
Description	否	音乐描述
MusicURL	否	音乐链接
HQMusicUrl	否	高质量音乐链接，WiFi 环境优先使用该链接播放音乐
ThumbMediaId	是	缩略图的媒体 id，通过上传多媒体文件，得到的 id

```
    const REPLY_TYPE_MUSIC='music';
    /**
        * 生成向用户发送的音乐信息
        * @param type $musicpost
        * @return type
        * @throws Exception
        */
       public function outputMusic($musicpost){
          $textTpl = '<xml>
             <ToUserName><![CDATA[%s]]></ToUserName>
             <FromUserName><![CDATA[%s]]></FromUserName>
             <CreateTime>%s</CreateTime>
             <MsgType><![CDATA[%s]]></MsgType>
             <Music>%s</Music>
          </xml>';

          $musicTpl = '
             <Title><![CDATA[%s]]></Title>
             <Description><![CDATA[%s]]></Description>
             <MusicUrl><![CDATA[%s]]></MusicUrl>
             <HQMusicUrl><![CDATA[%s]]></HQMusicUrl>
             ';
          $music = '';
          if (is_array($musicpost)){
             $music      .=      sprintf($musicTpl,      $musicpost['title'],
$musicpost['description'], $musicpost['musicurl'], $musicpost['hdmusicurl']);
          }else{
             throw new Exception('$posts 数据结构错误');
          }

          $text     =     sprintf($textTpl,     $this->_postData->FromUserName,
$this->_postData->ToUserName, time(), self::REPLY_TYPE_MUSIC, $music);
          header('Content-Type: application/xml');
          echo $text;
       }

    private function testMusic()
    {
       $music = array(
             'title' => '在春天里',
             'description' => '在春天里-汪峰',
             'musicurl'                                                        =>
'http://rubyeye-rubyeye.stor.sinaapp.com/inspring.wma',
             'hdmusicurl'                                                      =>
'http://rubyeye-rubyeye.stor.sinaapp.com/inspring.mp3'
          );
        $this->outputMusic($music);
    }
```

如图 4-21 所示。

图 4-21

4.5.6 回复图文消息

```
<xml>
<ToUserName><![CDATA[toUser]]></ToUserName>
<FromUserName><![CDATA[fromUser]]></FromUserName>
<CreateTime>12345678</CreateTime>
<MsgType><![CDATA[news]]></MsgType>
<ArticleCount>2</ArticleCount>
<Articles>
<item>
<Title><![CDATA[title1]]></Title>
<Description><![CDATA[description1]]></Description>
<PicUrl><![CDATA[picurl]]></PicUrl>
<Url><![CDATA[url]]></Url>
</item>
<item>
<Title><![CDATA[title]]></Title>
<Description><![CDATA[description]]></Description>
<PicUrl><![CDATA[picurl]]></PicUrl>
<Url><![CDATA[url]]></Url>
</item>
</Articles>
</xml>
```

参数说明：

参数	是否必须	说明
MsgType	是	news
ArticleCount	是	图文消息个数，限制为 10 条以内
Articles	是	多条图文消息信息，默认第一个 item 为大图,注意，如果图文数超过 10，则将会无响应
Title	否	图文消息标题
Description	否	图文消息描述
PicUrl	否	图片链接，支持 JPG、PNG 格式，较好的效果为大图 360×200，小图 200×200
Url	否	点击图文消息跳转链接

```
   const REPLY_TYPE_NEWS = 'news';
   /**
       * 生成向用户发送的图文信息
       * @param arrry $posts 文章数组，每一个元素是一个文章数组，索引跟微信官方接口说明
一致
       * @return string xml 字符串
       */
      public function outputNews($posts = array())
      {
         $textTpl = '<xml>
             <ToUserName><![CDATA[%s]]></ToUserName>
             <FromUserName><![CDATA[%s]]></FromUserName>
             <CreateTime>%s</CreateTime>
             <MsgType><![CDATA[%s]]></MsgType>
             <ArticleCount>%d</ArticleCount>
             <Articles>%s</Articles>
          </xml>';

         $itemTpl = '<item>
             <Title><![CDATA[%s]]></Title>
             <Discription><![CDATA[%s]]></Discription>
             <PicUrl><![CDATA[%s]]></PicUrl>
             <Url><![CDATA[%s]]></Url>
          </item>';

         $items = '';
         foreach ((array)$posts as $p) {
            if (is_array($p))
               $items  .= sprintf($itemTpl, $p['title'], $p['discription'],
$p['picurl'], $p['url']);
            else
               throw new Exception('$posts 数据结构错误');
         }

         $text     =     sprintf($textTpl,     $this->_postData->FromUserName,
$this->_postData->ToUserName,  time(),  self::REPLY_TYPE_NEWS,   count($posts),
$items);
         header('Content-Type: application/xml');
```

```
        echo $text;
    }

    private function testNews()
    {
        $posts = array(
            array(
                'title' => '世界因你而不同',
                'discription' => '最大化你的影响力，这就是你一生的意义。',
                'picurl'                                                      =>
'http://www.hers.cn/uploadfile/2011/1006/20111006022157183.jpg',
                'url'                                                         =>
'http://mp.weixin.qq.com/mp/appmsg/show?__biz=MjM5MDE4Njg2MQ==&appmsgid=10000
072&itemidx=1&sign=bea6deb75836dbe1249dcf394e8f3c21#wechat_redirect',
            ),
            array(
                'title' => '平横',
                'discription' => '心要多静才能保持如此的平衡',
                'picurl'                                                      =>
'http://news.shangdu.com/304/2009/08/20/images/501_20090820_911.jpg',
                'url'                                                         =>
'http://mp.weixin.qq.com/mp/appmsg/show?__biz=MjM5MDE4Njg2MQ==&appmsgid=10000
066&itemidx=1#wechat_redirect',
            )
        );
        // outputNews 用来返回图文信息
        $xml = $this->outputNews($posts);
    }
```

如图 4-22 所示。

图 4-22

4.6 生成带参数的二维码

为了满足用户渠道推广分析的需要，公众平台提供了生成二维码的接口。使用该接口可以获得多个带不同场景值的二维码，用户扫描后，公众号可以接收到事件推送。

微信支持两种类型的二维码：临时二维码和永久二维码。前者有过期事件，最大为 1800 秒，但能够生成较多数量，后者无过期事件，数量较少（目前参数只支持 1-10000）。两种二维码分别适用于账号绑定、用户来源统计等场景。

前面已经介绍过对推送二维码事件的处理，这节我们将介绍如何生成二维码。获取带参数的二维码的过程包括两步，首先创建二维码 ticket，然后凭借 ticket 到指定 URL 换取二维码。

4.6.1 创建二维码 ticket

请求地址：

```
https://api.weixin.qq.com/cgi-bin/qrcode/create?access_token=TOKEN
```

POST 数据格式是 json，临时二维码的格式如下：

```
{"expire_seconds": 1800, "action_name": "QR_SCENE", "action_info": {"scene": {"scene_id": 123}}}
永久二维码的格式：
{"action_name": "QR_LIMIT_SCENE", "action_info": {"scene": {"scene_id": 123}}}
```

参数说明：

参数	说明
expire_seconds	该二维码有效时间，以秒为单位。 最大不超过 1800
action_name	二维码类型，QR_SCENE 为临时,QR_LIMIT_SCENE 为永久
action_info	二维码详细信息
scene_id	场景值 ID，临时二维码时为 32 位非 0 整型，永久二维码时最大值为 100000（目前参数只支持 1-100000）

返回说明。

正确的 json 返回结果：

```
{"ticket":"gQG28DoAAAAAAAAAASxodHRwOi8vd2VpeGluLnFxLmNvbS9xL0FuWC1DNmZuVEhvMVp4NDNMRnNRAAIEesLvUQMECAcAAA==","expire_seconds":1800}
```

参数说明：

参数	说明
ticket	获取的二维码 ticket，凭借此 ticket 可以在有效时间内换取二维码
expire_seconds	二维码的有效时间，以秒为单位。最大不超过 1 800

错误的 Json 返回示例：

```
{"errcode":40013,"errmsg":"invalid appid"}

/**
  * 获取 ticket
  * @param {int} $scene_id
  * @param {int} $expire
  * @return {string} ticket
  */
 public static function getQrcodeTicket( $scene_id = 0, $expire = 0 ){
      $access_token = self::getToken();
      $scene_id   = intval($scene_id);
      $expire     = intval($expire);
      if( $expire ){ //临时二维码
          $data = array(
              'action_name' => 'QR_SCENE',
              'action_info' => array(
                  'scene' => array(
                      'scene_id' => $scene_id
                  )
              ),
              'expire_seconds' => $expire,
          );
      }else{ //永久二维码
          //永久二维码的 scene_id 只支持1--100000
          if( $scene_id < 1 || $scene_id > 100000 ){//
              $scene_id = 1;
          }
          $data = array(
              'action_name' => 'QR_LIMIT_SCENE',
              'action_info' => array(
                  'scene' => array(
                      'scene_id' => $scene_id
                  )
              )
          );
      }
      $url                                                                  =
self::API_URL."/cgi-bin/qrcode/create?access_token=$access_token";
      $content = curl_post( $url, json_encode( $data ) );
      $ret = self::getResult(json_decode( $content, true ));
      return  isset($ret['ticket'])?$ret['ticket']:false;
 }

public static function getResult($ret) {
```

```
        if(!is_array($ret) || !array_key_exists('errcode',$ret)){
            return $ret;
        }
        $errcode = intval($ret['errcode']);
        if(in_array($errcode, self::$ERRCODE_MAP)){
            if($errcode == 0){
                return true;
            }
            return    array('errcode'    =>    $errcode,    'errinfo'    =>
self::$ERRCODE_MAP[$errcode]);
        }
        return array('errcode'=>'-2','errinfo'=>'未知错误');
    }
```

getResult 函数对返回结果进行处理。

4.6.2　通过 ticket 换取二维码

获取二维码 ticket 后，开发者可用 ticket 换取二维码图片。这个接口使用 GET 请求方式，且无需登录态即可调用（即无需身份验证，任何人都可以调用）。

HTTP 请求地址：

```
https://mp.weixin.qq.com/cgi-bin/showqrcode?ticket=TICKET
```

注意由于 ticket 中可能存在+，而+在 URL 中代表空格，所以需要进行 URL 编码。

ticket 正确情况下，HTTP 返回码是 200，是一张图片，可以直接展示或者下载。错误情况下，返回 HTTP 错误码 404。

```
/**
     * 获取二维码图片 url
     * @param {string} $ticket
     * @return {string} 图片 url
     */
    public static function getQrcodeImgUrlByTicket( $ticket ){
        $ticket = urlencode( $ticket );
        return "https://mp.weixin.qq.com/cgi-bin/showqrcode?ticket=$ticket";
}
```

如图 4-23 所示。

图 4-23

4.7 客服接口

当用户主动发消息给公众号的时候（包括发送信息、点击自定义菜单、订阅事件、扫描二维码事件、支付成功事件、用户维权），微信将会把消息数据推送给开发者，开发者在一段时间内（现在是 48 小时）可以调用客服消息接口，通过 POST 一个 JSON 数据包来发送消息给用户，在 48 小时内不限制发送次数。次接口主要用于客服等有人工消息处理的环节，方便开发者为用户提供更加优质的服务。

接口地址是：

```
https://api.weixin.qq.com/cgi-bin/message/custom/send?access_token=ACCESS_
TOKEN
```

发送的消息类型与被动响应消息类型一致，也有 6 种，而且格式也比较类似，下面给出每个消息的格式：

文本消息：

```
{
    "touser":"OPENID",
    "msgtype":"text",
    "text":
    {
        "content":"Hello World"
    }
}
```

图片消息：

```
{
    "touser":"OPENID",
    "msgtype":"image",
    "image":
    {
      "media_id":"MEDIA_ID"
    }
}
```

语音消息：

```
{
    "touser":"OPENID",
    "msgtype":"voice",
    "voice":
    {
      "media_id":"MEDIA_ID"
    }
}
```

视频消息：

```
{
    "touser":"OPENID",
    "msgtype":"video",
    "video":
    {
      "media_id":"MEDIA_ID",
      "title":"TITLE",
      "description":"DESCRIPTION"
    }
}
```

音乐消息：

```
{
    "touser":"OPENID",
    "msgtype":"music",
    "music":
    {
      "title":"MUSIC_TITLE",
      "description":"MUSIC_DESCRIPTION",
      "musicurl":"MUSIC_URL",
      "hqmusicurl":"HQ_MUSIC_URL",
      "thumb_media_id":"THUMB_MEDIA_ID"
    }
}
```

图文消息：

```
{
    "touser":"OPENID",
    "msgtype":"news",
    "news":{
        "articles": [
         {
             "title":"Happy Day",
             "description":"Is Really A Happy Day",
             "url":"URL",
             "picurl":"PIC_URL"
         },
         {
             "title":"Happy Day",
             "description":"Is Really A Happy Day",
             "url":"URL",
             "picurl":"PIC_URL"
         }
         ]
    }
}
```

代码如下：

```
private static function _send( $toUser, $msgType, $data ){
        $access_token = self::getToken();
        $url                  =                  self::API_URL              .
"/cgi-bin/message/custom/send?access_token=$access_token";
```

```
    $json = json_encode(
        array(
            'touser'  => $toUser,
            'msgtype' => $msgType,
            $msgType     => $data
        )
    );

    $ret = curl_post($url, $json);
    return self::getResult( $ret );
}

/**
 * 发送文本消息
 * @param {string} $toUser
 * @param {string} $content
 * @return type
 */
public static function sendText($toUser, $content) {
    return self::_send( $toUser, 'text', array( 'content' => $content ) );
}

/**
 * 发送图片消息
 * @param {string} $toUser
 * @param {string} $media_id
 * @return type
 */
public static function sendImage( $toUser, $media_id ){
    return self::_send( $toUser, 'image', array( 'media_id' => $media_id ) );
}

 /**
 * 发送语音消息
 * @param {string} $toUser
 * @param {string} $media_id
 * @return type
 */
public static function sendVoice( $toUser, $media_id ){
    return self::_send( $toUser, 'voice', array( 'media_id' => $media_id ) );
}


/**
 * 发送视频消息
 * @param {string} $toUser
 * @param {string} $media_id
 * @param {string} $title
 * @param {string} $desc
 * @return type
 */
public static function sendVideo( $toUser, $media_id, $title, $desc ){
    return self::_send( $toUser, 'video', array(
        'media_id'    => $media_id,
        'title'       => $title,
```

```
            'description' => $desc
        ) );
    }

    /**
     * 发送音乐消息
     * @param {string} $toUser
     * @param {string} $media_id
     * @return type
     */
    public static function sendMusic( $toUser, $url, $thumb_mid, $title, $desc
= '', $hq_url = '' ){
        return self::_send( $toUser, 'music', array(
            'title'          => $title,
            'description'    => $desc || $title,
            'musicurl'       => $url,
            'thumb_media_id' => $thumb_mid,
            'hqmusicurl'     => $hq_url || $url
        ) );
    }

    /**
     * 发送图文消息
     * $articles = array(
     *     array(
     *         "title"=>"Happy Day",
               "description"=>"Is Really A Happy Day",
               "url"=>"URL",
               "picurl"=>"PIC_URL"
     *     ),
     * );
     * @param {string} $toUser
     * @param {string} $articles
     * @return type
     */
    public static function sendNews($toUser, $articles) {
        return self::_send( $toUser, 'news', array(
            'articles'          => $articles,
        ) );
}
```

4.8 语音识别

4.8.1 让微信听懂你的话

微信识别功能默认是关闭的，需要开通，开通语音识别功能后，用户每次发送语音消息给公众号时，微信会在推送的语音消息 XML 数据包中，增加一个 Recongnition 字段。需要注意的是，由于客户端缓存，开发者开启或者关闭语音识别功能，对新关注者立即生效，对已关注用户需要 24 小时生效。开发者可以重新关注此账号测试。

开启语音识别后的语音 XML 数据包格式如下：

```
<xml>
<ToUserName><![CDATA[toUser]]></ToUserName>
<FromUserName><![CDATA[fromUser]]></FromUserName>
<CreateTime>1357290913</CreateTime>
<MsgType><![CDATA[voice]]></MsgType>
<MediaId><![CDATA[media_id]]></MediaId>
<Format><![CDATA[Format]]></Format>
<Recognition><![CDATA[腾讯微信团队]]></Recognition>
<MsgId>1234567890123456</MsgId>
</xml>
```

参数说明：

参数	描述
Recognition	语音识别结果，UTF8 编码

4.8.2 翻译助手

这一节我们实现一个很实用的功能：翻译助手。帮助我们翻译输入的文本和语音消息，支持多种语音的互译。规则是，消息的头两个字是翻译，我们就会翻译后面的文本，如果是中文，翻译成英文，如果是非中文，翻译成中文。

很多公司都开放有翻译 API，比较知名的包括：

有道翻译 API：http://fanyi.youdao.com/openapi

百度翻译 API：http://openapi.baidu.com/public/2.0/bmt/translate

必应翻译 API：http://www.microsoft.com/en-us/translator/developers.aspx

这里我们采用有道翻译 API。由于有些 API 有使用次数的限制，或者有些消息不能翻译，在实际产品中，可以采用多种 API 备份的方式，如果 API 使用次数达到上限，或者消息没有结果，切换其他 API 再做尝试。

1. 申请 API 访问权限及接口说明

到 http://fanyi.youdao.com/openapi 选择调用数据接口，按照提示填写完信息，点击申请，就会在按钮下方显示申请成功的提示，并给出 API key 和 keyfrom。如图 4-24 所示。

申请key（在使用有道翻译API前，您需要先申请key）

网站名称：huoyaxiaotu8

网站地址：http://8.huoyaxiaotu.sinaapp.com/api.php

网站说明：微信公共号

联系方式：zhoutao908@gmail.com

我接受 有道翻译API使用条款

申请

有道翻译API申请成功

API key：232203214
keyfrom：huoyaxiaotu8

创建时间：2014-04-22
网站名称：huoyaxiaotu8
网站地址：http://8.huoyaxiaotu.sinaapp.com/api.php

图 4-24

有道 API 的请求频率限制为每小时 1 000 次，超过限制会被封禁。开发者可以采用前面提到的方法，申请多个 API 作为后备。有道 API 也提供了申请放宽限制的方法，开发者也可考虑。

有道 API 的接口是：

```
http://fanyi.youdao.com/openapi.do?keyfrom=KEYFROM&key=APIKEY&type=data&doctype=DOCTYPE&version=1.1&q=要翻译的文本
```

参数说明：

参数	描述
KEYFROM	在有道注册的网站名称
KEYAPI	有道分配的 key
DOCTYPE	返回结果的数据格式，xml 或者 json 或者 jsonp
q	要翻译的文本，必须是 UTF-8 编码，字符长度不超过 200 个字符，需要进行 urlencode 编码

错误码：

errorCode	描述
0	正常
20	要翻译的文本过长
30	无法进行有效的翻译
40	不支持的语言类型
50	无效的 key

一个 JSON 数据格式的例子：

```
http://fanyi.youdao.com/openapi.do?keyfrom=huoyaxiaotu8&key=232203214&type
=data&doctype=json&version=1.1&q=good
{
    "errorCode":0
    "query":"good",
    "translation":["好"], // 有道翻译
    "basic":{ // 有道词典-基本词典
        "phonetic":"gʊd"
        "uk-phonetic":"gʊd" //英式发音
        "us-phonetic":"gʊd" //美式发音
        "explains":[
            "好处",
            "好的"
            "好"
        ]
    },
    "web":[ // 有道词典-网络释义
        {
            "key":"good",
            "value":["良好","善","美好"]
        },
        {...}
    ]
}
```

2. 程序实现

本书采用 JSON 的数据格式，对接收的消息，判断消息类型，如果是文本消息，处理文本正文，如果是语音消息，处理语音识别后的文本。

```
public function processRequest($data) {
        sae_log(var_export($data,TRUE));
        $this->sendmsg = new SendMsgDB();

        if ($this->isTextMsg()) {
            $this->processText($data->Content);
        }
        elseif($this->isVoiceMsg()) {
            $this->processText($data->Recognition);
        }
    }
```

如果文本消息前两个字是翻译，调用翻译助手翻译，如果不是，直接返回文本内容。

Mb_substr，mb_strlen 能够根据编码格式进行字符处理，而 substr 类的函数只支持单字节的 ASCII 编码，因为文本中含有中文等双字节编码，所以这里采用 mb_substr 函数。

```
private function processText($data)
{
```

```
        $firstTwoWord = mb_substr($data,0,2,"UTF-8");
        $len = mb_strlen($data,'UTF-8');
        if($firstTwoWord == '翻译' && $len > 2)
        {
            $result = translationHelper(mb_substr($data,2,$len,'UTF-8'));
            $this->outputText($result);
        }
        else
        {
            $this->outputText($data);
        }
    }

    define('KEYFROM','huoyaxiaotu8');
    define('APIKEY','232203214');

    function translationHelper($msg)
    {
      $youdaoUrl                                                    =
'http://fanyi.youdao.com/fanyiapi.do?keyfrom='.KEYFROM.'&key='.APIKEY.'&type=
data&doctype=json&version=1.1&q='.$msg;
      $content=curl_get($youdaoUrl);
      $ret=json_decode($content,true);
      $result = '深呼吸，再试一次';
      if(array_key_exists('errorCode',$ret)){
          switch($ret['errorCode'])
          {
                  case 0:
                      $result = $ret['translation']['0'];
                   break;
                  case 20:
                      $result = '亲,你的消息太长了哦';
                      break;
                  case 30:
                   $result = '翻译助手也有不会翻译的时候哦';
                   break;
              case 40:
                   $result = '本助手是有原则的,不翻译鸟语,哼';
                   break;
              case 50:
                   $result = '不要胡言乱语，说人话';
                   break;
          }
      }
      return $result;
    }
```

分别用语音消息和文本消息输入“翻译今天天气怎么样”的效果，如图 4-25 所示。

图 4-25

4.9 本章小节

消息接口是微信公众平台的基础而重要的接口。本章学习了文本、图片、语音、地理位置、链接、视频消息的接收与回复，关注\取消关注、扫描二维码、上报地理位置、自定义菜单事件的处理，客服接口，语音识别等知识。在实际工程中，创新地定义交互方式，合理地使用消息接口，能做出让人耳目一新的功能。

第5章　高级接口

微信推出了认证服务体系，对通过认证的公共号提供了很多高级接口，包括自定义菜单、上传下载多媒体文件、用户管理、获取用户地理位置、OAuth2.0 网页授权、高级群发接口、多客服功能、微信小店等接口。通过这些接口公共号开发者能够为用户提供更多个性化的服务，打造出不逊色于原生应用的轻应用。微信公共号平台还处在高速发展的过程中，新的接口不断被提供，老接口的功能也可能被调整，开发者需要关注接口的变化，充分利用微信提供的接口开发出好玩好用的功能。

5.1 自定义菜单

服务号相对订阅号最大的一个好处就是自定义菜单了，自定义菜单使得我们的公共号更像一个应用，能让用户在关注公共号的短时间内，简单明晰地了解公共号的功能，提高用户的留存率。相对输入文本或者其他类型的消息，点击菜单更能激发用户的互动欲望，是更加直接有效的互动模式。

自定义菜单功能开启后，界面如图 5-1 所示。

图 5-1

5.1.1 自定义菜单的创建

目前自定义菜单最多包括 3 个一级菜单，每个一级菜单最多包括 5 个二级菜单。一级菜单最多显示 4 个汉字，二级菜单最多显示 7 个汉字，多出来的部分将会以“...”代替。

注意，创建自定义菜单后，由于微信客户端的缓存，需要 24 小时微信客户端才会展现出来。建议测试时可以尝试取消关注公共账号后再次关注，则可以看到创建后的效果。

1. 自定义菜单类型

自定义菜单的每一项可以视之为一个按钮，微信公共平台支持两种类型的按钮：

Click：

用户点击 Click 类型按钮后，微信服务器会通过消息接口推送事件类型的消息给开发者（见第四章），消息中含有按钮中开发者填写的 key 值，开发者可以通过自定义的 key 值与用户进行交互。

View：

用户点击 View 类型按钮后，微信内置浏览器将会打开开发者在按钮中填写的 URL，建议与网页授权获取用户基本信息接口（OAuth2.0 网页授权，第 8 章介绍）结合使用，获得用户的登录个人信息。见表 5-1。

表 5-1　自定义菜单按钮类型、属性及说明

按钮类型	属性	属性说明
Click	Type	按钮类型，这里是 Click
	Name	菜单标题，不超过 16 个字节，最多显示 4 个汉字，子菜单不超过 40 个字节，最多显示 7 个汉字
	Key	用户点击时，微信服务器返回来的值，开发者根据这个值来判断用户点击的是哪个按钮，不超过 128 个字节
View	Type	按钮类型，这里是 View
	Name	标题，同上
	url	用户点击时跳转到的网页链接，不超过 256 个字节

2. 接口说明

接口 URL 是：

https://api.weixin.qq.com/cgi-bin/menu/create?access_token=ACCESS_TOKEN

access_token（凭证）的申请已经在第 4 章介绍过了。这个接口使用 POST 方式提交 JSON 数据，数据的格式如下：

```
{
    "button":[
```

```
      {
          "name":"授信\提现",
           "sub_button":[
           {
               "type":"view",
               "name":"闪电授信",
               "url":"http://www.soso.com/"
            },
            {
               "type":"view",
               "name":"快速提现",
               "url":"http://v.qq.com/"
            },
            {
               "type":"click",
               "name":"提升信用额度",
               "key":"V1001_CREDITLIMIT"
            }]
       },
       {
           "type":"click",
           "name":"我",
           "key":"V1001_ME"
       },
       {
           "type":"click",
           "name":"更多服务",
           "key":"V1001_MORESERVICES"
        }]
  }
```

在这个 JSON 数据结构中，有 3 个一级菜单：“授信\提现”，“我”和“更多服务”。在一级菜单“授信\提现”下面设置了“闪电授信”，“快速提现”，“提升信用额度”3 个二级菜单。

提交创建自定义菜单请求后，如果正确，返回的 JSON 数据包如下：

```
{"errcode":0,"errmsg":"ok"}
```

如果错误，返回的 JSON 数据包则类似这样（以无效菜单吗长度为例）：

```
{"errcode":40018,"errmsg":"invalid button name size"}
```

3. 接口封装

```
public static function createMenu($menu){

$url=self::API_URL."/cgi-bin/menu/create?access_token=".self::getToken();
        $content=curl_post($url,$menu);
        $ret=json_decode($content,true);
        return wxcommon::getResult($ret);
  }
```

4. 测试案例

```
private function testCreateMenu()
{
    $menu = '{ "button":[
     {
         "name":"授信\提现",
          "sub_button":[
```

```
            {
               "type":"view",
               "name":"闪电授信",
               "url":"http://www.soso.com/"
            },
            {
               "type":"view",
               "name":"快速提现",
               "url":"http://v.qq.com/"
            },
            {
               "type":"click",
               "name":"提升信用额度",
               "key":"V1001_CREDITLIMIT"
            }]
        },
        {
             "type":"click",
             "name":"我",
             "key":"V1001_ME"
        },
        {
             "type":"click",
             "name":"更多服务",
             "key":"V1001_MORESERVICES"
        }]
        }';
        $ret = self::createMenu($menu);
        $this->outputText($ret);
}
```

如图 5-2 所示。

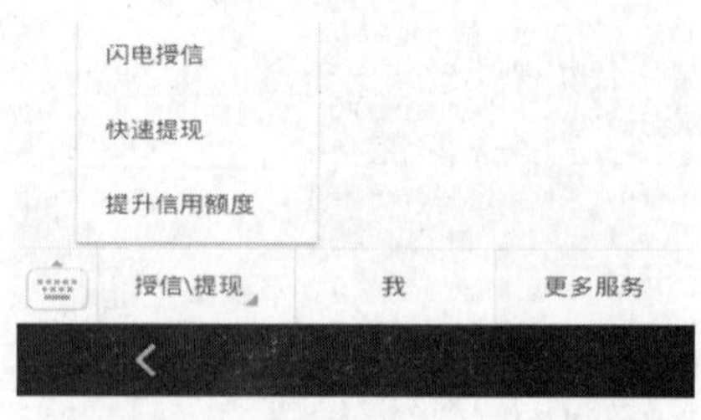

图 5-2

5.1.2　自定义菜单的查询和删除

创建自定义菜单后，开发者还可以使用接口查询和删除自定义菜单的结构，这两个接口意义不大。

查询接口地址：

https://api.weixin.qq.com/cgi-bin/menu/get?access_token=ACCESS_TOKEN

删除接口地址：

https://api.weixin.qq.com/cgi-bin/menu/delete?access_token=ACCESS_TOKEN

使用 HTTPS GET 方式提交申请，查询接口返回创建菜单的 JSON 结构数据：
{"menu":{"button":[{"name":"授信\提现","sub_button":[{ "type":"view","name" : "闪电授信" , "url":"http://www.soso.com/"}, { "type":"view","name" : "快速提现" , "url":"http://v.qq.com/"}, {"type":"click","name":" 提 升 信 用 额 度 " ， "key":"V1001_CREDITLIMIT"}]}, {"type":"click","name" ： "我" ,"key":"V1001_ME"} ， {"type":"click","name":"更多服务" , "key":"V1001_MORESERVICES"}]}}

删除接口返回：

```
{"errcode":0,"errmsg":"ok"}
```

5.2　上传下载多媒体文件

多媒体文件往往较大，公共号发给微信服务器，微信服务器再转发给用户，速度会很慢，影响用户体验，而且往往文件是会发送给很多用户的，每次上传或者下载就显得没有必要。一次上传到微信服务器，获得文件的全局唯一 ID，以后只要告诉微信服务器发给用户某 ID 的文件，减少了环节，还不受开发者自身服务器带宽的限制，很好的提升了用户体验。但开发者不要高兴的太早，微信服务器只会为我们保存三天，三天后就会自动删除，毕竟存储不是免费的，地主家也没有余粮啊。

5.2.1　上传多媒体文件

1. 接口说明

微信公共平台将语音、图片、视频这些大体量的文件称之为多媒体文件，这些文件都是以 media_id 的形式进行信息传递。当公共号调用接口将多媒体文件上传到微信服务器或者用户发送多媒体文件，微信服务器都会返回对应的 media_id，公共号此后可根据该 media_id 来获取多媒体文件。meidia_id 是可以复用的。本接口利用 HTTP POST/FORM 方式提交请求。请求地址是：

http://file.api.weixin.qq.com/cgi-bin/media/upload?access_token=ACCESS_TOKEN&type=TYPE

参数说明：

参数	是否必须	说明
access_token	是	调用接口凭证
type	是	媒体文件类型，分别有图片（image）、语音（voice）、视频（video）和缩略图（thumb）
media	是	form-data 中媒体文件标识，有 filename、filelength、content-type 等信息

其中 access_token 和 type 是在 URL 中传递的，而 media 则是通过表单提交的。

需要注意的是 上传的多媒体文件有格式和大小限制：

- 图片（image）128KB，支持 JPG 格式。
- 语音（voice）256KB，播放长度不超过 60 秒，支持 AMR\MP3 格式。
- 视频（video）1MBB，支持 MP4 格式。
- 缩略图（thumb）64KB，支持 JPG 格式。

如果上传 thumb 文件，返回的 JSON 数据结构是：

```
{"type":"thumb","thumb_media_id":"MEDIA_ID","created_at":123456789}
```

如果上传的是其他类型的多媒体文件，则返回的 JSON 数据结构是：

```
{"type":"TYPE","media_id":"MEDIA_ID","created_at":123456789}
```

2. 接口封装

```
/**
     * 上传多媒体
     * @param {string} $type
     * @param {string} $file_path
     * @param {int} $mediaidOnly
     * @return null
     */
    public static function upload( $type, $file_path){
        $access_token = self::getToken();
        $url                                                          =
"http://file.api.weixin.qq.com/cgi-bin/media/upload?access_token=$access_toke
n&type=$type";

        $ret = curl_post( $url, array( 'media' => "@$file_path" ) );
        $ret = json_decode( $ret, true );
        if( self::getResult( $ret) ){
```

```
            return $type == 'thumb' ? $ret['thumb_media_id'] : $ret['media_id'];
        }
        return null;
    }
    private function testUpload()
    {
        $ret = self::upload('image','location.jpg');
        $this->outputText("type : image\nmedia_id : ".$ret);
    }
```

5.2.2　下载多媒体文件

1. 接口说明

如果公共号想获取多媒体文件可以通过本接口实现。注意，视频文件不支持下载。该接口使用 HTTP GET 方式提交请求，请求地址是：

```
http://file.api.weixin.qq.com/cgi-bin/media/get?access_token=ACCESS_TOKEN&
media_id=MEDIA_ID
```

下载完后，我们需要将文件保存起来，SAE 提供了存储服务 Storage，利用它开放的 API 可以将文件存到 SAE 中。如图 5-3 所示。

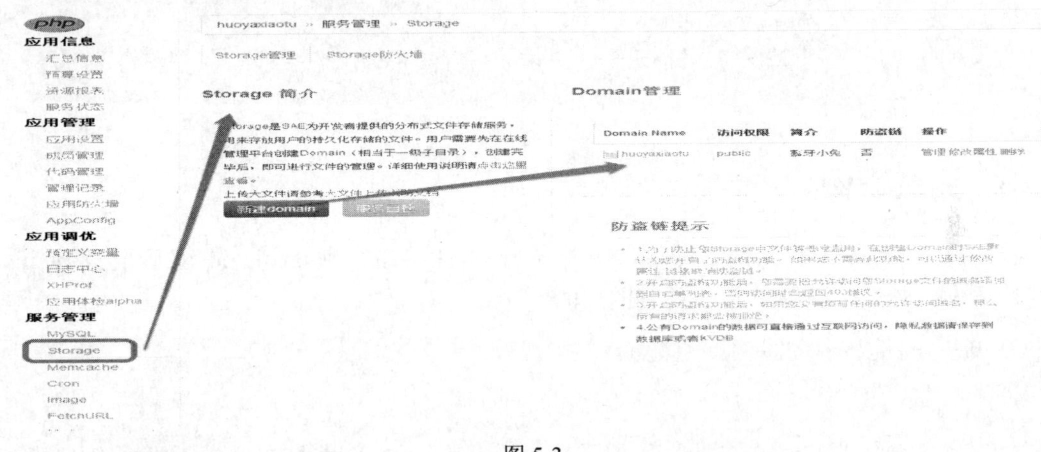

图 5-3

SAE Storage 有个域的概念，可以理解为一级目录，是对外管理的单位，同一域下面的所有目录拥有相同的属性（访问权限和防盗链）。

SAE Storage 提供了 PHP 类 SaeStorage，所有的读写访问接口都包含在里面。API 文档在这里：

```
http://apidoc.sinaapp.com/sae/SaeStorage.html
```

这里主要需要写文件接口：

```
string write (string $domain, string $destFileName, string $content, [int $size
```

```
= -1], [array $attr = array()], [bool $compress = false])
```

$domain: 存储域，这里就是 huoyaxiaotu。

$destFileName: 文件名，包含域下面的目录路径。

$content:文件内容，支持二进制数据。

$size:写入长度，默认为不限制。

$attr:文件属性，可设置的属性参考 SaeStorage::setFileAttr()方法。

$compress:是否 gzip 压缩。如果设为 true，则文件会经过 gzip 压缩后再存入 Storage，常与$attr=array('encoding'=>'gzip')联合使用。

2. 接口封装

```
/**
     * 下载多媒体内容
     * @param {string} $media_id
     * @return type
     */
    public static function download( $media_id ){
        $access_token = self::getToken();
        $url                                                                =
"http://file.api.weixin.qq.com/cgi-bin/media/get?access_token={$access_token}
&media_id={$media_id}";
        $ret = curl_get( $url );
        $s = new SaeStorage();
        return $s->write("huoyaxiaotu","/image/download.jpg",$ret);
}
```

5.2.3 测试案例

我们需要先将多媒体文件上传到 SAE 服务器中，上传后得到 media_id。然后根据 media_id 将图片下载下来并存到 SAE 里，得到图片的链接。

```
private function testDownload()
{
    $ret                                                                    =
self::download('dHhva6uzRyAfZrJ4JQ7Ze22-IZcZRX9eSazEhHo37oIxIYfS9vSpfYxUPyNQx
DLF');
    $this->outputText("type : image\npath in SAE Storage : ".$ret);
}
```

如图 5-4 所示。

图 5-4

5.3 用户管理

在第 1 章中，我们介绍了通过微信公共平台管理平台进行用户管理，查看用户的基本信息，给用户分组，但这些都是基于手动的操作，比较繁琐。而且用户管理最大的用处是能与开发者自己的后端平台进行对接，用户管理接口为针对用户的基本信息提供个性化服务提供了强大的支持。

5.3.1 管理分组

微信公共平台可以对用户进行分组，为用户管理提供了方便。分组管理接口可以对分组进行查询、创建、修改操作，也可以在需要时移动用户到某个分组。

1. 查询分组

（1）接口说明

通过查询分组接口可以活动所有分组列表，该接口使用 HTTPS GET 方式提交请求，接口地址是：

```
https://api.weixin.qq.com/cgi-bin/groups/get?access_token=ACCESS_TOKEN
```

正常情况下，微信会返回下述 JSON 数据包：

```
{
    "groups": [
        {
```

```
            "id": 0,
            "name": "未分组",
            "count": 72596
        },
        {
            "id": 1,
            "name": "黑名单",
            "count": 36
        },
        {
            "id": 2,
            "name": "星标组",
            "count": 8
        },
        {
            "id": 104,
            "name": "华东媒",
            "count": 4
        },
        {
            "id": 106,
            "name": "★不测试组★",
            "count": 1
        }
    ]
}
```

参数说明：

参数	说明
groups	公众平台分组信息列表
id	分组 id，由微信分配
name	分组名字，UTF8 编码
count	分组内用户数量

如果不正确，返回的 JSON 数据包示例（以 appID 无效为例）：

```
{"errcode":40013,"errmsg":"invalid appid"}
```

（2）接口封装

```
    /**
     * 查询所有分组
     * @return type
     */
    public static function getAllGroups(){
        $access_token = self::getToken();
        $url = self::API_URL . "/cgi-bin/groups/get?access_token={$access_token}";
        $content = curl_get( $url );
```

```
        $ret = json_decode( $content, true );
        return self::getResult( $ret ) ? urldecode($content) : null;
}
```

2. 创建分组

（1）接口说明

一个公共账号，最多支持创建 500 个分组。利用 HTTPS POST 的方式提交申请，接口地址：

```
https://api.weixin.qq.com/cgi-bin/groups/create?access_token=ACCESS_TOKEN
```

提交的 JSON 数据格式：

```
{"group":{"name":"test"}}
```

创建一个名为“test”的分组，分组的名称要在 30 个字符以内。正常情况下，微信会返回下述 JSON 数据包：{

```
    "group": {
        "id": 107,
        "name": "test"
    }
}
```

“test”分组的 id 是 107，注意创建分组允许重名，但有不同的 id，原则上要避免创建名字相同的分组。如果创建不成功，以 appID 无效错误为例，返回：

```
{"errcode":40013,"errmsg":"invalid appid"}
```

（2）接口封装

```
/**
     * 创建分组
     * @param {string} $name 分组名字（30个字符以内）
     * @return type
     */
    public static function createGroup( $name ){
        $access_token = self::getToken();
        $url                    =                    self::API_URL                    .
"/cgi-bin/groups/create?access_token={$access_token}";

        $content = curl_post( $url, json_encode(array(
            'group' => array( 'name' => urlencode($name) )
        ) ) );

        $ret = json_decode( $content, true );
        return self::getResult( $ret ) ? urldecode($content) : null;
}
```

这里要注意的是，json_encode 编码中文会出现乱码问题，解决方法是在用 json_encode 编码之前先用 urlencode 编码，获取的时候也要记得用 urldecode 解码，这样就能正常处理中文了。

3. 移动用户分组

（1）接口说明

移动所用分组是根据用户的 OpenId 将用户移到指定分组。利用 HTTPS POST 方式提交请求，请求地址是：

```
https://api.weixin.qq.com/cgi-bin/groups/members/update?access_token=ACCES
S_TOKEN
```

提交的 JSON 数据格式，将用户移动 groupid 是 108 的分组：

```
{"openid":"oDF3iYx0ro3_7jD4HFRDfrjdCM58","to_groupid":108}
```

正常情况下，微信会返回下述 JSON 数据包：

```
{"errcode": 0, "errmsg": "ok"}
```

（2）接口封装

```
/**
    * 移动用户分组
    * @param type $openid 用户唯一标识符
    * @param type $gid 分组 id
    * @return type
    */
   public static function moveUserById( $openid, $gid ){
       $access_token = self::getToken();
       $url                =                   self::API_URL          .
"/cgi-bin/groups/members/update?access_token={$access_token}";
       $ret = curl_post(
           $url,
           json_encode(
               array(
                   'openid'    => $openid,
                   'to_groupid' => $gid
               )
           )
       );
       $ret = json_decode( $ret, true );
       return self::getResult( $ret );
}
```

4. 查询用户所在分组

（1）接口说明

通过用户的 OpenId 查询其所在的 GroupId。利用 HTTPS POST 方式提交请求，请求地址是：

https://api.weixin.qq.com/cgi-bin/groups/getid?access_token=ACCESS_TOKEN

提交的 JSON 数据格式：

```
{"openid":"od8XIjsmk6QdVTETa9jLtGWA6KBc"}
```

正常情况下，微信会返回下述 JSON 数据包：

```
{"groupid": 102}
```

（2）接口封装

```
/**
     * 查询用户所在分组
     * @param type $openid 用户唯一标识符
     * @return type
     */
    public static function getGroupidByOpenid( $openid ){
        $access_token = self::getToken();
        $url                    =                        self::API_URL.
"/cgi-bin/groups/getid?access_token={$access_token}";

        $ret = curl_post( $url, json_encode( array(
            'openid' => $openid
        ) ) );

        $ret = json_decode( $ret, true );
        return self::getResult( $ret ) ? $ret['groupid'] : null;
    }
```

5. 修改分组名

（1）接口说明

根据分组的 GroupId 修改名称。利用 HTTPS POST 方式提交请求，请求地址是：

```
https://api.weixin.qq.com/cgi-bin/groups/update?access_token=ACCESS_TOKEN
```

请求的 JSON 数据格式，将 GroupId 为 108 的分组，重命名为 test2_modify2：

```
{"group":{"id":108,"name":"test2_modify2"}}
```

正常情况下，微信会返回下述 JSON 数据包：

```
{"errcode": 0, "errmsg": "ok"}
```

（2）接口封装

```
/**
     * 修改分组名
     * @param type $gid 分组 id
```

```
     * @param type $name 分组名字
     * @return type
     */
    public static function renameGroup( $gid, $name ){
        $access_token = self::getToken();
        $url                =                    self::API_URL              .
"/cgi-bin/groups/update?access_token={$access_token}";

        $ret = curl_post( $url, json_encode(array(
            'group' => array(
                'id'   => $gid,
                'name' => urlencode($name)
            )
        ) ) );

        $ret = json_decode( $ret, true );
        return self::getResult( $ret );
    }
```

6. 测试案例

```
private function testGroupManage($data)
{
    if ($this->isTextMsg())
    {
        switch($data->Content)
        {
            case '创建分组':
                $ret = self::createGroup('供应商');
                $this->outputText($ret);
                break;
            case '分组列表':
                $ret = self::getAllGroups();
                $this->outputText($ret);
                break;
            case '用户所在分组':
                $ret                                                  =
self::getGroupidByOpenid('og17nt6kNCcqq25b77C8L2zEJXdQ');
                $this->outputText('分组'.$ret);
                break;
            case '移动用户分组':
                self::moveUserById('og17nt6kNCcqq25b77C8L2zEJXdQ',102);
                $this->outputText('移动用户到102分组');
                break;
            case '修改分组名':
                self::renameGroup('101','客户');
                $ret = self::getAllGroups();
                $this->outputText('重命名101分组:'.$ret);
                break;
        }
    }
```

```
}
```

如图 5-5 所示。

图 5-5

5.3.2　获取用户基本信息

1. 接口说明

在关注者与公共号产生信息交互后，公共号可以获得关注者的 OpenId（加密后的微信号，每个用户对每个公共号的 OpenId 是唯一的，对于不同公共号，同一用户的 OpenId 不同）。公共号可以通过本接口来根据 OpenId 获取用户的基本信息，包括昵称、头像、性别、所在城市、语言和关注时间。利用 HTTPS GET 方式提交请求，请求地址是：

```
https://api.weixin.qq.com/cgi-bin/user/info?access_token=ACCESS_TOKEN&openid=OPENID&lang=zh_CN
```

其中 lang 是可选项，返回国家地区语言版本，zh_CN 简体，zh_TW 繁体，en 英语。

正常情况下，微信会返回下述 JSON 数据包：

```
{
    "subscribe": 1,
    "openid": "o6_bmjrPTlm6_2sgVt7hMZOPfL2M",
    "nickname": "Band",
    "sex": 1,
    "language": "zh_CN",
    "city": "广州",
    "province": "广东",
    "country": "中国",
```

```
    "headimgurl":
"http://wx.qlogo.cn/mmopen/g3MonUZtNHkdmzicIlibx6iaFqAc56vxLSUfpb6n5WKSYVY0Ch
QKkiaJSgQ1dZuTOgvLLrhJbERQQ4eMsv84eavHiaiceqxibJxCfHe/0",
    "subscribe_time": 1382694957
}
```

参数说明：

参数	说明
subscribe	用户是否订阅该公众号标识，值为 0 时，代表此用户没有关注该公众号，拉取不到其余信息
nickname	用户的昵称
sex	用户的性别，值为 1 时是男性，值为 2 时是女性，值为 0 时是未知
city	用户所在城市
country	用户所在国家
province	用户所在省份
language	用户的语言，简体中文为 zh_CN
headimgurl	用户头像，最后一个数值代表正方形头像大小（有 0、46、64、96、132 数值可选，0 代表 640×640 正方形头像），用户没有头像时该项为空
subscribe_time	用户关注时间，为时间戳。如果用户曾多次关注，则取最后的关注时间

2. 接口封装

```
/**
     * 获取用户基本信息
     * @param type $openid 普通用户的标识，对当前公众号唯一
     * @param string $lang 返回国家地区语言版本，zh_CN 简体，zh_TW 繁体，en 英语
     * @return type
     */
    public static function getUserInfoById( $openid, $lang='zh_CN' ){
        if( !$lang ) $lang = 'zh_CN';
        $access_token = self::getToken();
        $url                =                   self::API_URL            .
"/cgi-bin/user/info?access_token=$access_token&openid={$openid}&lang={$lang}"
;
        $content = curl_get( $url );
        $ret = json_decode($content, true );

        return self::getResult( $ret ) ? $content : null;
}
```

3. 测试案例

```
public function processRequest($data) {
        sae_log(var_export($data,TRUE));
        $this->sendmsg = new SendMsgDB();

        $ret = self::getUserInfoById('og17nt6kNCcqq25b77C8L2zEJXdQ');
```

```
        $this->outputText($ret);
    }
```

如图 5-6 所示。

图 5-6

5.3.3　获取关注者列表

1. 接口说明

公共号可以通过本接口来获取账号的关注者列表，关注者列表由一串 OpenId 组成。一次拉取调用最多拉取 10 000 个关注者的 OpenId，可以通过多次拉取来获取所有关注者列表。利用 HTTPS GET 方式提交请求，请求地址是：

```
    https://api.weixin.qq.com/cgi-bin/user/get?access_token=ACCESS_TOKEN&next_
openid=NEXT_OPENID
```

其中，next_openid 是第一个拉取的 OpenId，不填默认是从头开始拉取。正常情况下，微信会返回下述 JSON 数据包：

```
    {"total":2,"count":2,"data":{"openid":["","OPENID1","OPENID2"]},"next_open
id":"NEXT_OPENID"}
```

参数说明：

参数	说明
total	关注该公众账号的总用户数
count	拉取的 Openid 个数，最大值为 10 000
data	列表数据，Openid 的列表
next_openid	拉取列表的后一个用户的 Openid

如果关注者数量超过 10 000，在调用接口时，将上次调用得到的返回中的 next_openid 值作为下一次调用中的 next_openid 值，循环调用直到 next_openid 的值为空。

2. 接口封装

```
/**
     * 获取关注者列表
     * @param type $next_id 第一个拉取的 OPENID，不填默认从头开始拉取
     * @return type
     */
    public static function getUserList( $next_id = '' ){
        $access_token = self::getToken();
        $extend = '';
        if( !empty($next_id) ){
            $extend = "&next_openid=$next_id";
        }
        $url                    =                    self::API_URL                    .
"/cgi-bin/user/get?access_token={$access_token}$extend";

        $content = curl_get( $url );
        $ret = json_decode($content,true);

        return self::getResult( $ret )
            ? array(
                'total'   => $ret['total'],
               'count'   => $ret['count'],
                'list'    => $ret['data']['openid'],
                'next_id' => isset( $ret['next_openid'] ) ? $ret['next_openid'] :
null
            )
            : null;
}
```

我们发现获取完关注者列表得到的返回 JSON 结构中，next_openid 并不是空，而是 openid 列表中的最后一个 openid。开发者在实际开发时请注意。据此，判断结束可以使用两个条件：next_openid 不为空或者 next_openid 不是 openid 列表中的最后一个。

```
$next_id != null || $next_id != end($ret['list']
```

3. 测试案例

```
private function testGetUserList()
{
    $ret = self::getUserList();
    $next_id = $ret['next_id'];
    $this->outputText(json_encode($ret));
 }
```

如图 5-7 所示。

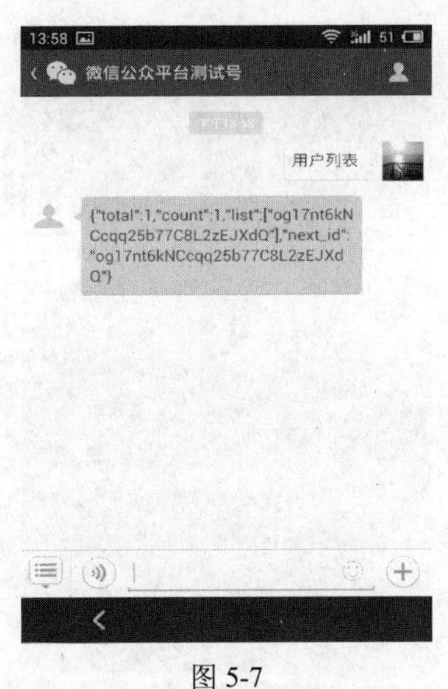

图 5-7

5.4 获取用户地理位置

服务号相对订阅号另一个非常有价值的功能是可以自动获取用户的地理位置，而不用用户手动发送，当然需要用户的同意。这为公共号针对位置提供个性化服务提供了方便，比如出门问问，再比如某家实体店的公共号可以向用户推荐最近的门店，给出导航信息。首先公共号需要开启获取用户地理位置服务。如图 5-8 所示。

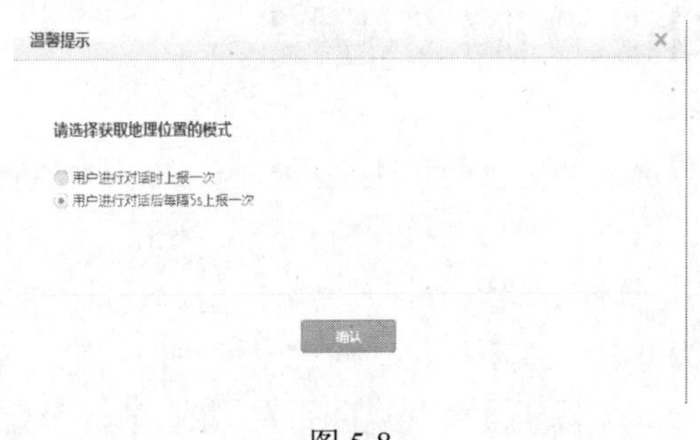

图 5-8

有两个选项，一种是每次用户进入会话时，上报一次地理位置，还有一种是在进入公共号后，每隔 5 秒发送一次，如果退出公共号将不再上传地理位置信息。

用户在关注了开启上报地理位置接口的公共号后，首次进入公共号会话时，会弹框让用户确认是否允许公共号使用其地理位置。弹框只在关注后出现一次，用户以后可以自行在公共号详情页面进行操作。如图 5-9 所示。

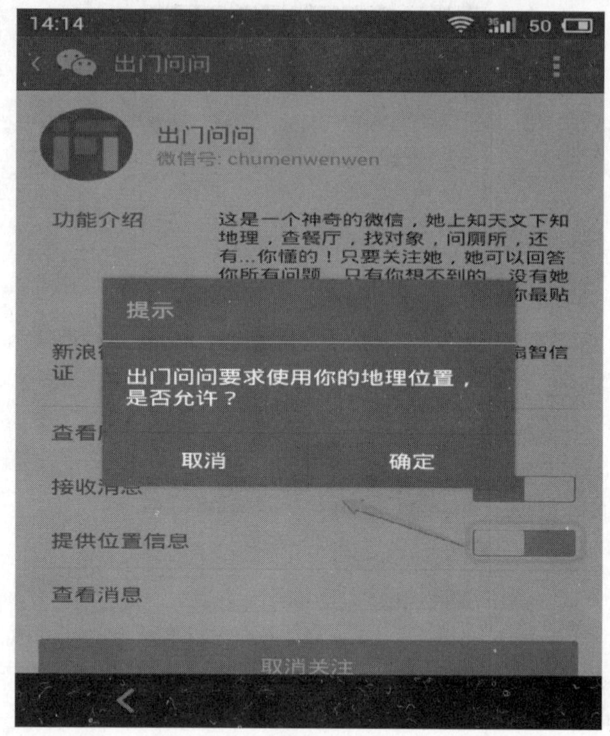

图 5-9

对上传地理位置信息的处理，已在第 4 章介绍过，这里不再赘述。

5.5 OAuth2.0 网页授权

我们知道微信公共号自定义菜单有两种类型的按钮：Click 和 View。点击 Click 类型按钮，产生与公共号的互动，点击 View 类型的按钮直接跳转到第三方网页（一般是公共号的管理后台）。一个很基本的需求是希望了解当前打开网页的用户是谁？但很明显通过 View 打开的网页不具备这个能力，因为 URL 中不携带任何关于用户的信息。有一种变通的方案是通过 Click 按钮实现，用户点击 Click 按钮，公共返回带有 URL 的一段信息，这个 URL 因为是在后台生成的，所以可以利用前面提到的获取用户基本信息接口，将用户基本信息附加在 URL 中，这样用户打开的网页就能获知用户的基本信息了。如招行信用卡就采用了这种方案，如图 5-10 所示。

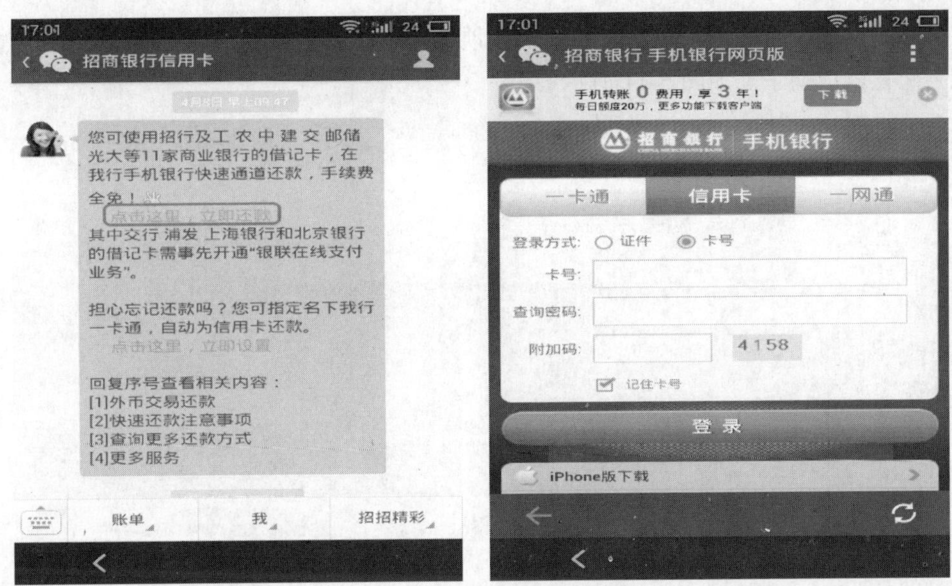

图 5-10

这种方案能满足我们的要求，但不够直接，没能充分利用 View 按钮的作用。如果想在 View 按钮跳转的网页中获取用户的基本信息，可以做到吗？答案是可以的。微信公共平台给开发者提供了 OAuth2.0 授权接口。

OAuth2.0 授权协议，大家在平时经常遇到，这是账号体系的基础。我们在访问第三方网站时，经常被要求登录，但我们又不想是个网站就去注册个账号，于是很多网站就提供了微博，QQ 账号登录的办法，只要用户给予了授权，我们就能获取到用户在微博或者 QQ 中的信息，比如昵称、性别、关注或者被关注的朋友等信息，有了这些信息开发者可以做很多事情，而这个过程的信息安全就由 OAuth2.0 协议保证。

微信 OAuth2.0 授权协议是类似的，通过微信 OAuth2.0 授权，公共号开发者可以获取当前用户的基本信息（包括昵称、性别、城市、国家）。利用用户信息，可以实现体验优化、用户来源统计、账号绑定、用户身份鉴权等功能。值得注意的是获取用户基本信息接口时在用户和公共号产生消息交互时，才能根据用户 OpenID 获取用户基本信息，而网页授权的方式获取用户基本信息则无需交互，只要用户进入到公共号的网页，就可弹出请求用户授权的界面，用户授权后，就可获得其基本信息，此过程甚至不需要用户已经关注该公共号。

5.5.1　配置授权回调域名

首先我们需要在公共平台网站的我的服务页中配置授权回调域名，即在微信公共平台进行注册，以后这个域名下的网页都能进行 OAuth2.0 鉴权。这里填写的域名不需要加 http://。授权回调域名配置规范为全域名，比如需要网页授权的域名为: www.qq.com，配置以后此域名下面的页面 http://www.qq.com/music.html、http://www.qq.com/login.html 都可以进行 OAuth2.0 鉴权。但 http://pay.qq.com、http://music.qq.com 、http://qq.com 无法进行 OAuth2.0 鉴权。

如果你的网址没有被列入黑名单，就会在顶部出现“安全检测中”、“通过安全检测”字样，域名配置就成功了。如图 5-11 所示

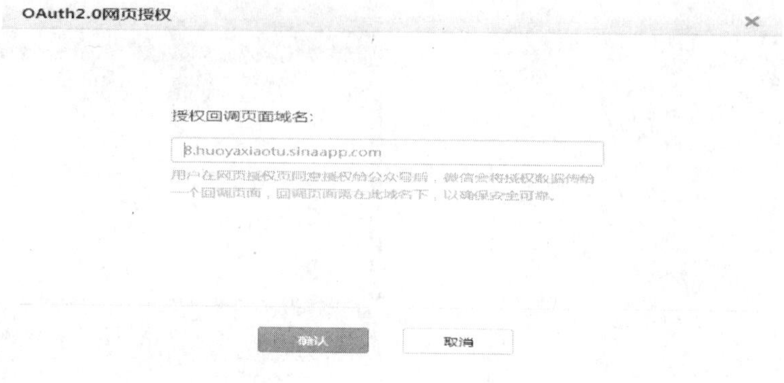

图 5-11

5.5.2 OAuth2.0 授权流程

OAuth2.0 授权流程主要分为三步：

（1）引导用户进入授权页面同意授权，获得 code。

（2）通过 code 换取网页授权 access_token 和 openid，这里前面提到的 access_token 凭证不同。如果需要，开发者可以刷新网页授权 access_token，避免过期。

（3）通过网页授权 access_token 和 openid 获取用户基本信息。

1.获取 code

引导关注者打开如下页面：

```
https://open.weixin.qq.com/connect/oauth2/authorize?appid=APPID&redirect_uri=REDIRECT_URI&response_type=code&scope=SCOPE&state=STATE#wechat_redirect
```

参数说明：

参数	是否必须	说明
appid	是	公众号的唯一标识
redirect_uri	是	授权后重定向的回调链接地址，请使用 urlencode 对链接进行处理
response_type	是	返回类型，请填写 code
scope	是	应用授权作用域，snsapi_base（不弹出授权页面，直接跳转，只能获取用户 openid），snsapi_userinfo（弹出授权页面，可通过 openid 拿到昵称、性别、所在地。并且，即使在未关注的情况下，只要用户授权，也能获取其信息）
state	否	重定向后会带上 state 参数，开发者可以填写 a-z、A-Z、0-9 的参数值
#wechat_redirect	是	无论直接打开还是做页面 302 重定向时候，必须带此参数

其中，Redirect_uri，用户点击授权或拒绝后，微信服务器将向该地址发送信息。该地址需要在前面配置的授权回调域名下。比如 http://8.huoyaxiaotu.sinaapp.com/oauth2.0.php。

如图 5-12 所示为 scope 等于 snsapi_userinfo 时的授权页面，

图 5-12

如果用户同意授权，页面将跳转至 redirect_uri/?code=CODE&state=STATE。若用户拒绝授权，则重定向到 redirect_uri? code=authdeny &state=STATE。要注意的是，code 作为换取 access_token 的票据，每次用户授权带上的 code 将不一样，code 只能使用一次，5 分钟未被使用自动过期。

2. 通过 code 换取网页授权 access_token

得到了 code，接下来我们就可以通过 code 来获取 access_token 了，这里的 access_token 与创建二维码、创建自定义菜单的 access_token 不一样。这里申请 access_token 的地址是：

https://api.weixin.qq.com/sns/oauth2/access_token?appid=APPID&secret=SECRET&code=CODE&grant_type=authorization_code

参数说明：

参数	是否必须	说明
appid	是	公众号的唯一标识
secret	是	公众号的 appsecret
code	是	填写第一步获取的 code 参数
grant_type	是	填写为 authorization_code

正常情况下，微信会返回下述 JSON 数据包：

```
{
   "access_token":"ACCESS_TOKEN",
   "expires_in":7200,
   "refresh_token":"REFRESH_TOKEN",
   "openid":"OPENID",
```

```
    "scope":"SCOPE"
 }
```

参数说明：

参数	描述
access_token	网页授权接口调用凭证,注意，此 access_token 与基础支持的 access_token 不同
expires_in	access_token 接口调用凭证超时时间，单位（秒）
refresh_token	用户刷新 access_token
openid	用户唯一标识，请注意，在未关注公众号时，用户访问公众号的网页，也会产生一个用户和公众号唯一的 OpenID
scope	用户授权的作用域，使用逗号（,）分隔

通过这一步，已经得到了用户的 openid，如果 scope 是 snsapi_base，授权的过程就此结束了。

由于 access_token 有效期较短，如果 access_token 超时了，可以使用 refresh_token 进行刷新，refresh_token 有效期较长（7 天、30 天、60 天、90 天），如果 refresh_token 也失效了，需要用户重新授权。

请求地址：

```
  https://api.weixin.qq.com/sns/oauth2/refresh_token?appid=APPID&grant_type=
refresh_token&refresh_token=REFRESH_TOKEN
```

返回结果与申请 access_token 的结构一样，就不再赘述了。

3. 拉取用户信息

已经拿到 access_token 和用户的 openid，现在可以拉取用户的信息了。请求地址是：

```
  https://api.weixin.qq.com/sns/userinfo?access_token=ACCESS_TOKEN&openid=OP
ENID&lang=zh_CN
```

正常情况下，微信会返回下述 JSON 数据包：

```
  {
     "openid":" OPENID",
     " nickname": NICKNAME,
     "sex":"1",
     "province":"PROVINCE"
     "city":"CITY",
     "country":"COUNTRY",
      "headimgurl":
"http://wx.qlogo.cn/mmopen/g3MonUZtNHkdmzicIlibx6iaFqAc56vxLSUfpb6n5WKSYVY0Ch
QKkiaJSgQ1dZuTOgvLLrhJbERQQ4eMsv84eavHiaiceqxibJxCfHe/46",
   "privilege":[
   "PRIVILEGE1"
   "PRIVILEGE2"
```

```
        ]
    }
```

参数说明：

参数	描述
openid	用户的唯一标识
nickname	用户昵称
sex	用户的性别，值为 1 时是男性，值为 2 时是女性，值为 0 时是未知
province	用户个人资料填写的省份
city	普通用户个人资料填写的城市
country	国家，如中国为 CN
headimgurl	用户头像，最后一个数值代表正方形头像大小（有 0、46、64、96、132 数值可选，0 代表 640×640 正方形头像），用户没有头像时该项为空
privilege	用户特权信息，json 数组，如微信沃卡用户为（chinaunicom）

5.5.3 代码实现

1. 创建授权链接

```
    /**
        * 获取用户授权 code url
        * @param type $scope 授权作用域:snsapi_base or snsapi_userinfo
        * @param type $state 重定向后会带上 state 参数，开发者可以填写 a-zA-Z0-9的参数值
        * @return type
        */
       public static function createCodeUrl($scope,$state){
           $open_url = 'https://open.weixin.qq.com';
           $redirect_url                                                  =
urlencode('http://8.huoyaxiaotu.sinaapp.com/oauth2.php');
           $url                                                           =
$open_url.'/connect/oauth2/authorize?appid='.APPID.'&redirect_uri
='.$redirect_url.'&response_type=code&scope='.$scope.'&state='.$state.'#wecha
t_redirect';
           return $url;
    }
    注意需要对 redirect_url 进行 urlencode。
```

2. 获取 access_token

```
    /**
        * 获取用户授权 access_token
        * @param type $code 授权时获得 code 值
        * @return type
        */
       public static function getAuthToken($code){
```

```
        $url                                                             =
self::API_URL.'/sns/oauth2/access_token?appid='.APPID.'&secret='.APPSECRET.'&
code='.$code.'&grant_type=authorization_code';
        $content = curl_get( $url );
        $ret = json_decode($content, true );
        return self::getResult( $ret ) ? $ret : null;
    }
```

3. 刷新 access_token

```
    /**
     * 刷新用户授权 access_token
     * @param type $refresh_token 用户刷新 access_token
     * @return type
     */
    public static function refershAuthToken($refresh_token){
        $redirect_url                                                    =
urlencode('http://8.huoyaxiaotu.sinaapp.com/oauth2.php');
        $url                                                             =
self::API_URL.'/sns/oauth2/refresh_token?appid='.APPID.'&grant_type=refresh_t
oken&refresh_token='.$refresh_token;
        $content = curl_get( $url );
        $ret = json_decode($content, true );

        return self::getResult( $ret ) ? $ret : null;
    }
```

4. 获取用户信息

```
    /**
     * 通过 OAuth2.0获取用户信息
     * @param type $access_token 网页授权接口调用凭证
     * @param type $openid 用户的唯一标识
     * @param type $lang 返回国家地区语言版本，zh_CN 简体，zh_TW 繁体，en 英语
     * @return type
     */
    public static function getUserInfoByOAuth($access_token,$openid,$lang =
'zh_CN'){
        $redirect_url                                                    =
urlencode('http://8.huoyaxiaotu.sinaapp.com/oauth2.php');
        $url                                                             =
self::API_URL.'/sns/userinfo?access_token='.$access_token.'&openid='.$openid.
'&lang='.$lang;
        $content = curl_get( $url );
        $ret = json_decode($content, true );
        return self::getResult( $ret ) ? $ret : null;
    }
```

5.5.4　案例

创建授权重定向页面 OAuth2.php。在该页面中根据用户授权得到的 code 获取 access_token，再根据 access_token 和 openid 来得到用户的基本信息。OAuth2.php 的内容如下：

```
<?php
require 'lib/common.func.php';
require 'lib/weixin.class.php';

$token = weixin::getAuthToken($_GET['code']);
$userinfo                                                              =
weixin::getUserInfoByOAuth($token['access_token'],$token['openid']);
?>
<!DOCTYPE HTML>
<html>
<head>
<meta http-equiv="Content-Type" content="text/html; charset=utf-8" />
<meta    name="viewport"    content="width=screen-width,initial-scale=1.0,
minimum-scale=1.0, maximum-scale=1.0, user-scalable=no" />
<meta name="format-detection" content="telephone=no" />
<meta name="apple-mobile-web-app-capable" content="yes" />
<title>OAuth2演示</title>
<style>
.content{
border:1px solid #d9d9d9;
border-radius: 15px;
}
.content p{
width:100%;
}

.content p label{
margin-left:10px;
}
.content p input[type="text"] {
border:1px solid #d9d9d9;
margin:0px 1px;
width:98%;
overflow:hidden;
}
</style>
</head>
<body>
<div class="content">
<p><label>OpenID</label></p>
<p><input     type="text"     readonly="readonly"     value="<?php     echo
$userinfo['openid'];?>"/></p>

<p><label>昵称</label></p>
```

```
<p><input type="text" readonly="readonly" value="<?php echo
$userinfo['nickname'];?>"/></p>

<p><label>性别</label></p>
<p><input type="text" readonly="readonly" value="<?php
if($userinfo['sex'])echo '男';else echo '女';?>"/></p>

<p><label>省份</label></p>
<p><input type="text" readonly="readonly" value="<?php echo
$userinfo['province'];?>"/></p>

<p><label>城市</label></p>
<p><input type="text" readonly="readonly" value="<?php echo
$userinfo['city'];?>"/></p>

<p><label>头像</label></p>
<p><input type="text" readonly="readonly" value="<?php echo
$userinfo['headimgurl'];?>"/></p>

</div>
</body>
</html>
```

效果图如图 5-13 所示

图 5-13

5.6 高级群发接口

微信对群发策略做了很好的提升：一是服务号从每月 1 条的群发权限放宽为每月 4 条；二是实现提供了群发接口，便于开发者实现更灵活的群发能力。这里蕴含了一个很大的变动，现在的 4 条是指每个用户每月最多收 4 条消息。原先群发功能也可以根据分组和地区等不同的分类进行针对性群发，但即使只有部分人收到，依然消耗了群发权限，现在变为从用户角度计数，使得公共号运营者可以针对性地发送群发消息，提供更个性化的服务。

5.6.1　上传图文消息素材

1. 接口说明

如果要发送图文消息，首先需要将图文消息上传到服务器。请求方式是 POST，请求地址是：

```
https://api.weixin.qq.com/cgi-bin/media/uploadnews?access_token=ACCESS_TOK
EN
```

POST 的 JSON 数据格式如下：

```
{
   "articles": [
      {
"thumb_media_id":"qI6_Ze_6PtV7svjolgs-rN6stStuHIjs9_DidOHaj0Q-mwvBelOXCFZiq2O
sIU-p",
                  "author":"xxx",
         "title":"Happy Day",
         "content_source_url":"www.qq.com",
         "content":"content",
         "digest":"digest",
                  "show_cover_pic":"1"
      },
      {
"thumb_media_id":"qI6_Ze_6PtV7svjolgs-rN6stStuHIjs9_DidOHaj0Q-mwvBelOXCFZiq2O
sIU-p",
                  "author":"xxx",
         "title":"Happy Day",
         "content_source_url":"www.qq.com",
         "content":"content",
         "digest":"digest",
                  "show_cover_pic":"0"
      }
   ]
}
```

参数说明：

参数	是否必须	说明
Articles	是	图文消息，一个图文消息支持 1~10 条图文
thumb_media_id	是	图文消息缩略图的 media_id，可以在基础支持-上传多媒体文件接口中获得
author	否	图文消息的作者
title	是	图文消息的标题
content_source_url	否	在图文消息页面点击“阅读原文”后的页面
content	是	图文消息页面的内容，支持 HTML 标签
digest	否	图文消息的描述
show_cover_pic	否	是否显示封面，1 为显示，0 为不显示

正常情况下，微信会返回下述 JSON 数据包：


```
{
   "type":"news",
"media_id":"CsEf3ldqkAYJAU6EJeIkStVDSvffUJ54vqbThMgplD-VJXXof6ctX5fI6-aYyUiQ"
,
   "created_at":1391857799
}
```


2. 接口封装

```
/**
* 上传图文消息
*/
public static function uploadNews($news)
{
   $access_token = self::getToken();
   $url                    =                     self::API_URL.
"/cgi-bin/media/uploadnews?access_token={$access_token}";

   $ret = curl_post( $url, json_encode( array(
      'articles' => $news
   ) ) );

   $ret = json_decode( $ret, true );
   return self::getResult( $ret ) ? $ret['media_id'] : null;
}

/**
 * @param type $news 图文消息
 * @param type $thumb_media_id 图文消息缩略图的media_id，可以在基础支持-上传多
媒体文件接口中获得
 * @param type $title 图文消息的标题
 * @param type $content 图文消息页面的内容，支持HTML标签
```

```
     * @param type $author 图文消息的作者
     * @param type $content_source_url 在图文消息页面点击“阅读原文”后的页面
     * @param type $digest 图文消息的描述
     * @param type $show_cover_pic 是否显示封面，1为显示，0为不显示
     * @return type $news
    */
    public                         static                         function
addNews($news,$thumb_media_id,$title,$content,$author=null,$content_source_ur
l=null,$digest=null,$show_cover_pic=null)
    {
        $article=array();
        $article["thumb_media_id"]  = $thumb_media_id;
        $article["title"]  = $title;
        $article["content"]  = $content;
        if(!is_null($author))
        {
            $article["author"]  = $author;
        }
        if(!is_null($content_source_url))
        {
            $article["content_source_url"]  = $content_source_url;
        }
        if(!is_null($digest))
        {
            $article["digest"]  = $digest;
        }
        if(!is_null($show_cover_pic))
        {
            $article["show_cover_pic"]  = $show_cover_pic;
        }
        $news[]=$article;
        return $news;
  }
```

5.6.2 根据分组进行群发

1. 接口说明

这里可以结合 5.3 中介绍的分组管理接口进行更针对性的群发功能。使用 POST 方式发送请求，请求地址是：

https://api.weixin.qq.com/cgi-bin/message/mass/sendall?access_token=ACCESS_TOKEN

对不同的消息类型有不同的消息格式：

（1）图文消息，其中 media_id 是通过上一小节上传图文消息得到的。

```
{
   "filter":{
```

```
        "group_id":"2"
    },
    "mpnews":{
        "media_id":"123dsdajkasd231jhksad"
    },
     "msgtype":"mpnews"
}
```

（2）文本消息

```
 {
  "filter":{
     "group_id":"2"
  },
  "text":{
     "content":"CONTENT"
  },
   "msgtype":"text"
}
```

（3）语音消息，这里的 media_id 是通过前面介绍过的上传下载多媒体文件接口得到的。

```
{
   "filter":{
      "group_id":"2"
   },
   "voice":{
      "media_id":"123dsdajkasd231jhksad"
   },
    "msgtype":"voice"
}
```

（4）图片消息，这里的 media_id 也是通过上传下载多媒体文件接口得到的。

```
{
   "filter":{
      "group_id":"2"
   },
   "image":{
      "media_id":"123dsdajkasd231jhksad"
   },
    "msgtype":"image"
}
```

（5）视频消息

注意视频消息的 media_id 需通过 POST 请求到下述接口特别地得到：

```
   https://file.api.weixin.qq.com/cgi-bin/media/uploadvideo?access_token=ACCE
SS_TOKEN
```

POST 的数据格式如下，其中 media_id 是通过上传下载多媒体文件得到：

```
{
    "media_id":
"rF4UdIMfYK3efUfyoddYRMU50zMiRmmt_l0kszupYh_SzrcW5Gaheq05p_lHuOTQ",
    "title": "TITLE",
    "description": "Description"
}
```

返回为：

```
      {
    "type":"video",
  "media_id":"IhdaAQXuvJtGzwwc0abfXnzeezfO0NgPK6AQYShD8RQYMTtfzbLdBIQkQziv2X
Jc",
    "created_at":1398848981
}
```

然后 POST 下面的数据，其中 media_id 是上一步中得到的 media_id：

```
{
   "filter":{
      "group_id":"2"
   },
   "mpvideo":{

"media_id":"IhdaAQXuvJtGzwwc0abfXnzeezfO0NgPK6AQYShD8RQYMTtfzbLdBIQkQziv2XJc"
,
   },
    "msgtype":"mpvideo"
}
```

参数说明：

参数	是否必须	说明
filter	是	用于设定图文消息的接收者
group_id	是	群发到的分组的 group_id
mpnews	是	用于设定即将发送的图文消息
media_id	是	用于群发的消息的 media_id
msgtype	是	群发的消息类型，图文消息为 mpnews，文本消息为 text，语音为 voice，音乐为 music，图片为 image，视频为 video
title	否	消息的标题
description	否	消息的描述
thumb_media_id	是	视频缩略图的媒体 ID

正常情况下，微信会返回下述 JSON 数据包：

```
{
   "errcode":0,
   "errmsg":"send job submission success",
```

```
    "msg_id":34182
}
```

其中 msg_id 是群发消息 ID。需要注意的是，返回成功意味着任务提交成功，并不意味着此时群发已经结束，所以，仍有可能在后续的发送过程中出现异常情况导致用户未收到消息，如消息未通过审核、服务器不稳定等。此外，群发任务一般需要较长的时间才能全部发送完毕，请耐心等待。

2. 接口封装

```
/**
    * 群发图文消息
    */
   public function sendMassNewsByGroup($groupid,$mediaid)
   {
       $access_token = self::getToken();
       $url              =                self::API_URL             .
"/cgi-bin/message/mass/sendall?access_token=$access_token";
       $json = json_encode(
           array(
               'filter'  => json_encode(array('group_id'=>$groupid)),
               'msgtype' => 'mpnews',
               'mpnews'  => json_encode(array('media_id'=>$mediaid))
           )
       );

       $ret = curl_post($url, $json);
       return self::getResult( $ret );
   }

   /**
    * 群发文本消息
    */
   public function sendMassTextByGroup($groupid,$content)
   {
       $access_token = self::getToken();
       $url              =                self::API_URL             .
"/cgi-bin/message/mass/sendall?access_token=$access_token";
       $json = json_encode(
           array(
               'filter'  => json_encode(array('group_id'=>$groupid)),
               'msgtype' => 'text',
               'text'  => json_encode(array('content'=>$mediaid))
           )
       );

       $ret = curl_post($url, $json);
       return self::getResult( $ret );
   }
```

```
    /**
     * 群发语音消息
     */
    public function sendMassVoiceByGroup($groupid,$mediaid)
    {
        $access_token = self::getToken();
        $url                    =                   self::API_URL                   .
"/cgi-bin/message/mass/sendall?access_token=$access_token";
        $json = json_encode(
            array(
                'filter'  => json_encode(array('group_id'=>$groupid)),
                'msgtype' => 'voice',
                'voice'  => json_encode(array('media_id'=>$mediaid))
            )
        );

        $ret = curl_post($url, $json);
        return self::getResult( $ret );
    }

    /**
     * 群发图片消息
     */
    public function sendMassImageByGroup($groupid,$mediaid)
    {
        $access_token = self::getToken();
        $url                    =                   self::API_URL                   .
"/cgi-bin/message/mass/sendall?access_token=$access_token";
        $json = json_encode(
            array(
                'filter'  => json_encode(array('group_id'=>$groupid)),
                'msgtype' => 'image',
                'image'  => json_encode(array('media_id'=>$mediaid))
            )
        );

        $ret = curl_post($url, $json);
        return self::getResult( $ret );
    }

    /**
     * 为群发视频消息上传视频
     */
    public function getViedoMediaIdForMass($mediaid,$title,$description)
    {
        $access_token = self::getToken();
        $url                                                                    =
"https://file.api.weixin.qq.com/cgi-bin/media/uploadvideo?access_token=$acces
s_token";
        $json = json_encode(
            array(
```

```
                'media_id'  => $mediaid,
                'title' => $title,
                'description' =>$description
            )
        );

        $ret = curl_post($url, $json);
        return self::getResult( $ret );
    }

    /**
     * 群发视频消息
     */
    public function sendMassVideoByGroup($groupid,$mediaid)
    {
        $access_token = self::getToken();
        $url                    =                    self::API_URL                    .
"/cgi-bin/message/mass/sendall?access_token=$access_token";
        $json = json_encode(
            array(
                'filter'  => json_encode(array('group_id'=>$groupid)),
                'msgtype' => 'mpvideo',
                'mpvideo'  => json_encode(array('media_id'=>$mediaid)),
            )
        );

        $ret = curl_post($url, $json);
        return self::getResult( $ret );
}
```

5.6.3 根据 OpenID 列表群发

指定群发的 openid 列表，接口与按群组发送类似。POST 数据中的 filter 换成 touser，其他完全一样。如图文消息：

```
{
   "touser":[
    "OPENID1",
    "OPENID2"
   ],
   "mpnews":{
      "media_id":"123dsdajkasd231jhksad"
   },
    "msgtype":"mpnews"
}
```

5.6.4　删除群发

1. 接口说明

POST 请求，请求地址是：

```
https://api.weixin.qq.com//cgi-bin/message/mass/delete?access_token=ACCESS
_TOKEN
```

POST 的 JSON 数据格式是：

```
{
  "msgid":30124
}
```

Msgid 是群发成功后，返回的消息 ID。删除群发消息实际上是将消息的图文详情页失效，已经收到的用户，还是能在其本地看到消息卡片，只是打不开。另外，删除群发消息只能删除图文消息和视频消息，其他类型的消息一经发送，无法删除。

正常情况下，微信会返回下述 JSON 数据包：

```
{
  "errcode":0,
  "errmsg":"ok"
}
```

2. 接口封装

```
    /**
     * 删除群发消息
     */
    public function deleteMassMessage($msgid)
    {
        $access_token = self::getToken();
        $url                  =                   self::API_URL          .
"/cgi-bin/message/mass/delete?access_token=$access_token";
        $json = json_encode(
            array(
                'msgid'  => $msgid
            )
        );

        $ret = curl_post($url, $json);
        return self::getResult( $ret );
}
```

5.6.5　事件推送群发结果

1. 接口说明

由于群发任务提交后，群发任务可能在一段时间后才完成，因此，群发接口调用时，仅会给出群发任务是否提交成功的提示，若群发任务提交成功，则在群发任务结束时，会向开发者在公共平台填写的开发者 URL 推送事件。

推送的 XML 结构数据格式如下：

```
<xml>
<ToUserName><![CDATA[gh_3e8adccde292]]></ToUserName>
<FromUserName><![CDATA[oR5Gjjl_eiZoUpGozMo7dbBJ362A]]></FromUserName>
<CreateTime>1394524295</CreateTime>
<MsgType><![CDATA[event]]></MsgType>
<Event><![CDATA[MASSSENDJOBFINISH]]></Event>
<MsgID>1988</MsgID>
<Status><![CDATA[sendsuccess]]></Status>
<TotalCount>100</TotalCount>
<FilterCount>80</FilterCount>
<SentCount>75</SentCount>
<ErrorCount>5</ErrorCount>
</xml>
```

参数说明：

参数	说明
ToUserName	公众号的微信号
FromUserName	公众号群发助手的微信号，为 mphelper
CreateTime	创建时间的时间戳
MsgType	消息类型，此处为 event
Event	事件信息，此处为 MASSSENDJOBFINISH
MsgID	群发的消息 ID
Status	群发的结构，为“send success”或“send fail”或“err(num)”。但 send success 时，也有可能因用户拒收公众号的消息、系统错误等原因造成少量用户接收失败。err(num)是审核失败的具体原因，可能的情况如下： err(10001), //涉嫌广告 err(20001), //涉嫌政治 err(20004), //涉嫌社会 err(20002), //涉嫌色情 err(20006), //涉嫌违法犯罪 err(20008), //涉嫌欺诈 err(20013), //涉嫌版权 err(22000), //涉嫌互推(互相宣传) err(21000), //涉嫌其他
TotalCount	group_id 下粉丝数；或者 openid_list 中的粉丝数
FilterCount	过滤（过滤是指特定地区、性别的过滤、用户设置拒收的过滤，用户接收已超 4 条的过滤）后，准备发送的粉丝数，原则上，FilterCount = SentCount + ErrorCount
SentCount	发送成功的粉丝数
ErrorCount	发送失败的粉丝数

2. 接口封装

```
const EVENT_TYPE_MASSSENDJOBFINISH='MASSSENDJOBFINISH';
/**
     * 判断是否是群发返回事件
     * @return boolean
     */
    public function isSubscribeEvent()
    {
        return $this->_postData->Event == self::EVENT_TYPE_SUBSCRIBE;
}
```

5.7 多客服功能

1. 接口介绍

微信提供的多客服功能，让公共号后台管理功能更加方便。在需要的时候，开发者可以通过获取客服聊天记录接口，获取多客服的会话记录，包括客服和用户会话的所有消息记录和会话的创建、关闭等操作记录。利用此接口可以开发如“消息记录”、“工作监控”、“客服绩效考核”等功能。

POST 请求方式，请求地址是：

```
https://api.weixin.qq.com/cgi-bin/customservice/getrecord?access_token=ACCESS_TOKEN
```

POST 的 JSON 数据格式如下：

```
{
    "starttime" : 123456789,
    "endtime" : 987654321,
    "openid" : "OPENID",
    "pagesize" : 10,
    "pageindex" : 1,
}
```

参数说明：

参数	是否必须	说明
access_token	是	调用接口凭证
openid	否	普通用户的标识，对当前公众号唯一
starttime	是	查询开始时间，UNIX 时间戳
endtime	是	查询结束时间，UNIX 时间戳，每次查询不能跨日查询
pagesize	是	每页大小，每页最多拉取 1 000 条
pageindex	是	查询第几页，从 1 开始

正常情况下，微信会返回下述 JSON 数据包：

```
{
   "recordlist": [
      {
         "worker": " test1",
         "openid": "oDF3iY9WMaswOPWjCIp_f3Bnpljk",
         "opercode": 2002,
         "time": 1400563710,
         "text": " 你好，客服 test1为你服务。"
      },
      {
         "worker": " test1",
         "openid": "oDF3iY9WMaswOPWjCIp_f3Bnpljk",
         "opercode": 2003,
         "time": 1400563731,
```

```
            "text": " 你好，有什么事情？ "
        },
    ]
}
```

参数说明：

参数	说明
worker	客服账号
openid	用户的标识，对当前公众号唯一
opercode	操作 ID（会话状态），具体说明见下文
time	操作时间，UNIX 时间戳
text	聊天记录

操作 ID（会话状态）定义：

ID 值	说明
1000	创建未接入会话
1001	接入会话
1002	主动发起会话
1004	关闭会话
1005	抢接会话
2001	公众号收到消息
2002	客服发送消息
2003	客服收到消息

2. 接口封装

```
/**
     * 获取客服会话聊天记录
     */
    public                                                    function
getcCustomServiceRecord($starttime,$endtime,$pagesize,$pageindex,$openid=null
)
    {
        $access_token = self::getToken();
        $url          =                   self::API_URL                .
"/cgi-bin/customservice/getrecord??access_token=$access_token";
        $a = array(
                'starttime'  => $starttime,
                'endtime'  => $endtime,
                'pagesize'  => $pagesize
                'pageindex'  => $pageindex
            );
        if(!is_null($openid))
        {
            $a['openid']=$openid;
        }
        $json = json_encode($a);

        $ret = curl_post($url, $json);
```

```
        return self::getResult( $ret );
    }
```

5.8 微信小店

微信公众平台的微信小店基于微信支付，包括添加商品、商品管理、订单管理、货架管理、维权等功能。

开发者可以通过小店接口来实现快速开店，目前支持以下接口：

1. 商品管理接口

开发者可通过商品管理接口来增加商品、删除商品、修改商品信息和查询已有商品，并可通过接口对商品进行上下架等操作管理。

2. 库存管理接口

开发者可通过库存管理接口来为已有商品增加和减少库存，包括进行与自身系统或其他平台的库存同步。

3. 邮费模板管理接口

对于部分邮费计算复杂的商品，开发者可通过邮费模板管理接口，来生成、修改、删除和查询支持复杂邮费计算的邮费模板。

4. 分组管理接口

对已有商品，开发者可通过分组管理接口，来对商品进行分组管理。接口包括增加、删除、修改和查询分组。

5. 货架管理接口

微信商户除了可以在公众平台网站中自定义货架外，也可通过接口来增加、删除、修改和查询货架。货架也是通过控件来组成的。

6. 订单管理接口

开发者可按订单状态和时间来获取订单，并对订单进行发货。

7. 功能接口

目前功能接口暂时只支持上传图片接口一项。微信商户开发接口中所有需要用到图片的地方，都需先使用上传图片接口来预先获得图片的 URL。

开发者可以在以下地址：

```
http://mp.weixin.qq.com/wiki/images/4/40/%E5%BE%AE%E4%BF%A1%E5%B0%8F%E5%BA
```

```
%97API%E6%89%8B%E5%86%8C_v1.12.zip
```

下载微信小店的 API。

5.9 模板消息

春节抢微信红包的时候，大家都收到过这样的消息吧，如图 5-14 所示

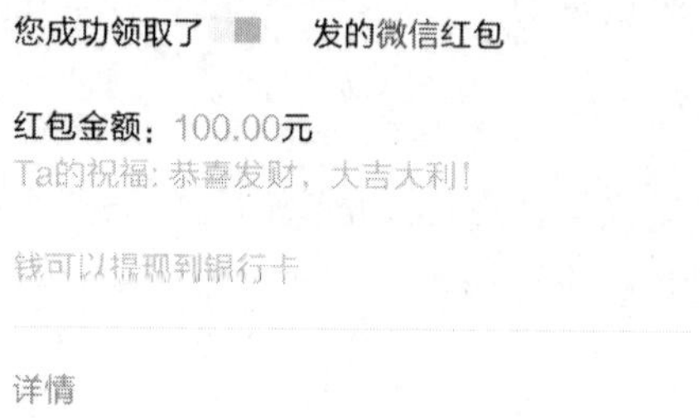

图 5-14

这样的消息有以下特点：

- 具有一定的模板，只能改变其中某几处地方，其他结构保持不变。
- 通常被用户的行为触发后，由公众号主动推送过来。
- 作为通知或提醒。

这类消息就是模板消息，仅用于公众号向用户发送重要的服务通知。

使用模板消息主要包括以下几个步骤：

1. 设置所属行业。

这是非常重要的一个步骤，因为行业决定了有哪些模板可以申请，以及申请创建新模板被审核通过的难易程度，而且每月仅可修改行业 1 次。所以需要慎重选择行业。

2. 选择合适的模板。

可以在微信公众平台选择模板。当模板库中没有满足特定需要的模板时，可以创建新模板提交给微信官方。微信官方审批后就可以应用了。

3. 调用接口发送模板消息。

每个模板的日调用上限为 10 万次。

5.9.1　创建模板

这里演示一下创建模板的方法。模板包括两个位置：标题和内容。标题是固定的，不能设置参数。内容是可变的，可以设置参数。每个参数有两个属性，文字和颜色，这些在发送模板消息时可以更改。

参数需要以{{开头，以.DATA}}结尾。举例来说，要定义名称为“name”的变量，模板消息的内容要填“{{name.DATA}}”。如图 5-15 所示。

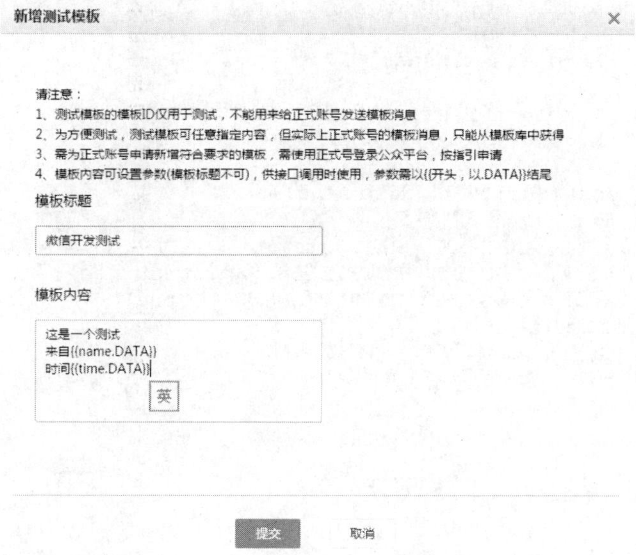

新增测试模板

请注意：
1、测试模板的模板ID仅用于测试，不能用来给正式账号发送模板消息
2、为方便测试，测试模板可任意指定内容，但实际上正式账号的模板消息，只能从模板库中获得
3、需为正式账号申请新增符合要求的模板，需使用正式号登录公众平台，按指引申请
4、模板内容可设置参数(模板标题不可)，供接口调用时使用，参数需以{{开头，以.DATA}}结尾

模板标题

微信开发测试

模板内容

这是一个测试
来自{{name.DATA}}
时间{{time.DATA}}

提交　取消

图 5-15

5.9.2　发送模板消息

发送模板消息时，需要将 JSON 字符串以 POST 的方式提交给下面的链接：

```
https://api.weixin.qq.com/cgi-bin/message/template/send?access_token=ACCES
S_TOKEN
```

这是一个代码示例：

```
<?php
 $access_token = 'YourAccessToken';
 $touser = "OPENID";
 $template_id = "TEMPLATEID";
 $data = '{
         "touser":'.$touser.',
         "template_id":'.$template_id.',
         "url":"http://devweixin.sinaapp.com",
         "topcolor":"#FF0000",
         "data":{
                "name": {
                    "value":"闫小坤",
                    "color":"#173177"
```

```
                    },
                    "time":{
                        "value":"2015年5月4日",
                        "color":"#173177"
                    }
                }
        }';

    $url                                                                    =
'https://api.weixin.qq.com/cgi-bin/message/template/send?access_token='.$acce
ss_token;
    $retjson = curl_post($url, $data);
    $ret = json_decode($retjson,true);
    if($ret['errcode'] == 0){
        echo "Push Template Message OK";
    }else{
        echo "Push Template Message Fail\n";
        var_dump($retjson);
    }
   function curl_post($url, $post_string){
       $ch = curl_init();
       curl_setopt($ch, CURLOPT_URL, $url);
       curl_setopt($ch, CURLOPT_POSTFIELDS, $post_string);
       curl_setopt($ch, CURLOPT_RETURNTRANSFER, true);
       $data = curl_exec($ch);
       curl_close($ch);
       return $data;
   }
   ?>
```

运行后微信会收到消息。如图 5-16 所示

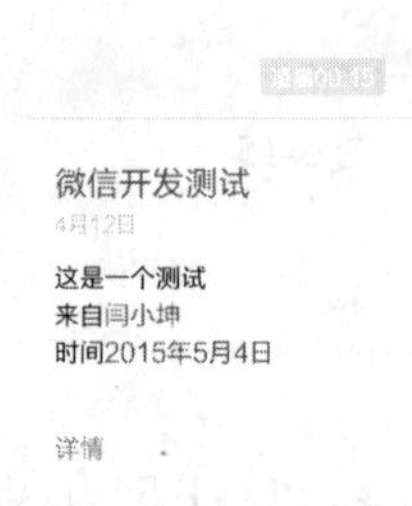

图 5-16

5.10 企业号

作为企业的成员，可能有这样一些需求：

- HR 希望组建企业通讯录。
- 秘书希望能尽快地把通知传达给所有员工。
- 运维人员希望能及时收到服务器的告警信息。

这些需求，都是与企业相关的，微信群、公众号都不满足需要。因为企业的需求是多样化

的，所以不能简单地用产品来满足，而应该提供丰富的接口，即“授人与鱼，不如授人以渔”。

微信提供了企业号，来为企业用户提供移动应用入口，来满足企业的个性化需求。微信企业号公众平台的官网地址如下：

```
https://qy.weixin.qq.com/
```

这里简单介绍一下申请企业号、组织架构、发送通知的流程。

5.10.1 申请企业号

在企业号官网，点击“注册”按钮会跳转到企业号的注册网址。可以看到总共分 5 个步骤：

步骤 01 基本信息。填写申请邮箱和密码。

步骤 02 邮箱激活。登录到邮箱，点激活链接进行激活。

步骤 03 选择类型。申请企业号时，这里选择“企业号”。注意每个邮箱仅能申请一种帐号：服务号、订阅号或企业号。

步骤 04 信息登记。必要的信息登记。

步骤 05 公众号信息。设置公众号的名称。这点尤其注意，因为公众号名称一旦设置，很难更改。

如图 5-17 所示

图 5-17

申请完成后，登录后将看到如图 5-18 所示页面。

图 5-18

在这里选择地区和行业。

5.10.2 组织架构

公众号只能用户主动关注账号，而企业号允许添加员工来完善组织架构。在左侧的“通讯录”里可以查询组织架构、新增用户、修改用户、新建部门、修改部门等操作。

新增用户时，微信号、手机号、邮箱三者至少要填写一个。如图 5-19 所示

新增成员

修改头像

请填写姓名

成员唯一标识，不可更改，不支持中文

请填写帐号

*身份验证信息（以下三种信息不可同时为空）

微信号

手机

邮箱

*所在部门 企业号体验1028453...

职位

保存并添加下一个 保存

图 5-19

添加后，用户需要确认关注该企业号。这时，就可以在组织架构里看到所有的成员了。如图 5-20 所示。

图 5-20

5.10.3　发送通知

在左侧的“发消息”页，可以群发消息。如图 5-21 所示，可以设置接收者，发送内容包括文字、图片、语音、视频、图文和文件，右侧能预览发送的内容。

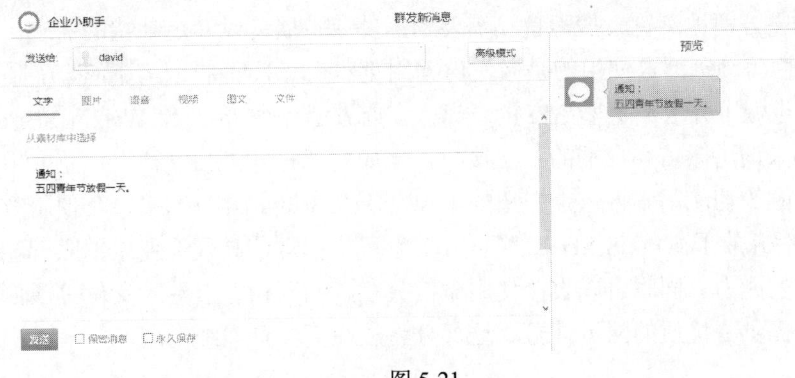

图 5-21

接收者会收到发出的通知，如图 5-22 所示。

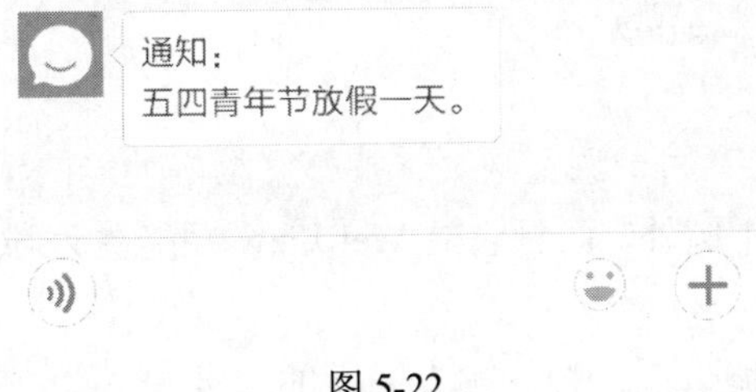

图 5-22

5.11　本章小节

本章主要讲解微信公众平台的高级接口，主要讲解了自定义菜单、多媒体文件的上传和下载、用户管理、获取用户地理位置、OAuth 2.0 网页授权、高级群发、多客服、微信小店、模板消息和企业号。合理地使用高级接口，能极大地丰富公众号的功能。

第6章　微信内置浏览器Weixin JS接口

根据StatCounter的统计，2012年5月Chrome浏览器的市场份额在全球范围内达到33%，首次超过IE，成为全球第一大网页浏览器。Chrome诞生于2008年9月初，短短4年时间就击败IE，一方面是由Chrome的优秀品质决定的，如极快的速度、便捷的书签式管理和简洁的界面等，另一方面，也与Chrome网上应用店有着密切关系。Chrome开放了应用扩展接口，开发者可以利用API开发插件和扩展，并提交自己的 Chrome 应用及扩展到 Chrome 网上应用店；用户可以很方便地浏览、搜索自己需要的插件或扩展，以满足独特的需求。

大家知道，微信浏览网页使用的是微信内置浏览器（以下简称微信浏览器），值得关注的是，微信浏览器也做了开放浏览器API的尝试。它内置了一个JS对象WeixinJSBridge，通过WeixinJSBridge来调用微信客户端的一些接口，比如实现打开“扫一扫”、获取用户网络状态、分享到朋友圈等功能。本章重点介绍一下WeixinJSBridge开放的接口及使用方法。而微信在6.0版本之后开放了微信JS-SDK，网页开发者可借助微信高效地使用拍照、选图、语音、位置等手机系统的能力，同时可以直接使用微信分享、扫一扫、卡券、支付等微信特有的能力，为微信用户提供更优质的网页体验。这部分将放在下一章详细讲解。

6.1 微信浏览器

在移动App里，一般会有用于浏览网页、打开文档等功能的组件WebView，它其实是内置的浏览器控件。微信也不例外，而且它的WebView功能更为强大，以至于可以称之为微信浏览器。

读者可以拿出手机，用微信来“扫一扫”下面的二维码。

你会看到，这是本书的一个介绍页。

微信浏览器支持常见的HTML 5特性，因此读者可以充分利用微信浏览器，开发适用于移动端的网页应用。

6.1.1 特征

最明显的特征是，没有地址栏，无法输入 URL。那么怎样浏览网页呢？至少有 3 种方法：

（1）点击对话中的 URL。
（2）公众号群发图文消息的“阅读原文”链接。
（3）“扫一扫”。

这里推荐第 3 种方法。读者可以选择一个二维码生成软件，将 URL 生成为二维码，扫描二维码即可打开网页。

微信 5.2 的内置浏览器的标识(UA)如下例所示：

```
  Mozilla/5.0  (Linux;  U;  Android  4.1.1;  zh-cn;  MI  2  Build/JRO03L)
AppleWebKit/534.30  (KHTML,  like  Gecko)  Version/4.0  Mobile  Safari/534.30
MicroMessenger/5.2.380
```

可以看出，微信浏览器的名称为 MicroMessenger，版本号是 5.2.380。开发应用时，可以据此判断是否是在微信中打开网页。

微信浏览器还支持常见的 HTML 5 特性，如 Video、Audio、Canvas、Local Storage 等。微信浏览器在 HTML 5 规范测试网站（http://html5test.com/）测试的结果如图 6-1 所示。值得注意的是，微信浏览器 5.x 版本尚不支持 WebSocket、Full Screen、Web Notifications 等 HTML5 特性，而 6.x 版本提供了支持。

YOUR BROWSER SCORES
273
OUT OF 555 POINTS

You are using WeChat on a Xiaomi MI-2 running Android 4.1.1　Correct? ✓ ✗

图 6-1

这里简单列出微信浏览器所支持的特性。需要说明的是，表 6-1 根据 Android 4.1.1 系统下微信 5.2 版本的测试结果汇总，不同系统或版本的情况，请参考 html5test 网站的结果。

表 6-1 微信浏览器的特性

特性	作用	所属类别	支持与否	说明
Audio	音频相关	音频	是	支持 MP3、AAC、Ogg、WebM 等格式音频文件
Video	视频相关	视频	是	支持 MPEG-4、H.264、WebM's VP8、WebM's VP9 等格式视频文件
Canvas	画板功能	图形	是	支持大部分 API，文件输出格式仅支持 PNG
Local Storage	本地存储	存储	是	将数据保存在浏览器里，用作缓存
Geolocation	地理位置	位置服务	是	提供地理位置服务
SVG	可缩放矢量图形	解析	是	显示矢量图形
MathML	数学标记语言	解析	是	在网页上书写数学符号和公式
WebSocket	通信相关	通信	否	WebSocket 用于客户端与服务器之间的异步通信，本身无害
XMLHttpRequest Level 2	异步请求	通信	否	支持文件上传事件
Full Screen	全屏	输出	否	避免影响用户体验
Web Notifications	通知	输出	否	避免骚扰用户
Webcam	网络摄像头	输入	否	有安全隐患
3D graphics	3D 图形	图形	否	不支持 WebGL 及 WebGL 2

6.1.2 WeixinJSBridge

微信的 js 接口封装在 WeixinJSBridge，这里介绍一下 WeixinJSBridge。

使用 WeixinJSBridge 有两个前提：

（1）必须在微信浏览器中使用。

（2）必须完成初始化。

第一个前提是因为只有微信浏览器才会初始化 WeixinJSBridge 这个对象，在其他手机浏览器里，js 是不能调用 scanQRCode 接口来打开微信“扫一扫”的。

而第二个前提，与常见的浏览器事件一样，WeixinJSBridge 里的方法不会在事件发生前被执行。

微信浏览器在何时初始化 WeixinJSBridge 这个对象呢？

为了回答这个问题，我们来比较以下 3 个时间的加载顺序。见表 6-2。

表 6-2　加载顺序

属性	何时触发	解释
ready	DOM 加载完毕	jQuery 特有。当 document 下全部 DOM 元素都可以正确加载时，就会触发 jQuery.ready()事件
onload	网页加载完毕	标准事件。当页面所有元素及资源全部加载后触发此事件。
onBridgeReady	完成 WeixinJSBridge 初始化	微信浏览器特有。WeixinJSBridge 初始化完成后触发此事件

在一个页面中，运行以下代码（由于用到 jQuery，请在页面加载 jQuery 库）

```
document.addEventListener('WeixinJSBridgeReady', function onBridgeReady() {
if (typeof WeixinJSBridge == "object" && typeof WeixinJSBridge.invoke ==
"function") {
alert(' WeixinJSBridge 初始化完成');
}
});
window.onload=function() {
alert('页面加载完成');
};
$( document ).ready(function() {
alert('DOM 加载完成');
});
```

读者可以扫描下面的二维码看下效果。

你会发现，页面会依次弹出“DOM 加载完成”、“页面加载完成”。页面内容完成呈现，再等 1 至 2 秒后才出现“WeixinJSBridge 初始化完成”，如图 6-2 所示。

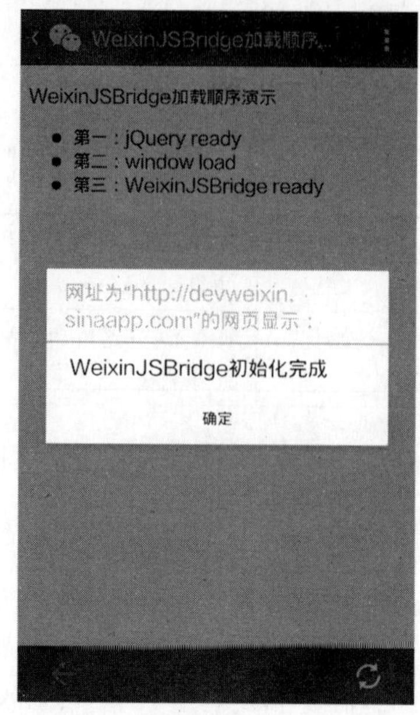

图 6-2

这样，可以看出事件的触发顺序为：ready→onload→onBridgeReady。

那么，我们得出结论，WeixinJSBridge 的初始化是在页面加载完毕之后开始的，也就是说，只有在页面加载完成后，才能使用微信 js 接口。

6.2 WeixinJSBridge 使用说明

在微信公众平台开发者问答系统中，经常有网友询问 WeixinJSBridge 相关的问题，可见网友还是很期待微信 js 接口的。目前官方给出了三个接口的使用说明：隐藏微信中网页右上角按钮、隐藏微信中网页底部导航栏和网页获取用户网络状态。然而有网友发现微信的 js 接口不止以上三个，比如分享到微信朋友圈，发送给微信好友等接口都是可用的，并形成了开源项目。

目前微信官方尚未给出 WeixinJSBridge 的使用说明，这给希望使用微信 js 的开发者带来一定的困难。笔者根据网络资源和本人的开发经验，整理出 WeixinJSBridge 的使用说明，希望对读者有所帮助。

声明：该部分的使用说明不代表任何单位的官方文档，仅是个人解读。同时微信官方有可能对接口进行修改和调整，如果读者发现接口使用不了，请访问微信公众平台官网获取最新信息。

6.2.1 WeixinJSBridge 接口一览

WeixinJSBridge 包含了众多接口，按其功能可划分为以下几类：

- 界面：主要用于隐藏或显示 WebView 的一些组件和按钮，包含隐藏/显示 WebView 右上角的分享按钮，关闭 WebView 等。
- 分享：分享到腾讯微博、朋友圈，发送邮件等。
- 功能：图片预览，获取当前网络类型等。
- 公众号：关注公众号等。
- 事件监听：监听分享按钮的“发送给朋友”按钮的点击事件，监听分享按钮的“分享到朋友圈”按钮的点击事件，监听分享按钮的“分享到腾讯微博”按钮的点击事件。
- 第三方 APP：包括获取第三方 APP 安装情况，添加下载任务，查询下载任务，取消下载任务等。

上述接口中有些信息敏感或涉及隐私的接口还是需要申请权限后才能使用，这类接口包括联系人、表情、公众号支付等。同时不能排除微信更新版本时接口调用权限发生变化的可能，因此，读者在开发应用中想知道是否有权限时，最好实际调用一下。

如图 6-3 为微信 5.2.1 版本 WeixinJSBridge 接口的知识图谱，带“*”的接口表示需要申请权限才能使用。

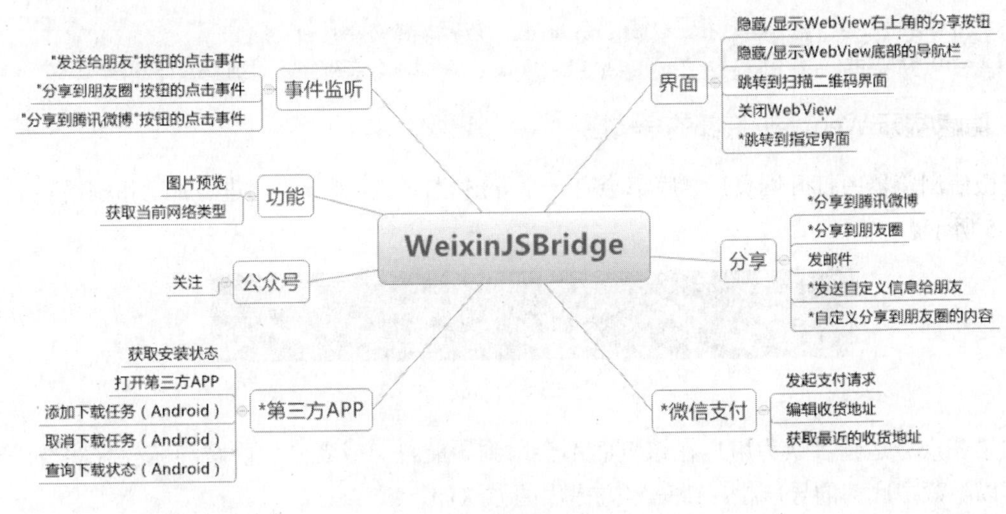

图 6-3

6.2.2 界面接口

1. 隐藏/显示 WebView 右上角的分享按钮

在微信浏览器中打开网页，右上角会默认出现分享按钮，用于将网页发送给朋友、分享到朋友圈、分享到腾讯微博等，如图 6-4 所示。

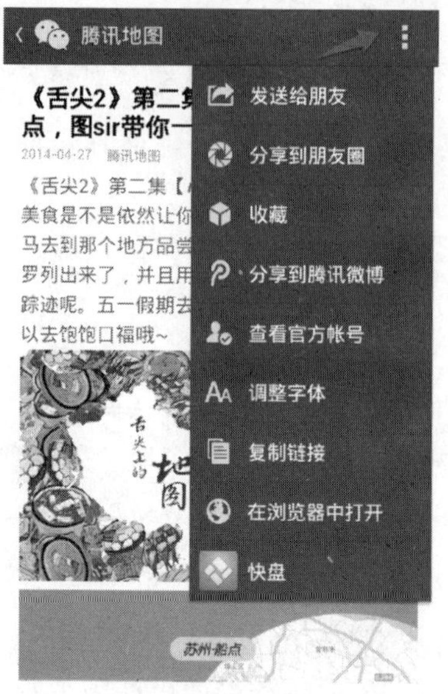

图 6-4

但是有时可能不需要分享按钮，比方中奖消息、提醒信息等信息敏感的网页，公众号运营者不希望这些网页被分享到社交网站上。微信官方的开发接口同时提供了隐藏和显示分享按钮的解决方法。

```
WeixinJSBridge.invoke("hideOptionMenu");// 隐藏分享按钮
WeixinJSBridge.invoke("showOptionMenu");// 显示分享按钮，目前只支持 Android
```

2. 隐藏/显示 WebView 底部的导航栏

在微信浏览器中打开网页后，底部会有一个导航栏，用于浏览器前进、后退和刷新功能，如图 6-5 所示。

图 6-5

如果公众号运营者认为用户在该页面不会用到导航栏，或者希望隐藏导航栏来实现瀑布流，可以隐藏掉底部的导航栏。微信官方提供的方法如下：

```
WeixinJSBridge.invoke("hideToolbar");// 隐藏底部导航栏
WeixinJSBridge.invoke("showToolbar");// 显示底部导航栏
```

另外微信官方还提供了一个 Hack 方法。如果希望页面打开时就不出现导航栏，可以在页面 URL 的尾部加上锚部分#wechat_webview_type=1。例如访问下面 http://devweixin.sinaapp.com/demo/tool-bar.html#wechat_webview_type=1，页面的导航栏自动隐藏。笔者对这个方法做了个简单测试，结果见表 6-3。

表 6-3　Hack 方法的测试结果

增加 Hash	显示效果
#wechat_webview_type=0	显示分享按钮和导航栏
#wechat_webview_type=1	显示分享按钮，隐藏导航栏
#wechat_webview_type=2	隐藏分享按钮，显示导航栏
#wechat_webview_type=3,4,5……	隐藏分享按钮，显示导航栏

3. 跳转到扫描二维码界面

是否可以调用微信的“扫一扫”功能呢？答案是可以。如果读者在开发中，需要用户去扫某个二维码、条形码，可以调用下面的接口。

```
WeixinJSBridge.invoke("scanQRCode");//不带回调函数
WeixinJSBridge.invoke("scanQRCode",{},function(res){//带回调函数
alert(res.err_msg);
});
```

需要读者注意的是，尽管第二种形式提供了回调函数，但实际操作中从“扫一扫”界面无法返回到原来的网页，使得回调函数的作用大打折扣，而且用户跳走了回不来，所以此功能要慎用。

4. 关闭 WebView

在普通浏览器中可以关闭网页，在微信浏览器中也可以。如果需要关闭网页，可以调用如下命令：

```
WeixinJSBridge.invoke("closeWindow")
```

5. 跳转到指定界面

微信提供了常见页面的跳转接口，调用代码如下：

```
WeixinJSBridge.invoke("openSpecificView",{
"specificview": "..."
},function(res){
  alert(res.err_msg);
});
```

其中 specificview 参数的值如表 6-4 所示。

表 6-4　specificview 参数的值

specificview 参数	跳转页面
timeline	朋友圈
scan	扫一扫
discover	发现

（续表）

specificview 参数	跳转页面
myprofile	个人信息
myaccount	我的账号
general	通用
privacy	隐私

6.2.3 分享接口

WeixinJSBridge 支持分享到腾讯微博、分享到朋友圈、发邮件以及发送自定义信息给朋友。

1. 分享到腾讯微博

```
WeixinJSBridge.invoke("shareWeibo", {
    url: "http://...",
    content: "...",
    type: "..."
}, function (res) {
    alert(res.err_msg);
});
```

参数说明：

参数	说明
url	分享链接地址
content	分享到腾讯微博的内容
type	music,vido 或 link，默认为 link

err_msg 返回值：

res.err_msg 返回值	说明
share_weibo:cancel	用户取消
share_weibo:no_weibo	用户未开通微博
share_weibo:not_bind_qq	用户未绑定 QQ
share_weibo:fail_<失败错误码>	发送失败 + 失败错误码

2. 分享到朋友圈

```
WeixinJSBridge.invoke("shareTimeline", {
    img_url:"http://...",
    img_width: "120",
    img_height: "120",
    link: "http://...",
    desc: "描述",
```

```
    title: "标题"
}, function (res) {
    alert(res.err_msg);
});
```

参数：参考“发送消息给朋友”API

err_msg 返回值：

err_msg 返回值	说明
share_timeline:cancel	用户取消

3. 发邮件

```
WeixinJSBridge.invoke("sendEmail", {
    title: "...",
    content: "..."
}, function (res) {
    alert(res.err_msg);
});
```

参数说明：

参数	说明
title	邮件标题
content	邮件内容

err_msg 返回值：

err_msg 返回值	说明
send_email:title_link_empty	标题或内容为空
send_email:title_too_long	标题过长
send_email:cancelled	取消发送
send_email:saved	邮件被保存

4. 发送自定义信息给朋友

```
WeixinJSBridge.invoke("sendAppMessage", {
    appid: "",
    img_url:"http://...",
    img_width: "120",
    img_height: "120",
    link: "http://...",
    desc: "描述",
    title: "标题"
}, function (res) {
    alert(res.err_msg);
});
```

参数说明：

参数	说明
appid	非必填，公众号 appID
img_url	非必填，图文消息图片的地址
img_width	非必填，图片的宽度，微信客户端将此参数告诉接收方，用于一些展示相关的操作，所以建议填入图片真实宽度
img_height	非必填，同上，这是图片高度
type	非必填，music,vido 或 link，不填默认为 link
data_url	非必填，数据连接地址,如音乐的 mp3 数据地址,供内置播放器使用
link	图文消息的链接
desc	图文消息的描述
title	图文消息的标题

err_msg 返回值：

err_msg 返回值	说明
send_app_msg:cancel	用户取消

6.2.4 监听事件

为了在分享时实现自定义内容、日志记录和数据上报，WeixinJSBridge 有监听“发送给朋友、分享到朋友圈、分享到腾讯微博”按钮点击事件的监听接口。

读者在开发过程中，可能需要自定义分享到朋友圈的内容，包括图片、描述、内容等。这里提供一个 Hack 方法，在网页 JS 脚本中定义一个$ShareConfig 的对象，然后监听分享按钮的点击动作，捕获到事件后将微信默认的标题、图片换成自定义即可。例如腾讯微博与微信公众平台的合作页面中就用到了这种方法。例如微视的客人页（http://w.t.qq.com/wuxian/home/guest?id=weishi）分享到朋友圈的代码如下：

```
var $ShareConfig={
  "img": "http://t2.qlogo.cn/mbloghead/cd9ddb0f2e9822f3fdbc/120",
  "desc": "微视是一个短视频分享社区，用八秒讲述你我的故事。",
  "content": "推荐微视的微博",
  "title": "推荐微视的微博",
  "cmpTitle": "#来自微博阅读插件# 推荐@weishi 的微博"
};

事件监听部分的代码如下
if (window.$ShareConfig) {
var url = document.location.href;
    WeixinJSBridge.on("menu:share:timeline",//监听分享到朋友圈事件
    function() {
      . window.$ShareConfig && WeixinJSBridge.invoke("shareTimeline", {
```

```
            img_url: $ShareConfig.img,
            img_width: "65",
            img_height: "65",
            link: url,
            desc: $ShareConfig.desc,
            title: $ShareConfig.content
        },
        function(e) {
            WeixinJSBridge.log(e.err_msg)
        })
    });
    WeixinJSBridge.on("menu:share:weibo",//监听分享到腾讯微博事件
    function() {
        window.$ShareConfig && WeixinJSBridge.invoke("shareWeibo", {
            img_url: $ShareConfig.img,
            img_width: "65",
            img_height: "65",
            link: url,
            url: url,
            desc: $ShareConfig.desc,
            content: $ShareConfig.cmpTitle
        },
        function(e) {
            WeixinJSBridge.log(e.err_msg)
        })
    });
    WeixinJSBridge.on("menu:share:appmessage",//监听发送给朋友事件
    function() {
        window.$ShareConfig && WeixinJSBridge.invoke("sendAppMessage", {
            appid: "",
            img_url: $ShareConfig.img,
            img_width: "65",
            img_height: "65",
            link: url,
            desc: $ShareConfig.desc,
            title: $ShareConfig.title
        },
        function(e) {
            WeixinJSBridge.log(e.err_msg)
        })
    })
}
```

选择菜单中的“分享到朋友圈”，读者将会发现分享的图片和标题都是自定义的内容。如图 6-6 所示。

读者可以用微信扫描下面的二维码查看微视客人页的效果

图 6-6

6.2.5 功能接口

微信开放了一些功能接口，包括图片预览和获取网络状态。

图片预览：

```
WeixinJSBridge.invoke("imagePreview",{
    "current": "当前图片 url",
    "urls":["url1","url2"]
},function(res){
    WeixinJSBridge.log(res.err_msg);
});
```

获取当前网络类型：

```
WeixinJSBridge.invoke("getNetworkType", {}, function (res) {
    WeixinJSBridge.log(res.err_msg);
});
```

err_msg 返回值：

err_msg 返回值	说明
network_type:fail	网络断开连接
network_type:edge	非 WiFi，包含 3G/2G
network_type:wwan	2G 或 4G
network_type:wifi	WiFi 网络

6.2.6　第三方 APP 接口

想必读者都听说或参与过 2014 年 4 至 5 月份微信扫红码活动吧？使用微信扫描红码后将通过应用宝下载安装。每成功安装 1 个红码应用，即可获得 1 个微信红包，红包金额随机发放。这个活动迅速火爆起来，丝毫不亚于当年的“微信新年红包”，“红码风暴”吹遍了整个移动互联网行业，也使应用宝迅速崛起。

而微信扫红码下载 APP，背后的技术正是第三方 APP 接口。

1. 获取安装状态

```
WeixinJSBridge.invoke("getInstallState",{
    "packageName":"Android 包名",
"packageUrl": "IOS URL Scheme "
},function(res){
    WeixinJSBridge.log(res.err_msg);
});
```

参数如下：

参数	说明
packageName	应用程序的包名，用于 Android 平台，如：com.tencent.WBlog
packageUrl	URL Scheme，用于 IOS 平台，如 TencentWeibo://

err_msg 返回值如下：

err_msg 返回值	说明
missing arguments	缺少输入参数
get_install_state:yes_[version]	已安装，其中 Android 会返回版本号 version，IOS 则不返回版本号
get_install_state:no	未安装

2. 打开第三方 APP（一）

```
WeixinJSBridge.invoke("launch3rdApp",{
    "appID" : "...",
    "messageExt" : "...",
    "extInfo" : "..."
},function(res){
    alert(res.err_msg);
});
```

参数说明：

参数	说明
appID	第三方应用在微信公众平台申请的 appID
messageExt(IOS) extInfo(Android)	非必填，第三方应用自定义简单数据，微信终端会回传给第三方程序处理，如："from=webview"

3. 打开第三方 APP（二，仅支持 Android）

```
WeixinJSBridge.invoke("launch3rdApp", {
 "packageName": "...",
 "signature": "...",
 "type": 1
 }, function(res) {
    alert(res.err_msg);
});
```

参数说明：

参数	说明
packageName	应用程序的包名，用于 Android 平台，如：com.tencent.WBlog
signature	apk 的签名

4. 添加 APP 下载任务（仅支持 Android）

```
WeixinJSBridge.invoke("addDownloadTask",{
    "task_name": "",
    "task_url": "...",
    "file_md5": "..."
},function(res){
    alert(res.download_id + ", " + res.err_msg);
});
```

添加成功后，微信会给当前任务分配 download_id，用于唯一标识该任务，后续可以执行查询下载进度，取消下载任务等操作。最好用 cookie 或 Local Storage 存储起来，这样即使网页刷新，该任务 id 仍然能获得。

参数说明：

参数	说明
task_name	下载任务的名称，如“微信 5.3”
task_url	下载 APP 的 URL
file_md5	下载 APP 的 MD5

取消 APP 下载任务（仅支持 Android）：

```
WeixinJSBridge.invoke("cancelDownloadTask",{
    "download_id": "..."
},function(res){
    alert(res.err_msg);
});
```

参数如下：

参数	说明
download_id	addDownloadTask 调用时微信分配的 ID

查询 APP 下载状态（仅支持 Android）：

```
WeixinJSBridge.invoke("queryDownloadTask", {
    "download_id": "..."
}, function (res) {
    alert(res.state + "," + res.err_msg);
});
```

res.state 返回值：

res.state	说明
download_succ	下载成功
downloading	下载中
default	未下载
download_fail	下载失败

5. 安装下载成功的 APP（仅支持 Android）

```
WeixinJSBridge.invoke("installDownloadTask",{
    "download_id": "..."
},function(res){
    alert(res.err_msg);
});
```

6. 监听 APP 的下载状态（仅支持 Android）

```
WeixinJSBridge.on("wxdownload:state_change", function (res) {
    alert(res.download_id + res.state);
});
```

res.download_id：addDownloadTask 调用时客户端分配的 ID

res.state 返回值：

res.state	说明
download_succ	下载成功
downloading	下载中
default	未下载
download_fail	下载失败

6.3 案例

为帮助读者更好地利用 WeixinJSBridge 来进行开发，这里提供一些接口示例。

6.3.1 WeixinJSBridge 的加载顺序

在微信公众平台开发者问答系统中看到如图 6-7 所示的一个问题：

WeixinJsBridge的hidetoolbar是个异步方法?

浏览: 112 时间: 4月 17日 作者: (120 积分) 分类:Wechat JS

WeixinJSBridge

在Andriod上默认是有底部的toolbar的。。。但是我不需要这个bar，可是这个bar的存在影响了我对dom的计算。。。因为我要做到全屏滚动的。。。所以现在hidetoolbar后，才调用一些初始化方法。。。经过测试。。。发现

WeixinJSBridge.call('hideToolbar');alert(1);居然先alert，然后才消失toolbar，求大神指教，怎么等toolbar隐藏后，才开始我的初始化啊。。因为此函数没有回调。。谢谢

图 6-7

为什么位于后面的 alert(1)要先于 hidetoolbar 执行呢？

在 6.1.2 一节中，我们讨论了 WeixinJSBridge 的加载顺序，并指明：只有在页面加载完成后，才能使用微信 js 接口。上述问题的根源在于，没有弄清楚 WeixinJSBridge 在什么时候完成初始化。alert(1)在 window load 的时候就加载，而 WeixinJSBridge.call('hideToolbar')要在 WeixinJSBridge ready 之后才执行。图 6-8 形象地说明了加载顺序和代码执行的对应关系。

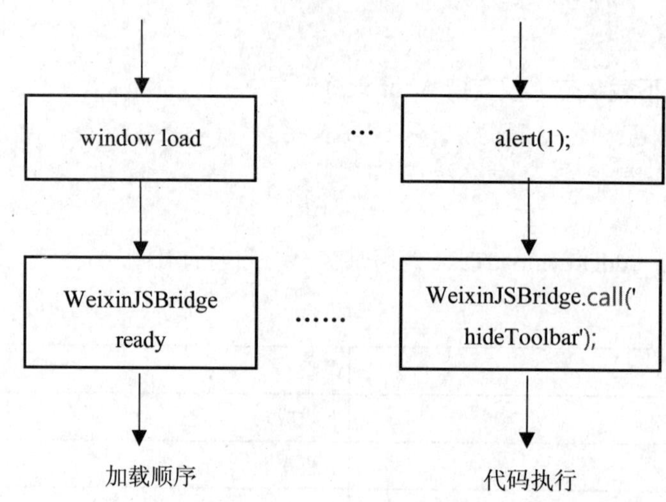

图 6-8

这样，读者应该理解为什么 alert(1)要先执行了吗？只与 WeixinJSBridge 的触发时机相关，与同步异步没关系。

6.3.2 隐藏/显示 WebView 右上角的分享按钮

代码示例：

```
<!DOCTYPE HTML>
<html>
<head>
<meta http-equiv="Content-Type" content="text/html; charset=utf-8" />
<meta    name="viewport"    content="width=screen-width,initial-scale=1.0,
minimum-scale=1.0, maximum-scale=1.0, user-scalable=no" />
<meta name="format-detection" content="telephone=no" />
<meta name="apple-mobile-web-app-capable" content="yes" />
<script type="text/javascript">
//全局变量，用于标识 WeixinJSBridge 是否完成初始化，0为未完成，1为已完成
winxinJsBridgeReady = 0;
//处理 WeixinJSBridgeReady 事件，当初始化完成后，将 winxinJsBridgeReady 标记为1
document.addEventListener('WeixinJSBridgeReady', function onBridgeReady() {
 if  (typeof  WeixinJSBridge  ==  "object"  &&  typeof  WeixinJSBridge.invoke  ==
"function") {
      winxinJsBridgeReady = 1;
 }
});
/**
* 显示分享按钮
*/
function show(){
 //判断 WeixinJSBridge 是否完成初始化，完成即可执行命令，否则弹出提示
 if(winxinJsBridgeReady === 1){
     WeixinJSBridge.call('showOptionMenu'); //显示分享按钮
     document.getElementById('tips').innerHTML="分享按钮已显示!";
 }else{
     alert('WeixinJSBridge 未初始化成功');
 }
}
/**
* 隐藏分享按钮
*/
function hide(){
 //判断 WeixinJSBridge 是否完成初始化，完成即可执行命令，否则弹出提示
 if(winxinJsBridgeReady === 1){
     WeixinJSBridge.call('hideOptionMenu'); //隐藏分享按钮
     document.getElementById('tips').innerHTML="分享按钮已隐藏!";
 }else{
     alert('WeixinJSBridge 未初始化成功');
 }
}
</script>
<title>隐藏/显示分享按钮演示</title>
</head>
<body>
<p>点击下列的按钮隐藏/显示 WebView 右上角的分享按钮</p>
<ul style="list-style-type:none;">
<li><input type=button value="隐藏" onclick="hide();"></li>
<li><input type=button value="显示" onclick="show();"></li>
</ul>
```

```
<span id="tips"></span>
</body>
</html>
```

显示结果如图 6-9 所示。

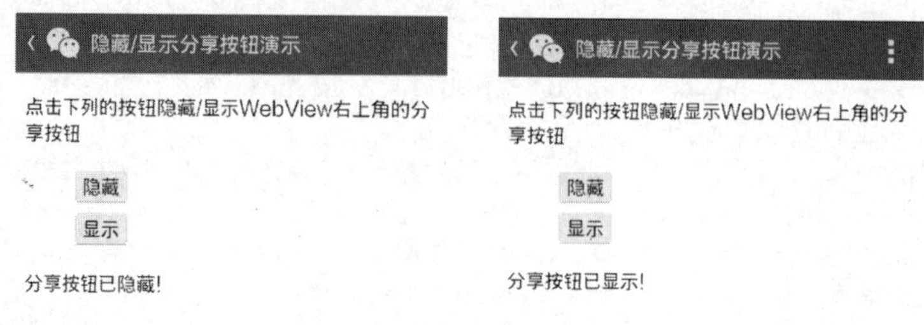

读者可以用微信扫描下面的二维码查看显示或隐藏分享按钮的效果

图 6-9

6.3.3 隐藏/显示 WebView 底部的导航栏

代码示例：

```
<!DOCTYPE HTML>
<html>
<head>
<meta http-equiv="Content-Type" content="text/html; charset=utf-8" />
<meta    name="viewport"    content="width=screen-width,initial-scale=1.0,
minimum-scale=1.0, maximum-scale=1.0, user-scalable=no" />
<meta name="format-detection" content="telephone=no" />
<meta name="apple-mobile-web-app-capable" content="yes" />
<script type="text/javascript">
//全局变量，用于标识 WeixinJSBridge 是否完成初始化，0为未完成，1为已完成
winxinJsBridgeReady = 0;
//处理 WeixinJSBridgeReady 事件，当初始化完成后，将 winxinJsBridgeReady 标记为1
document.addEventListener('WeixinJSBridgeReady', function onBridgeReady() {
 if (typeof WeixinJSBridge == "object" && typeof WeixinJSBridge.invoke ==
"function") {
     winxinJsBridgeReady = 1;
 }
});
/**
* 显示导航栏
*/
function show(){
```

```
  //判断 WeixinJSBridge 是否完成初始化，完成即可执行命令，否则弹出提示
  if(winxinJsBridgeReady === 1){
      WeixinJSBridge.call('showToolbar');//显示导航栏
      document.getElementById('tips').innerHTML="导航栏已显示!";
  }else{
      alert('WeixinJSBridge 未初始化成功');
  }
}
/**
* 隐藏导航栏
*/
function hide(){
  //判断 WeixinJSBridge 是否完成初始化，完成即可执行命令，否则弹出提示
  if(winxinJsBridgeReady === 1){
      WeixinJSBridge.call('hideToolbar');//隐藏导航栏
      document.getElementById('tips').innerHTML="导航栏已隐藏!";
  }else{
      alert('WeixinJSBridge 未初始化成功');
  }
}
</script>
<title>隐藏/显示导航栏演示</title>
</head>
<body>
<p>点击下列的按钮隐藏/显示 WebView 底部的导航栏</p>
<ul style="list-style-type:none;">
<li><input type=button value="隐藏" onclick="hide();"></li>
<li><input type=button value="显示" onclick="show();"></li>
</ul>
<span id="tips"></span>
</body>
</html>
```

显示结果如图 6-10 所示。

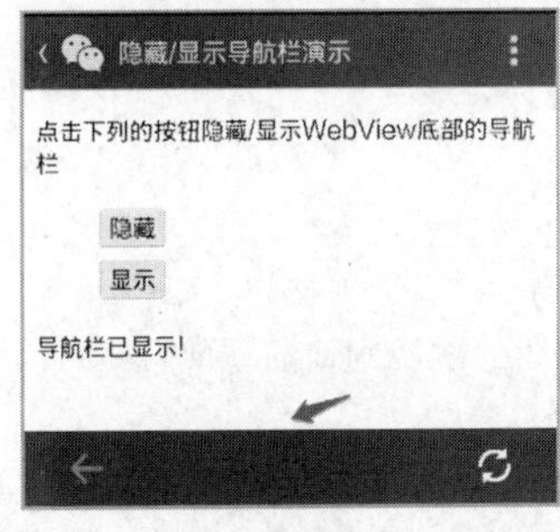

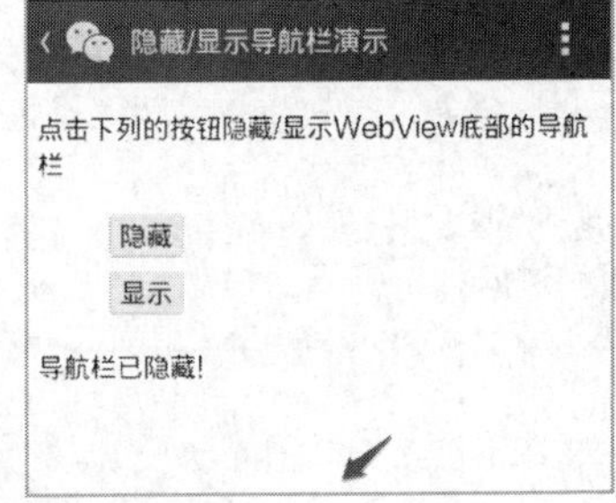

读者可以用微信扫描下面的二维码查看显示或隐藏导航栏的效果

图 6-10

6.3.4 跳转到扫描二维码界面

代码示例：

```
<!DOCTYPE HTML>
<html>
<head>
<meta http-equiv="Content-Type" content="text/html; charset=utf-8" />
<meta    name="viewport"    content="width=screen-width,initial-scale=1.0,
minimum-scale=1.0, maximum-scale=1.0, user-scalable=no" />
<meta name="format-detection" content="telephone=no" />
<meta name="apple-mobile-web-app-capable" content="yes" />
<script type="text/javascript">
//全局变量，用于标识 WeixinJSBridge 是否完成初始化，0为未完成，1为已完成
winxinJsBridgeReady = 0;
//处理 WeixinJSBridgeReady 事件，当初始化完成后，将 winxinJsBridgeReady 标记为1
document.addEventListener('WeixinJSBridgeReady', function onBridgeReady() {
 if (typeof WeixinJSBridge == "object" && typeof WeixinJSBridge.invoke ==
"function") {
    winxinJsBridgeReady = 1;
 }
});

/**
* 跳转到扫描二维码界面
*/
function scan(){
 ////判断 WeixinJSBridge 是否完成初始化，未完成直接返回 false
 if(winxinJsBridgeReady === 0){
    alert('WeixinJSBridge 未初始化成功');
    return false;
 }
 if(confirm("是否到扫一扫界面？")){
    alert('即将进入扫一扫界面');
    WeixinJSBridge.invoke("scanQRCode");//跳转到扫描二维码界面
 }else{
    alert('你选择不进入扫一扫界面');
 }
}
</script>
<title>跳转到扫描二维码界面演示</title>
</head>
<body>
<p>点击下面的按钮跳转到扫描二维码界面</p>
<input type=button value="扫一扫" onclick="scan();">
</body>
</html>
```

显示结果如图 6-11 所示。

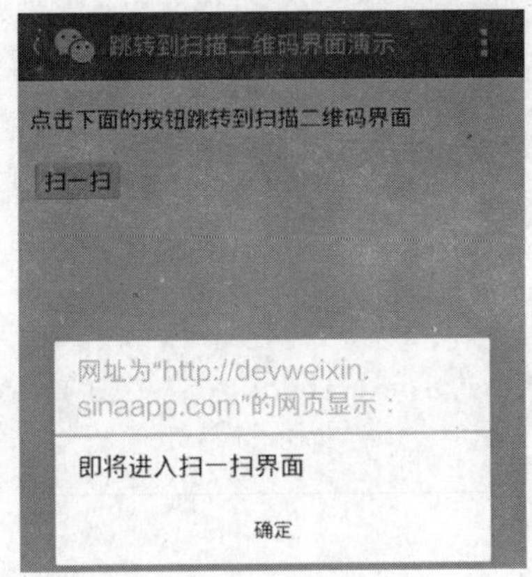

读者可以用微信扫描下面的二维码查看跳转到扫描二维码界面的效果

图 6-11

6.3.5　关闭 WebView

代码示例：

```
<!DOCTYPE HTML>
<html>
<head>
<meta http-equiv="Content-Type" content="text/html; charset=utf-8" />
<meta    name="viewport"    content="width=screen-width,initial-scale=1.0,
minimum-scale=1.0, maximum-scale=1.0, user-scalable=no" />
<meta name="format-detection" content="telephone=no" />
<meta name="apple-mobile-web-app-capable" content="yes" />
<script type="text/javascript">
//全局变量，用于标识 WeixinJSBridge 是否完成初始化，0为未完成，1为已完成
winxinJsBridgeReady = 0;
//处理 WeixinJSBridgeReady 事件，当初始化完成后，将 winxinJsBridgeReady 标记为1
document.addEventListener('WeixinJSBridgeReady', function onBridgeReady() {
 if (typeof WeixinJSBridge == "object" && typeof WeixinJSBridge.invoke ==
"function") {
     winxinJsBridgeReady = 1;
 }
});

/**
* 关闭 WebView
```

```
*/
function closeWindow(){
 ////判断 WeixinJSBridge 是否完成初始化，未完成直接返回 false
 if(winxinJsBridgeReady === 0){
     alert('WeixinJSBridge 未初始化成功');
     return false;
 }
 if(confirm("是否关闭网页？")){
     alert('网页即将关闭');
     WeixinJSBridge.invoke("closeWindow");//关闭 WebView
 }else{
     alert('你选择不关闭网页');
 }
}
</script>
<title>关闭 WebView 演示</title>
</head>
<body>
<p>点击下面的按钮关闭 WebView</p>
<input type=button value="关闭" onclick="closeWindow();">
</body>
</html>
```

效果如图 6-12，点击确定后，当前网页就会关闭。

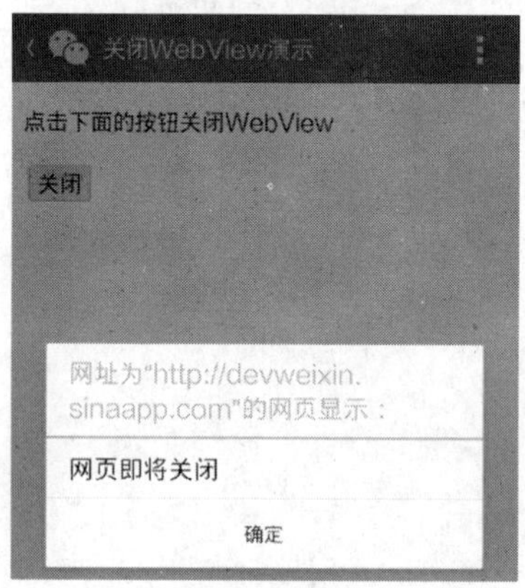

读者可以用微信扫描下面的二维码查看关闭 WebView 的效果

图 6-12

6.3.6　发邮件

代码示例：

```
<!DOCTYPE HTML>
<html>
<head>
<meta http-equiv="Content-Type" content="text/html; charset=utf-8" />
<meta    name="viewport"    content="width=screen-width,initial-scale=1.0,
minimum-scale=1.0, maximum-scale=1.0, user-scalable=no" />
<meta name="format-detection" content="telephone=no" />
<meta name="apple-mobile-web-app-capable" content="yes" />
<script type="text/javascript">
//全局变量，用于标识 WeixinJSBridge 是否完成初始化，0为未完成，1为已完成
winxinJsBridgeReady = 0;
//处理 WeixinJSBridgeReady 事件，当初始化完成后，将 winxinJsBridgeReady 标记为1
document.addEventListener('WeixinJSBridgeReady', function onBridgeReady() {
 if (typeof WeixinJSBridge == "object" && typeof WeixinJSBridge.invoke ==
"function") {
     winxinJsBridgeReady = 1;
 }
});

/**
* 发邮件
*/
function sendMail(){
 ////判断 WeixinJSBridge 是否完成初始化，未完成直接返回 false
 if(winxinJsBridgeReady === 0){
     alert('WeixinJSBridge 未初始化成功');
     return false;
 }
 var title = '邮件标题';
 var content = '通过微信发邮件，真是高上大！';
 WeixinJSBridge.invoke("sendEmail", {
     title: title,
     content: content
 }, function (res) {
     switch (res.err_msg) {
         case 'send_email:ok':
             alert('调用成功');
             break;
         case 'send_email:cancel':
             alert('用户取消');
             break;
         case 'send_email:fail':
             alert('调用失败');
         case 'send_email:confirm':
             alert('确认');
             break;
```

```
        }
        alert(res.err_msg);

    });


}
</script>
<title>发邮件演示</title>
</head>
<body>
<p>点击下面的按钮发邮件</p>
<input type=button value="发邮件" onclick="sendMail();">
</body>
</html>
```

显示结果如图 6-13 所示。

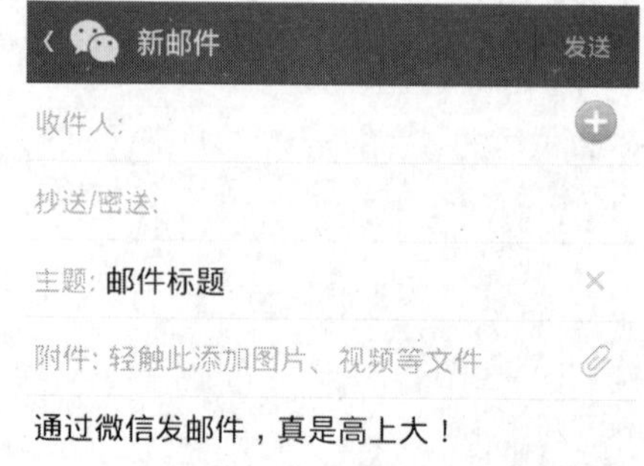

读者可以用微信扫描下面的二维码查看发邮件的效果

图 6-13

6.3.7 图片预览

代码示例：

```
<!DOCTYPE HTML>
<html>
```

```
<head>
<meta http-equiv="Content-Type" content="text/html; charset=utf-8" />
<meta    name="viewport"    content="width=screen-width,initial-scale=1.0,
minimum-scale=1.0, maximum-scale=1.0, user-scalable=no" />
<meta name="format-detection" content="telephone=no" />
<meta name="apple-mobile-web-app-capable" content="yes" />
<script type="text/javascript">
//全局变量，用于标识 WeixinJSBridge 是否完成初始化，0为未完成，1为已完成
winxinJsBridgeReady = 0;
//处理 WeixinJSBridgeReady 事件，当初始化完成后，将 winxinJsBridgeReady 标记为1
document.addEventListener('WeixinJSBridgeReady', function onBridgeReady() {
 if (typeof WeixinJSBridge == "object" && typeof WeixinJSBridge.invoke ==
"function") {
        winxinJsBridgeReady = 1;
 }
});

/**
* 图片预览
*/
function preview(){
 ////判断 WeixinJSBridge 是否完成初始化，未完成直接返回 false
 if(winxinJsBridgeReady === 0){
     alert('WeixinJSBridge 未初始化成功');
     return false;
 }
 WeixinJSBridge.invoke("imagePreview",{
     "current": "http://devweixin.sinaapp.com/demo/pics/1.jpg",

 "urls":["http://devweixin.sinaapp.com/demo/pics/1.jpg","http://devweixin.
sinaapp.com/demo/pics/2.jpg","http://devweixin.sinaapp.com/demo/pics/3.jpg"]
 },function(res){
     alert(res.err_msg);
 });



}
</script>
<title>图片预览演示</title>
</head>
<body>
<p>点击下面的图片进行预览</p>
<a onclick="preview();">
<img width="100%" src="./pics/1.jpg"/>
</a>
</body>
</html>
```

界面如图 6-14 所示。

图 6-14

图片预览页面，可以缩放和扩大。如图 6-15 所示。

读者可以用微信扫描下面的二维码查看发邮件的效果

图 6-15

6.4 本章小节

本章重点讲解了微信内置浏览器 Weixin JS 接口，主要讲解了界面类、分享类、监听类、功能类、第三方 APP 类等接口。Weixin JS 接口丰富了 HTML 5 与微信交互的方法，在实际项目中合理运用，能有效地提高用户体验。

第7章 微信JS-SDK

从 HTML 5 进入人们的视野开始，HTML 5 与 Native APP 之争就开始了。Native APP 当然在执行效率、用户体验上要超过 HTML 5，但在开发效率、快速迭代上，HTML 5 更胜一筹。尽管万维网联盟在 2014 年 10 月 29 日宣布 HTML 5 标准规范制定完成，但 HTML 5 还有很长的路要走，其中最大的挑战是设备多样化和执行效率相对较低。在移动互联网时代，设备、操作系统和浏览器的种类，比 PC 时代更多样、更碎片化。这要靠各大厂商共同推进 HTML 5 标准化的执行，使遵守标准的应用能够跨平台执行。在应对执行效率方面，业界采用中间件、Native Script 和 JsBridge 等方式，弥补 HTML 5 效率较低的问题。

2015 年 1 月 9 日，微信开放微信内网页开发工具包(微信 JS-SDK)。JS-SDK 增强了 HTML 5 的功能，可为微信用户提供更优质的网页体验。这是微信推进 HTML 5 发展的的一个重大贡献，也向业界表明：对于 HTML5 的开发者和从业者，这都将是一个最好的时代。

7.1 微信 JS-SDK 简介

当 2015 年 1 月 9 日微信开放 JS-SDK 时，朋友圈、微信圈瞬间被前端工程师刷屏。调用微信 JS-SDK 可以使用微信的图像、录音、语音识别、二维码、位置服务、微信支付、分享、卡券等 API，真是 HTML 5 开发者的一大喜事。

这里简单罗列一下 JS-SDK 开放的接口，见表 7-1。

表 7-1　JS-SDK 接口介绍

类别	接口	功能	备注
基础接口	checkJsApi	判断当前客户端版本是否支持指定 JS 接口	需要客户端版本大于等于 6.0.2
分享接口	onMenuShareTimeline	获取“分享到朋友圈”按钮点击状态及自定义分享内容接口	禁止诱导分享

（续表）

类别	接口	功能	备注
分享接口	onMenuShareAppMessage	获取“分享给朋友”按钮点击状态及自定义分享内容接口	
	onMenuShareQQ	获取“分享到 QQ”按钮点击状态及自定义分享内容接口	
	onMenuShareWeibo	获取“分享到腾讯微博”按钮点击状态及自定义分享内容接口	
图像接口	chooseImage	拍照或从手机相册中选图接口	
	previewImage	预览图片接口	
	uploadImage	上传图片接口	
	downloadImage	下载图片接口	
音频接口	startRecord	开始录音接口	第一次使用会弹出使用录音功能授权提示。如果用户拒绝授权，则调用失败
	stopRecord	停止录音接口	
	onVoiceRecordEnd	监听录音自动停止接口	录音时间超过一分钟没有停止的时候会执行回调函数
	playVoice	播放语音接口	
	pauseVoice	暂停播放接口	
	stopVoice	停止播放接口	
	onVoicePlayEnd	监听语音播放完毕接口	
	uploadVoice	上传语音接口	上传语音有效期三天。如需永久保存，需要用微信多媒体接口下载语音到自己的服务器
	downloadVoice	下载语音接口	
智能接口	translateVoice	识别音频并返回识别结果接口	
设备信息	getNetworkType	获取网络状态接口	返回网络类型2G, 3G, 4G, WiFi
地理位置	openLocation	使用微信内置地图查看位置接口	使用腾讯地图

（续表）

类别	接口	功能	备注
地理位置	getLocation	获取地理位置接口	第一次使用会弹出使用地理位置授权提示。如果用户拒绝授权，则调用失败
界面操作	wx.hideOptionMenu();	隐藏右上角菜单接口	如果链接是私密的，不希望被分享，可以隐藏掉右上角菜单
	wx.showOptionMenu();	显示右上角菜单接口	
	wx.closeWindow();	关闭当前网页窗口接口	
	hideMenuItems	批量隐藏功能按钮接口	
	showMenuItems	批量显示功能按钮接口	
	hideAllNonBaseMenuItem	隐藏所有非基础按钮接口	
	showAllNonBaseMenuItem	显示所有功能按钮接口	
微信扫一扫	scanQRCode	调起微信扫一扫接口	扫描结果可以由微信处理，也可以直接返回扫描结果
微信小店	openProductSpecificView	跳转微信商品页接口	
微信卡券	chooseCard	调起适用于门店的卡券列表并获取用户选择列表	
	addCard	批量添加卡券接口	
	openCard	查看微信卡包中的卡券接口	
微信支付	chooseWXPay	发起一个微信支付请求	需要开通相应的微信支付权限

7.2 微信内置浏览器特征

微信 6.1 内置的浏览器在 HTML 5 规范测试网站（http://html5test.com/）测试的结果如图 7-1 所示。

YOUR BROWSER SCORES

477

OUT OF 555 POINTS

You are using WeChat on a Xiaomi Mi 2 running Android 5.0.2　Correct?

图 7-1

从上图可以看到，微信 6.1 的分数是 477，而微信 5.2 的分数仅为 273。可见微信 6.1 在对 HTML 5 标准的支持上有了很大进步。

表 7-2 根据 Android 5.0.2 系统下微信 6.1 版本的测试结果汇总，不同系统或版本的情况，请参考 html5test 网站的结果。

表 7-2　微信 6.1 支持 HTML5 的测试结果

特性	作用	所属类别	支持与否	说明
Audio	音频相关	音频	是	支持 MP3、AAC、Ogg、WebM 等格式音频文件
Video	视频相关	视频	是	支持 MPEG-4、H.264、WebM's VP8、WebM's VP9 等格式视频文件
Canvas	画板功能	图形	是	支持大部分 API, 文件输出格式仅支持 PNG
Local Storage	本地存储	存储	是	将数据保存在浏览器里，用作缓存
Geolocation	地理位置	位置服务	是	提供地理位置服务
SVG	可缩放矢量图形	解析	是	显示矢量图形
MathML	数学标记语言	解析	是	在网页上书写数学符号和公式
WebSocket	通信相关	通信	是	WebSocket 用于客户端与服务器之间的异步通信，本身无害
XMLHttpRequest Level 2	异步请求	通信	是	支持文件上传事件
Full Screen	全屏	输出	是	避免影响用户体验
Web Notifications	通知	输出	否	避免骚扰用户
Webcam	网络摄像头	输入	是	需要用户授权
3D graphics	3D 图形	图形	是	不支持 WebGL 及 WebGL 2

可以看到，微信已经支持大部分的 HTML 5 特性。

微信 6.1 的 User Agent 如下所示：

Mozilla/5.0 (Linux; Android 5.0.2; MI 2 Build/LRX22G) AppleWebKit/537.36 (KHTML, like Gecko) Version/4.0 Chrome/37.0.0.0 Mobile Safari/537.36 MicroMessenger/6.1.0.66_r1062275.542 NetType/WIFI

另外，从 User Agent 中可以看出网络类型。

7.3 JS-SDK 的使用

微信的 JS-SDK 的使用文档可以在 http://mp.weixin.qq.com/wiki 里找到，文档中有详细的使用步骤说明，这里仅做一些解释。

7.3.1 JS 接口安全域名

JS 接口安全域名可以在“公众号设置”的“功能设置”填写。如图 7-2 所示。

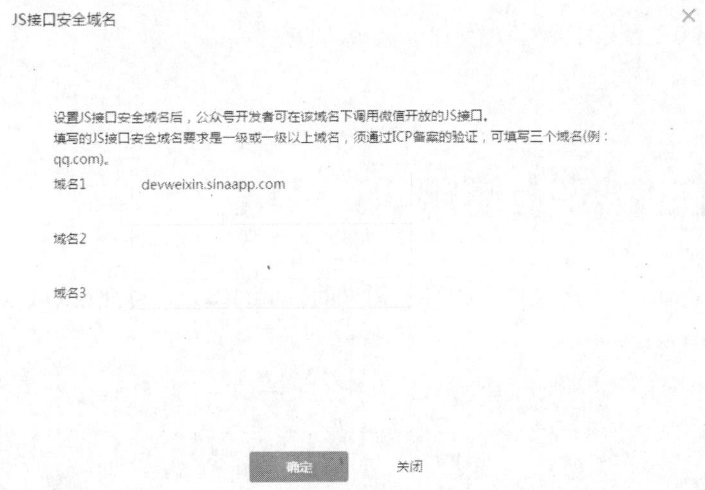

图 7-2

这里填写的域名必须通过 ICP 备案的验证，否则提交不了。如图 7-3 所示。

图 7-3

如何使用 Demo？

DEMO 页面：

```
http://demo.open.weixin.qq.com/jssdk
```

示例代码：

```
http://demo.open.weixin.qq.com/jssdk/sample.zip
```

将 sample.zip 解压后，编辑 sample.php，将 AppID 和 AppSecret 替换成自己的设置，然后上传到服务器上即可。

```
$jssdk = new JSSDK("yourAppID", "yourAppSecret");
```

各个 API 的使用可以参考微信官方的 DEMO 页面。

7.3.2 微信客户端版本要求

请使用微信 6.0.2 及以上版本开发和测试 JS-SDK。

7.4 在 SAE 上使用 JS-SDK

如果读者在 SAE 上直接使用微信官方提供的 sample.zip，可能已经看到这样的 Warning 提示：

```
   Warning: fopen(access_token.json) [function.fopen]: failed to open stream:
 Permission denied in jssdk.php on line 82

Warning: fwrite() expects parameter 1 to be resource, boolean given in jssdk.
php on line 83

Warning: fclose() expects parameter 1 to be resource, boolean given in jssdk.
php on line 84

Warning: fopen(jsapi_ticket.json) [function.fopen]: failed to open stream: Pe
rmission denied in jssdk.php on line 59

Warning: fwrite() expects parameter 1 to be resource, boolean given in jssdk.
php on line 60
```

```
Warning: fclose() expects parameter 1 to be resource, boolean given in jssdk.
php on line 61
```

这是由于微信官方提供的jssdk.php文件中，为确保不触发频率限制而对获取的accesstoken以及 jsapi_ticket 进行文件缓存。而 SAE 的代码目录是只读的，导致无法写入 access_token.json 和 jsapi_ticket.json，从而出现 Warning 提示。需要对 jssdk.php 做些改造。

在 SAE 上实现缓存的方法有很多种，如 Storage、MYSQl、Memcache、KVDB 等都可以实现。这里我们选择 KVDB。

KVDB 是 SAE 开发的分布式 key-value 数据存储服务，用来支持公有云计算平台上的海量 key-value 存储，类似于 Redis。首先需要开启 KVDB 服务。在“服务管理”下面可以看到“KVDB”选项卡，在该选项卡下面开启 KVDB 服务。如图 7-4 所示。

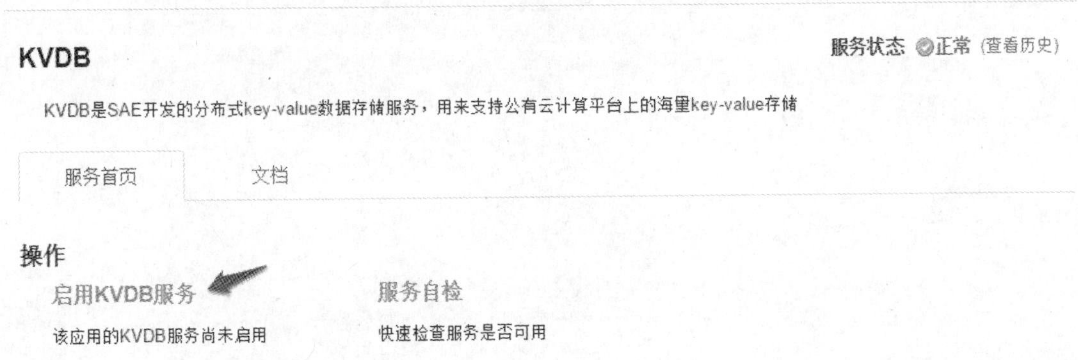

KVDB 服务状态 ✓正常 (查看历史)

KVDB是SAE开发的分布式key-value数据存储服务，用来支持公有云计算平台上的海量key-value存储

服务首页 文档

操作

启用KVDB服务
该应用的KVDB服务尚未启用

服务自检
快速检查服务是否可用

图 7-4

这里将两个 key 设定为“access_token.json”和“jsapi_ticket.json”。

写入 key 的操作如下：

```
$kv = new SaeKV();
$ret = $kv->init();
if(!$ret){
 die("Please check your kvdb setting\n");
}

$ret = $kv->set('access_token.json', $access_token.json);
```

读取 key 的操作如下：

```
$kv = new SaeKV();
$ret = $kv->init();
if(!$ret){
 die("Please check your kvdb setting\n");
}

$ret = $kv->get('access_token.json');
```

SAE 兼容的 jssdkforsae.php 如下：

```
<?php
class JSSDK {
  private $appId;
  private $appSecret;
  private $kvdb;

  public function __construct($appId, $appSecret) {
    $this->appId = $appId;
    $this->appSecret = $appSecret;
    //使用 SAE KVDB 缓存“access_token.json”和“jsapi_ticket.json”
    $kv = new SaeKV();
    $ret = $kv->init();
    if(!$ret){
        die("Please check your kvdb setting\n");
    }
    $this->kvdb = $kv;

  }

  public function getSignPackage() {
    $jsapiTicket = $this->getJsApiTicket();

    // 注意 URL 一定要动态获取，不能 hardcode.
    $protocol = (!empty($_SERVER['HTTPS']) && $_SERVER['HTTPS'] !== 'off' ||
$_SERVER['SERVER_PORT'] == 443) ? "https://" : "http://";
    $url = "$protocol$_SERVER[HTTP_HOST]$_SERVER[REQUEST_URI]";

    $timestamp = time();
    $nonceStr = $this->createNonceStr();

    // 这里参数的顺序要按照 key 值 ASCII 码升序排序
    $string                                                              =
"jsapi_ticket=$jsapiTicket&noncestr=$nonceStr&timestamp=$timestamp&url=$url";

    $signature = sha1($string);

    $signPackage = array(
      "appId"     => $this->appId,
      "nonceStr"  => $nonceStr,
      "timestamp" => $timestamp,
      "url"       => $url,
      "signature" => $signature,
      "rawString" => $string
    );
    return $signPackage;
  }

  private function createNonceStr($length = 16) {
```

```
      $chars                                                          =
"abcdefghijklmnopqrstuvwxyzABCDEFGHIJKLMNOPQRSTUVWXYZ0123456789";
      $str = "";
      for ($i = 0; $i < $length; $i++) {
        $str .= substr($chars, mt_rand(0, strlen($chars) -1), 1);
      }
      return $str;
    }

    private function getJsApiTicket() {
      // jsapi_ticket 应该全局存储与更新，写入 kvdb
      $data = json_decode($this->kvdb->get('jsapi_ticket.json'));
      if ($data->expire_time < time()) {
        $accessToken = $this->getAccessToken();
        // 如果是企业号用以下 URL 获取 ticket
        //                                        $url                =
"https://qyapi.weixin.qq.com/cgi-bin/get_jsapi_ticket?access_token=$accessTok
en";
        $url                                                          =
"https://api.weixin.qq.com/cgi-bin/ticket/getticket?type=jsapi&access_token=$
accessToken";
        $res = json_decode($this->httpGet($url));
        $ticket = $res->ticket;
        if ($ticket) {
          $data->expire_time = time() + 7000;
          $data->jsapi_ticket = $ticket;
          $this->kvdb->set("jsapi_ticket.json",json_encode($data));
        }
      } else {
        $ticket = $data->jsapi_ticket;
      }

      return $ticket;
    }

    private function getAccessToken() {
      // access_token 应该全局存储与更新，写入 kvdb
      $data = json_decode($this->kvdb->get('access_token.json'));
      if ($data->expire_time < time()) {
        // 如果是企业号用以下 URL 获取 access_token
        //                                        $url                =
"https://qyapi.weixin.qq.com/cgi-bin/gettoken?corpid=$this->appId&corpsecret=
$this->appSecret";
        $url                                                          =
"https://api.weixin.qq.com/cgi-bin/token?grant_type=client_credential&appid=$
this->appId&secret=$this->appSecret";
        $res = json_decode($this->httpGet($url));
        $access_token = $res->access_token;
        if ($access_token) {
          $data->expire_time = time() + 7000;
          $data->access_token = $access_token;
```

```
        $this->kvdb->set("access_token.json",json_encode($data));
      }
    } else {
      $access_token = $data->access_token;
    }
    return $access_token;
  }

  private function httpGet($url) {
    $curl = curl_init();
    curl_setopt($curl, CURLOPT_RETURNTRANSFER, true);
    curl_setopt($curl, CURLOPT_TIMEOUT, 500);
    curl_setopt($curl, CURLOPT_SSL_VERIFYPEER, false);
    curl_setopt($curl, CURLOPT_SSL_VERIFYHOST, false);
    curl_setopt($curl, CURLOPT_URL, $url);

    $res = curl_exec($curl);
    curl_close($curl);

    return $res;
  }
}
```

为了平台兼容，在调用时可以根据$_SERVER['HTTP_APPNAME']来判断是否在 SAE 平台，从而调用不同的 jssdk。

```
if(isset($_SERVER['HTTP_APPNAME'])){//如果在 SAE 中，则运行 SAE 版的 jssdk
    require_once "jssdkforsae.php";
}else{
    require_once "jssdk.php";
}
```

7.5 本章小节

微信 JS-SDK 是微信推进 HTML 5 发展的一个重大贡献。与 weixin JS 相比，微信 JS-SDK 接口更丰富，功能更强大，接口更规范。微信 JS-SDK 可以使用微信的图像、录音、语音识别、二维码、位置服务、微信支付、分享、卡券等 API，极大地丰富了 HTML 5 开发资源。

第8章　餐厅管家

再小的个体，也有自己的品牌。

“民以食为天”，无论团购、LBS 及 O2O 等热门互联网服务都最先从餐饮行业寻找突破。而餐饮行业本身的竞争非常激烈，从业者需要借助互联网带来客流。典型的例子是前段时间非常火的新闻，“IT 男带着肉夹馍杀回五道口”，IT 男借着社交网络的传播力及影响力，迅速打出了名声。

餐饮行业一直与互联网走得很近。从 Web 1.0 的网站时代就有网上订餐，顾客可以查看优惠信息，浏览菜单，选择菜品，鼠标点几下就能完成订餐或座位预约。后来商家发现通过 QQ 或 QQ 群订餐是一种不错的选择。这种方式不需要架设服务器及部署网站等额外资源，还能和顾客沟通聊天，即时获取反馈，特别适合外卖服务。智能终端普及后，各种餐饮类的 APP 成为新的宠儿，如手机优惠券，查询附近店面，获取最新优惠信息，手机下单等。

微信公众平台为餐饮行业提供了另一个选择。商家不需要去开发与维护一个手机 APP，可以直接用微信公众平台进行客户关系管理、提供用户服务等。顾客也不用去下载安装 APP，微信“扫一扫”即可关注商家。更重要的是，微信公众平台提供了一些很有用的接口服务，经过简单开发，商家就可以实现手机 APP 才有的功能。

本章介绍一个餐厅管家的应用，包括预约管理、菜单管理、如何利用二维码进行促销及路线导航等。

主要用到微信公众平台的以下接口：

- 生成带参数的二维码。用来生成促销二维码
- 消息接口。用来输出用户服务信息
- 微信 JS 接口
- 地理位置信息服务
- 自定义菜单
- 事件推送

另外，会用到 HTML5 的 Websocket 编程和腾讯地图的地图 API。

8.1 功能设计

8.1.1 需求分析

假设作者开了一家连锁饭店，叫“兔子饭庄”。生意太好了，就在海淀、朝阳、东城、西城、昌平等地都开了分店。为这样一家饭店开发微信公众平台，需要完成哪些事情呢？作者列了个清单：

- 预约座位。这个太重要了，以前需要打电话，现在微信上就可以完成。还能查询自己最近的预约情况。
- 点菜。通常每桌只有一份菜单。多人聚会时，大家需要轮流来看。有了微信，每人都能看到可以提供的菜肴清单。对于饭店工作人员来说，维护电子版菜单的成本要小得多。
- 优惠券。利用二维码进行促销是个不错的尝试。用户可以拍下二维码，使用微信“扫一扫”即可使用，是不是很方便？
- 免费 WiFi。在饭店门口放一个 WiFi 标志，很能吸引路过的客人。如果客人刚好想去吃饭，为何不选个有 WiFi 的地方呢？而且想用 WiFi，需要先关注兔子饭庄的公众账号。这也是推广公众账号的一个方式。
- 路线导航。读者们或许有过这样的经历：一群人去聚会，有人找不到饭店，需要打电话告诉怎么走。路线导航功能解决了这个问题，发送你的位置，公众平台就能给你返回路线图。
- 兔子饭庄介绍。介绍一下兔子饭庄的相关情况。
- 同时还需要一个管理后台供饭店工作人员来管理上述事情。

如图 8-1 所示就是微信公众平台的自定义菜单，简单明了地告诉用户，公众平台能做的事情。

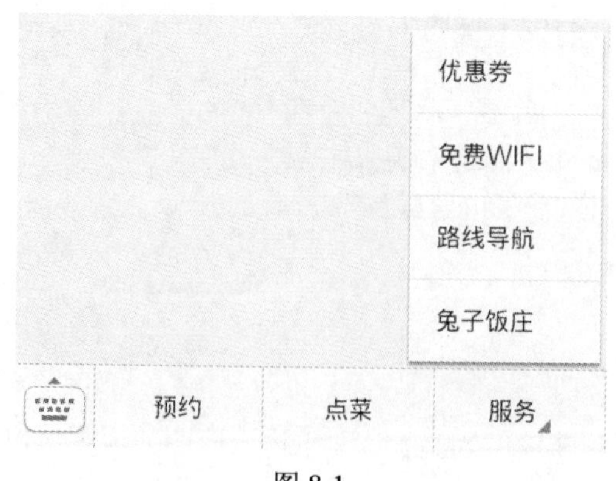

图 8-1

8.1.2　功能演示

一个好的微信公众账号，其核心功能要放在自定义菜单的显著位置。对于餐饮类的微信公众账号而言，不同类型的餐饮行业侧重点不同。团购类重优惠，品牌类重宣传，家常类重功能。兔子饭庄属于家常类，需要突出功能。利用公众账号能完成预约、点菜、获取 WiFi 密码，必要时能给出路线导航。下面介绍一下常见功能。

1. 新用户关注

新用户关注时，通常需要一句问候语，如图 8-2 所示。

图 8-2

2. 预约

当用户近期没有预约时，点击预约菜单出现预约页面，如图 8-3 所示。

请填写预约信息，我们会为您预留座位

400-400-1234

请输入姓名　先生　女士

人数

05/30/2014　12:00

手机

海淀总店

欢迎您在兔子饭庄预约座位，为了我们对您的服务，请填写真实信息。
如果您不能按时到达本店，我们会联系您并将预约时间延长30分钟，之后将不再预留。

图 8-3

如果近期内有预约，则显示最近的我的预约单，如图 8-4 所示。

预约人：闫先生

人数：5

用餐时间：05月30日 12:30

电话：13112341234

分店：海淀总店

地址：中国北京市海淀区海淀大街38号

如果您有任何意见或建议，欢迎来电

兔子饭庄服务电话：400-400-1234

图 8-4

3. 点菜

点击“点菜”按钮，出现菜单，如图 8-5 所示。

图 8-5

还可以按照种类来筛选，如图 8-6 所示。

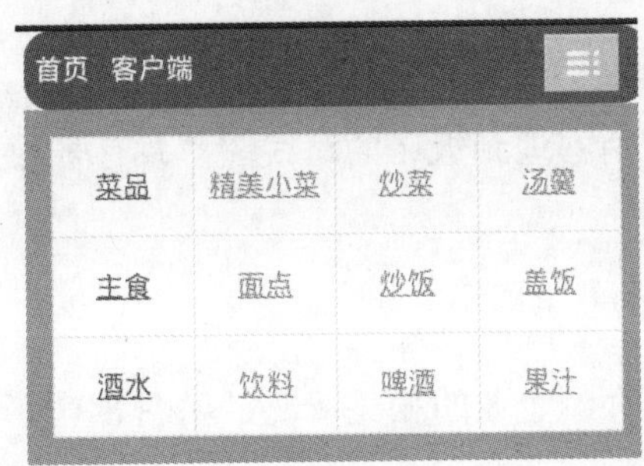

图 8-6

4. 优惠券

扫描优惠券二维码，会出现该优惠券的信息，如图 8-7 所示。

如果优惠券通过验证并且允许使用，则会返回使用成功的提示，如图 8-8 所示。

图 8-7　　图 8-8

5. 免费 WiFi

免费 WiFi 页面是一个图文页面，可以在微信公众平台编辑，如图 8-9 所示。

图 8-9

6. 路线导航

路线导航可以给出从用户所在地到饭店的路线图，并有多种换乘策略的路线，如图 8-10 所示。

7. 兔子饭庄介绍

这里也是一个图文消息，介绍企业的相关情况，如图 8-11 所示。

图 8-10

图 8-11

8.1.3 注意事项

本小节介绍为兔子饭庄开发的“餐厅管家”的具体实现。“餐厅管家”实现了预约管理、菜单管理、优惠券管理、路线导航和相关服务介绍，满足了餐饮类公众账号的一般需求。值得注意的，由于本书重点探讨微信公众平台相关的开发，所以有以下约定：

（1）未使用任何 PHP 框架。为了降低大多数读者的学习成本，本节未使用任何 PHP 框架，都是原生态 PHP。

（2） 使用 SAE 平台，兼容其他平台。本节的例子在 SAE 平台调试通过。采用 SAE 的原因是稳定、易用。如果通过了开发者认证，可以免费使用资源。同时为了兼容其他平台，未过多使用 SAE 特有的服务，开发者能轻松移植到其他平台。

（3）本节有管理后台的开发，但权限管理、账户体系等功能是通用的开发需求，故本节不做过多探讨。读者如需用于实际项目，请自行添加相关逻辑。

（4）由于篇幅限制，与微信公众平台开发无关的功能与文件在本书中没有赘述，读者可以在随书代码中获取。

8.2 “餐厅管家”的实现一

本节介绍“餐厅管家”的编码实现。首先要创建自定义菜单，然后依次介绍预约管理、菜单管理、优惠券二维码、路线导航等功能实现。

8.2.1 自定义菜单

菜单项的配置见表 8-1 所示。

表 8-1　菜单项的配置及说明

菜单项	type	key/url	功能
预约	click	CLICK_RESERVE	预约座位
点菜	view	http://url.cn/NLGykA	菜单
服务	view	无	弹出二级菜单项
优惠券	view	http://url.cn/OnDmNV	优惠券管理
免费 WIFI	view	http://url.cn/K0GNmj	查看免费 WIFI
路线导航	click	CLICK_ROUTE	路线导航
兔子饭庄	view	http://url.cn/L7JNC2	兔子饭庄企业介绍

这里使用程序来创建自定义菜单。

```
File: dine/create_menu.php
<?php
require "lib/weixin.class.php";//引入微信类文件
//$menu 变量为存放菜单项的 json 字符串
$menu =
'{
  "button": [
    {
      "type": "click",
      "name": "预约",
      "key": "CLICK_RESERVE"
    },
    {
      "type": "view",
```

```
      "name": "点菜",
      "url": "http://url.cn/NLGykA"
    },
    {
      "name": "服务",
      "sub_button": [
        {
          "type": "view",
          "name": "优惠券",
          "url": "http://url.cn/OnDmNV"
        },
        {
          "type": "view",
          "name": "免费WIFI",
          "url": "http://url.cn/K0GNmj"
        },
        {
          "type": "click",
          "name": "路线导航",
          "key": "CLICK_ROUTE"
        },
        {
          "type": "view",
          "name": "兔子饭庄",
          "url": "http://url.cn/L7JNC2"
        }
      ]
    }
  ]
}';
$ret = weixin::createMenu($menu);//创建菜单
if($ret){//创建成功
    echo 'create menu ok';
}else{//创建失败
    echo 'create menu fail';
}
?>
```

创建自定义菜单的关键是创建存放菜单项的JSON字符串。这里有两种方法：

- json_encode。读者可以创建数组，然后使用PHP的json_encode方法将数组转换为JSON字符串。
- JSON编辑器。这里推荐一个在线JSON编辑器。

```
http://jsoneditor.duapp.com
```

读者可以通过可视化工具编辑好之后，再放到程序中运行。本节采用此方法。

8.2.2 数据库操作类封装

本书默认在 SAE 上开发，但为了兼容其他平台，我们需要对数据库操作类进行封装。封装后的数据库操作类可以自行判断运行平台，如果在 SAE 上运行，则启用 SAE 的 MySQL 服务；如果在其他平台上运行，则启用兼容 SAE MySQL 的服务。读者在使用时无须关注细节，采用统一的方法即可。

与数据库操作类相关的文件有：

diner/model/SaeDB.class.php 单例模式获取 MySQL 实例类
diner/model/dbconfig.php 数据库配置文件
diner/model/saemysql.class.php 兼容 SAE MySQL 类

当需要使用 MySQL 服务时，只需调用如下语句即可：

```
include 'pathto /SaeDB.class.php';
$mysql = SaeDB::getInstance();
```

SaeDB.class.php 的完整代码如下：

```
<?php
/**
 * 单例模式获取 Mysql 实例类
 */
class SaeDB{
    private static $mysql;
    private function __construct() {
        echo "Not allowed";
    }

    public static function getInstance(){
        if (!isset(self::$mysql)) {
            if(isset($_SERVER['HTTP_APPNAME'])){//sae 平台
                self::$mysql=new SaeMysql(); ;
            }else{//其它平台
                self::$mysql= self::loadSAEMysql();
            }
        }
        return self::$mysql;
    }

    private static function loadSAEMysql() {
        require 'dbconfig.php';//数据库配置文件
        require 'saemysql.class.php';//sae mysql 兼容类
        return new SaeMysql($saeDBConfig['host'],$saeDBConfig['username'],
$saeDBConfig['pass'],$saeDBConfig['db'],$saeDBConfig['port']);
    }
}
```

其中$_SERVER['HTTP_APPNAME']是 SAE 平台特有的服务器信息，可以用来判断当前环境是否为 SAE。如果不是 SAE，需要手动加载数据库配置文件和 SAE MySQL 兼容类。

数据库配置文件 dbconfig.php 的完整代码如下：

```
<?php
/**
 * 数据库配置，如果使用 SAE 则不需要配置
 */
$saeDBConfig['host'] = 'localhost';
$saeDBConfig['username'] = 'root';
$saeDBConfig['pass'] = '';
$saeDBConfig['db'] = '';
$saeDBConfig['port'] = 3306;
```

dbconfig.php 文件定义了一个 saeDBConfig 数组，用来配置数据库的主机名、用户名、密码、数据库和端口。

SAE MySQL 兼容类 saemysql.class.php 的完整代码如下：

```
<?php
/**
 * SAE 兼容 Mysql 服务
 */

/**
 * Sae Mysql Class
 *
 * <code>
 * <?php
 * $mysql = new SaeMysql('localhost','root','pass','dbname');
 *
 * $sql = "SELECT * FROM `user` LIMIT 10";
 * $data = $mysql->getData( $sql );
 * $name = strip_tags( $_REQUEST['name'] );
 * $age = intval( $_REQUEST['age'] );
 * $sql = "INSERT  INTO `user` ( `name` , `age` , `regtime` ) VALUES ( '"  .
$mysql->escape( $name ) . "' , '" . intval( $age ) . "' , NOW() ) ";
 * $mysql->runSql( $sql );
 * if( $mysql->errno() != 0 )
 * {
 *     die( "Error:" . $mysql->errmsg() );
 * }
 *
 * $mysql->closeDb();
 * ?>
 * </code>
 *
 */
class SaeMysql
{
```

```
    /**
     * 构造函数
     * @param type $host 主机名
     * @param type $username 数据库用户名
     * @param type $pass 密码
     * @param type $db 数据库名称
     * @param type $port 端口
     * @param bool $do_replication 是否支持主从分离，true:支持，false:不支持，默认
为 true
     */
    function __construct( $host = 'localhost', $username = 'root', $pass = '',
$db = '', $port = 3306, $do_replication = true )
    {
        $this->port = $port;
        $this->host = $host;

        $this->accesskey = $username;
        $this->secretkey = $pass;
        $this->appname =  $db;

        //set default charset as utf8
        $this->charset = 'UTF8';

        $this->do_replication = $do_replication;
    }

    /**
     * 设置 keys
     *
     * 当需要连接其他 APP 的数据库时使用
     *
     * @param string $akey AccessKey
     * @param string $skey SecretKey
     * @return void
     * @author EasyChen
     */
    public function setAuth( $akey , $skey )
    {
        $this->accesskey = $akey;
        $this->secretkey = $skey;
    }

    /**
     * 设置 Mysql 服务器端口
     *
     * 当需要连接其他 APP 的数据库时使用
     *
     * @param string $port
     * @return void
     * @author EasyChen
```

```
    */
    public function setPort( $port )
    {
        $this->port = 3307;
        $this->host = '.rdc.sae.sina.com.cn';

    }

    /**
     * 设置 Appname
     *
     * 当需要连接其他 APP 的数据库时使用
     *
     * @param string $appname
     * @return void
     * @author EasyChen
     */
    public function setAppname( $appname )
    {
        $this->appname =  'app_' . $appname;
    }


    /**
     * 设置当前连接的字符集 , 必须在发起连接之前进行设置
     *
     * @param string $charset 字符集,如 GBK,GB2312,UTF8
     * @return void
     */
    public function setCharset( $charset )
    {
        return $this->set_charset( $charset );
    }

    /**
     * 同 setCharset,向前兼容
     *
     * @param string $charset
     * @return void
     * @ignore
     */
    public function set_charset( $charset )
    {
        $this->charset = $charset;
    }

    /**
     * 运行 Sql 语句,不返回结果集
     *
     * @param string $sql
     * @return mysqli_result|bool
```

```
    */
    public function runSql( $sql )
    {
        return $this->run_sql( $sql );
    }

    /**
     * 同 runSql,向前兼容
     *
     * @param string $sql
     * @return bool
     * @author EasyChen
     * @ignore
     */
    public function run_sql( $sql )
    {
        $this->last_sql = $sql;
        $dblink = $this->db_write();
        if ($dblink === false) {
            return false;
        }
        $ret = mysqli_query( $dblink, $sql );
        $this->save_error( $dblink );
        return $ret;
    }

    /**
     * 运行 Sql,以多维数组方式返回结果集
     *
     * @param string $sql
     * @return array 成功返回数组，失败时返回 false
     * @author EasyChen
     */
    public function getData( $sql )
    {
        return $this->get_data( $sql );
    }

    /**
     * 同 getData,向前兼容
     *
     * @ignore
     */
    public function get_data( $sql )
    {
        $this->last_sql = $sql;
        $data = Array();
        $i = 0;
        $dblink = $this->do_replication ? $this->db_read() : $this->db_write();
        if ($dblink === false) {
            return false;
```

```
        }
        $result = mysqli_query( $dblink , $sql );

        $this->save_error( $dblink );

        if (is_bool($result)) {
            return $result;
        } else {
            while( $Array = mysqli_fetch_array( $result, MYSQL_ASSOC ) )
            {
                $data[$i++] = $Array;
            }
        }

        mysqli_free_result($result);

        if( count( $data ) > 0 )
            return $data;
        else
            return NULL;
    }

    /**
     * 运行 Sql,以数组方式返回结果集第一条记录
     *
     * @param string $sql
     * @return array 成功返回数组，失败时返回 false
     * @author EasyChen
     */
    public function getLine( $sql )
    {
        return $this->get_line( $sql );
    }

    /**
     * 同 getLine,向前兼容
     *
     * @param string $sql
     * @return array
     * @author EasyChen
     * @ignore
     */
    public function get_line( $sql )
    {
        $data = $this->get_data( $sql );
        if ($data) {
            return @reset($data);
        } else {
            return false;
        }
    }
```

```
/**
 * 运行 Sql,返回结果集第一条记录的第一个字段值
 *
 * @param string $sql
 * @return mixxed 成功时返回一个值，失败时返回 false
 * @author EasyChen
 */
public function getVar( $sql )
{
    return $this->get_var( $sql );
}

/**
 * 同 getVar,向前兼容
 *
 * @param string $sql
 * @return array
 * @author EasyChen
 * @ignore
 */
public function get_var( $sql )
{
    $data = $this->get_line( $sql );
    if ($data) {
        return $data[ @reset(@array_keys( $data )) ];
    } else {
        return false;
    }
}

/**
 * 同 mysqli_affected_rows 函数
 *
 * @return int 成功返回行数,失败时返回-1
 * @author Elmer Zhang
 */
public function affectedRows()
{
    $result=isset($this->db_write) ? mysqli_affected_rows( $this->db_write ) : -1;
    return $result;
}

/**
 * 同 mysqli_insert_id 函数
 *
 * @return int 成功返回 last_id,失败时返回 false
 * @author EasyChen
 */
public function lastId()
{
```

```
        return $this->last_id();
    }

    /**
     * 同 lastId,向前兼容
     *
     * @return int
     * @author EasyChen
     * @ignore
     */
    public function last_id()
    {
        $result = mysqli_insert_id( $this->db_write( false ) );
        return $result;
    }

    /**
     * 关闭数据库连接
     *
     * @return bool
     * @author EasyChen
     */
    public function closeDb()
    {
        return $this->close_db();
    }

    /**
     * 同 closeDb,向前兼容
     *
     * @return bool
     * @author EasyChen
     * @ignore
     */
    public function close_db()
    {
        if( isset( $this->db_read ) )
            @mysqli_close( $this->db_read );

        if( isset( $this->db_write ) )
            @mysqli_close( $this->db_write );

    }

    /**
     *  同 mysqli_real_escape_string
     *
     * @param string $str
     * @return string
     * @author EasyChen
     */
```

```
public function escape( $str )
{
    if( isset($this->db_read) ) {
        $db = $this->db_read;
    } elseif( isset($this->db_write) ) {
        $db = $this->db_write;
    } else {
        $db = $this->db_read();
    }

    return mysqli_real_escape_string( $db , $str );
}

/**
 * 返回错误码
 *
 *
 * @return int
 * @author EasyChen
 */
public function errno()
{
    return    $this->errno;
}

/**
 * 返回错误信息
 *
 * @return string
 * @author EasyChen
 */
public function error()
{
    return $this->error;
}

/**
 * 返回错误信息,error 的别名
 *
 * @return string
 * @author EasyChen
 */
public function errmsg()
{
    return $this->error();
}

/**
 * @ignore
 */
private function connect( $is_master = true )
```

```
    {
        if ($this->port == 0) {
            $this->error = 13048;
            $this->errno = 'Not Initialized';
            return false;
        }
        if( $is_master ) $host = 'w' . $this->host;
        else $host = 'r' . $this->host;

        $db = mysqli_init();
        mysqli_options($db, MYSQLI_OPT_CONNECT_TIMEOUT, 5);

        if( !mysqli_real_connect( $db, $this->host , $this->accesskey ,
$this->secretkey , $this->appname , $this->port ) )
        {
            $this->error = mysqli_connect_error();
            $this->errno = mysqli_connect_errno();
            return false;
        }

        mysqli_set_charset( $db, $this->charset);

        return $db;
    }

    /**
     * @ignore
     */
    private function db_read()
    {
        if( isset( $this->db_read ) && mysqli_ping( $this->db_read ) )
        {
            return $this->db_read;
        }
        else
        {
            if( !$this->do_replication ) return $this->db_write();
            else
            {
                $this->db_read = $this->connect( false );
                return $this->db_read;
            }
        }
    }

    /**
     * @ignore
     */
    private function db_write( $reconnect = true )
    {
        if( isset( $this->db_write ) && ( $reconnect == false ||
```

```
mysqli_ping( $this->db_write ) ) )
        {
            return $this->db_write;
        }
        else
        {
            $this->db_write = $this->connect( true );
            return $this->db_write;
        }
    }

    /**
     * @ignore
     */
    private function save_error($dblink)
    {
        $this->error = mysqli_error($dblink);
        $this->errno = mysqli_errno($dblink);
    }

    private $error;
    private $errno;
    private $last_sql;
}
```

8.2.3 微信消息接口

首先我们需要接入微信服务器，才能接收微信服务器发送的数据，并将处理结果返回给微信服务器。与之相关的文件有

```
diner/api.php 微信消息接口 URL
diner/ lib/common.func.php 常用函数
diner/lib/defaultweixin.php 微信消息响应类
diner/model/SendMsgDB.php 微信消息数据库操作类
```

api.php 文件作为开发服务器与微信服务器之间的接口，负责接收微信服务器发送的数据，并将之传递给微信消息响应类。Defaultweixin.php 负责具体业务处理，根据用户发送的不同类型的数据，返回不同的响应信息。

api.php 完整代码如下：

```
File: diner/api.php
<?php
/**
 * 微信消息接口 URL
 */
require 'lib/common.func.php';
require 'lib/defaultweixin.php';
$weixin = new DefaultWeixin();
```

```
$weixin->run();
exit(0);
```

common.func.php 实现了一些常用的函数，完整代码如下：

```
File: diner/ lib/common.func.php
<?php
/**
 * sae 的日志封装
 * @param type $msg
 */
function sae_log($msg){
    sae_set_display_errors(false);//关闭信息输出
    sae_debug($msg);//记录日志
    sae_set_display_errors(true);//记录日志后再打开信息输出，否则会阻止正常的错误信息的显示
}

/**
 * 获取当前时间，精确到微秒
 * @return type
 */
function microtime_float()
{
    list($usec, $sec) = explode(" ", microtime());
    return ((float)$usec + (float)$sec);
}

/**
 * 获取文件扩展名
 * @param type $filepath
 * @return type
 */
function get_file_ext($filepath){
 return substr($filepath, strrpos($filepath, "."));
}

/**
 * 加载文件
 * @param string $path
 */
function libfile($path) {
    list($folder , $file) = explode("/", $path, 2);
    if(substr($file, -4) == '.php'){
        $path = BASEDIR . "/{$folder}/{$file}";
    }else{
        $path = BASEDIR . "/{$folder}/{$file}.php";
    }
    return $path;
}
```

```
/**
 * 保存文件到 sae
 * @param type $imgbin
 * @param string $destFileName
 * @return type
 */
function savetosae($imgbin,$destFileName = ''){
    $storage = new SaeStorage();
    $domain = 'devweixin';
    if(!$destFileName){
        $destFileName = md5(time()).'.jpg';
    }
    $attr = array('encoding'=>'gzip');
    return $storage->write($domain,$destFileName, $imgbin, -1, $attr, true);
}
```

defaultweixin.php 负责处理微信消息，并返回响应结果。完整代码如下：

```
<?php
/**
 * 微信消息响应
 * 针对用户发送的不同类型的数据，返回不同的响应信息
 */
require libfile('lib/weixin.class.php');
require libfile('model/SendMsgDB.php');

class DefaultWeixin extends weixin {

    private $sendmsg;//消息处理模型
    private $process_time;

    public function processRequest($data) {
        $time_start = microtime_float();//开始计时
        $this->sendmsg = new SendMsgDB();//消息处理模型实例化
        //判断并处理文本消息
        if ($this->isTextMsg()) {
            //$input 为用户输入的内容
            $input = $data->Content;
            switch ($input) {
                default:
                    $this->text($input);
                    break;
            }
        }
        //判断并处理地理位置消息
        else if ($this->isLocationMsg()) {
            $userLocData = $data;
            $userLocData->addChild('Latitude', $data->Location_X);
            $userLocData->addChild('Longitude', $data->Location_Y);
            $this->sendmsg->saveUserLocation($data);
```

```
            $this->goroute($data);
        }
        //判断并处理图片消息
        else if ($this->isImageMsg()) {

        }
        //判断并处理链接消息
        else if ($this->isLinkMsg()) {

        }
        //判断并处理事件推送
        else if ($this->isEventMsg()) {
            switch ($data->Event) {
                case 'subscribe':
                    if (!empty($data->EventKey)) {
                        $this->showqr($data, 0);
                    } else {
                        $this->text('你好，欢迎关注兔子饭庄。');
                    }
                    break;
                case 'unsubscribe':
                    $this->text('用户取消订阅');
                    break;
                case 'VIEW':
                    break;
                case 'CLICK':
                    $this->click($data);
                    break;
                case 'SCAN':
                    $this->showqr($data, 1);
                    break;
                case 'LOCATION':
                    $this->sendmsg->saveUserLocation($data);
                    break;
                default :

            }
        } else if ($this->isVoiceMsg()) {
            //处理语音信息
        } else {
            //处理其他消息
        }
        $time_end = microtime_float();//计时结束
        $this->process_time = $time_end -$time_start;//记录处理时间
    }

    /**
     * 分类处理点击事件
     * @param type $data 微信消息体
     */
    private function click($data) {
```

```
        $eventKey = $data->EventKey;
        switch ($eventKey) {
            case 'CLICK_RESERVE':
                $this->goreserve($data);
                break;
            case 'CLICK_ORDER':

                break;
            case 'CLICK_ROUTE':
                $userLoc = $this->sendmsg->getUserLocation($data);
                sae_log(var_export($userLoc, TRUE));
                if (empty($userLoc)) {
                    $this->text('【兔子饭庄路线导航】
```

试试发送你的位置，即可为你指引到各个分店线路:

（1）点击左下方“小键盘”
（2）点击打字窗口旁边的“+号键”
（3）选择“位置”图标
（4）完成定位后点击右上角“发送”');

```
                } else {
                    $this->goroute($data);
                }
                break;
            default :
                $this->text(var_export($data, TRUE));
                break;
        }
    }

    /**
     * 显示路线导航页面
     * @param type $data 微信消息体
     */
    private function goroute($data) {
        $text = '最近的兔子饭庄路线';
        $posts = array(
            array(
                'title' => '路线导航',
                'discription' => $text,
                'picurl'                                                    =>
'http://mmbiz.qpic.cn/mmbiz/XWia2Xj7RZ8nxGcFl47qJQjsm1iaqf3SquP9ucVPEoCCBFAib
dicKtaCmbEZCLJcE5ib6gEKSZicjHSlySJclicrgicPHQ/0',
                'url' => 'http://devweixin.sinaapp.com/diner/route.php?user=' .
$data->FromUserName,
            )
        );
        $this->outputNews($posts);
    }
```

```
    /**
     * 显示预约页面
     * @param type $data 微信消息体
     */
    private function goreserve($data) {
        $ret = $this->sendmsg->getRecentReserve($data);
        if (!empty($ret) && $ret['dinertime'] > time() -1800) {
            $posts = array(
                array(
                    'title' => '你最近的预约',
                    'discription' => '时间：' . date('Y-m-d H:i', $ret['dinertime']).
 '，人数：' . $ret['num'],
                    'picurl'                                                        =>
'http://mmbiz.qpic.cn/mmbiz/XWia2Xj7RZ8nxGcFl47qJQjsmliaqf3SquWeL0BzAficTdkxo
2oeV9PvVqvcUUj14pE4oq5fAZx2s4TGsZIalZFCg/0',
                    'url' => 'http://devweixin.sinaapp.com/diner/myreserve.
php?user=' . $data->FromUserName,
                )
            );
        } else {
            $posts = array(
                array(
                    'title' => '兔子饭庄精美美食等着你哟',
                    'discription' => '现在预约吧',
                    'picurl'                                                        =>
'http://mmbiz.qpic.cn/mmbiz/XWia2Xj7RZ8nxGcFl47qJQjsmliaqf3SquWeL0BzAficTdkxo
2oeV9PvVqvcUUj14pE4oq5fAZx2s4TGsZIalZFCg/0',
                    'url'                                                           =>
'http://devweixin.sinaapp.com/diner/reserve.php?user=' . $data->FromUserName,
                )
            );
        }

        $this->outputNews($posts);
    }

    /**
     * 显示优惠券页面
     * @param type $data $data->EventKey 的值与 type 有关。当 type=0 时为
qrscene_123123, type=1时为123123
     * @param type $type 0,未关注 1 关注
     */
    private function showqr($data, $type = 0) {
        if ($type == 0) {
            $sceneid = substr($data->EventKey, 8);
        } else if ($type == 1) {
            $sceneid = $data->EventKey;
        }
        $text = '使用优惠券';
        $posts = array(
```

```
            array(
                'title' => '使用优惠券',
                'discription' => $text,
                'picurl' => 'http://mmsns.qpic.cn/mmsns/XWia2Xj7RZ8mhQa
ESostBicFaX2HjVBbJYKKCBk9PkuicKrSZdfNL7XAw/0',
                'url' => 'http://devweixin.sinaapp.com/diner/showqr.
php?sceneid=' . $sceneid . '&user=' . $data->FromUserName,
            )
        );
        $this->outputNews($posts);
    }

    /**
     * 图文消息封装
     * @param type $posts
     */
    function outputNews($posts = array()) {
        $xml = parent::outputNews($posts);
        header('Content-Type: application/xml');
        echo $xml;
    }

    /**
     * 返回文本回复
     */
    private function text($text) {
        // outputText 用来返回文本信息
        $xml = $this->outputText($text);
        header('Content-Type: application/xml');
        echo $xml;
    }

    /**
     * 预处理，一般会包括 postData 的备份等
     * @return boolean
     */
    protected function beforeProcess($postData) {
        //sae_log("处理之前");
        sae_log(var_export($postData,true));
        return true;
    }

    /**
     * 后处理，一般会包括数据上报
     * @return boolean
     */
    protected function afterProcess() {
        //sae_log("处理之后");
        sae_log("消耗时间" . $this->process_time);
        return true;
    }
```

```
    public function errorHandler($errno, $error, $file = '', $line = 0) {
        $msg = sprintf('%s -%s -%s -%s', $errno, $error, $file, $line);
        sae_log($msg);
    }

    public function errorException(Exception $e) {
        $msg = sprintf('%s -%s -%s -%s', $e->getCode(), $e->getMessage(),
$e->getFile(), $e->getLine());
        sae_log($msg);
    }

}
```

SendMsgDB.php 负责微信消息的数据库操作。

```
<?php
/**
 * 微信消息数据库操作类
 */
include_once 'SaeDB.class.php';
class SendMsgDB {
    private $db;
    public function __construct() {
        $this->db= SaeDB::getInstance();
    }

    /**
     * 保存用户最近的地理位置
     * @param type $data 微信消息体
     * @return boolean
     */
    public function saveUserLocation($data) {
        $FromUserName=$this->db->escape($data->FromUserName);
        $CreateTime= intval($data->CreateTime);
        $Latitude=doubleval(($data->Latitude));
        $Longitude=doubleval($data->Longitude);
        $sql = "UPDATE `dinner_userlocs` SET `Latitude` = '{$Latitude}',
            `Longitude` = '{$Longitude}',
            `CreateTime`          =          '{$CreateTime}'          WHERE
`dinner_userlocs`.`FromUserName` ='{$FromUserName}';";
        $this->db->runSql( $sql );
        if($this->db->affectedRows() < 1){//if update fails,then insert one
            $sql="INSERT INTO `dinner_userlocs` (`id`, `Latitude`, `Longitude`,
`FromUserName`, `createtime`) VALUES ".
                "(NULL,           '{$Latitude}',           '{$Longitude}',
'{$FromUserName}','$CreateTime ');";
            $this->db->runSql( $sql );
            if( $this->db->errno() != 0 ){
                sae_log("存入位置信息失败,错误原因为: ".$this->db->errmsg()."出错
sql 为: ".$sql);
```

```
                return FALSE;
            }
        }
        return TRUE;
    }

    /**
     * 获取用户最近位置
     * @param type $data 微信消息体
     * @return type
     */
    public function getUserLocation($data){
         $FromUserName=$this->db->escape($data->FromUserName);
         $sql = "SELECT * FROM `dinner_userlocs` where FromUserName =
'{$FromUserName}' order by `CreateTime` desc limit 1";
         return $this->db->getLine( $sql );
    }

    /**
     * 获取用户最近预约情况
     * @param type $data 微信消息体
     * @return type
     */
    public function getRecentReserve($data) {
        $openid=$this->db->escape($data->FromUserName);
        $sql = "SELECT *
        FROM `diner_reserve`
        WHERE `openid` LIKE '{$openid}' order by dinertime desc";
        return $this->db->getLine( $sql );
    }
}
```

8.3 “餐厅管家”的实现二：预约管理

预约管理包括两个功能：预约和查看预约信息。当用户点击“预约”菜单项时，程序应能判断该用户近期是否有预约，从而进行不同的处理。本节介绍一下具体实现。

8.3.1 数据表设计

预约管理需要一张表来存放用户的预约信息，表的结构见表 8-2。

表 8-2 预约管理表的结构及说明

字段名	字段类型	字段描述
Id	Int	主键标识，自增
name	varchar	客人姓名
sex	tinyint	客人性别，1 代表男，2 代表女
num	tinyint	就餐人数
dinertime	int	就餐时间的时间戳
phone	Varchar	电话
locid	int	分店 id
openid	varchar	用户的 openid，用作客人的唯一标识
addtime	timestamp	操作时间

字段 locid 是饭店位置信息表的主键，唯一标识一个分店。字段 addtime 记录用户的操作时间，与具体业务无关，但记录下用户什么时间操作有助于分析用户的使用习惯，也有利于出现问题时排除原因。

创建预约信息表的代码如下：

```
--
--表的结构 `diner_reserve`
--

CREATE TABLE IF NOT EXISTS `diner_reserve` (
  `id` int(10) NOT NULL AUTO_INCREMENT COMMENT '主键',
  `name` varchar(20) NOT NULL COMMENT '姓名',
  `sex` tinyint(1) NOT NULL COMMENT '性别',
  `num` tinyint(2) NOT NULL COMMENT '就餐人数',
  `dinertime` int(10) NOT NULL COMMENT '就餐时间',
  `phone` varchar(11) NOT NULL COMMENT '电话',
  `locid` int(10) NOT NULL COMMENT '分店 id',
  `openid` varchar(100) DEFAULT NULL COMMENT '用户的 openid',
  `addtime` timestamp NOT NULL DEFAULT CURRENT_TIMESTAMP COMMENT '操作时间',
  PRIMARY KEY (`id`)
) ENGINE=MyISAM  DEFAULT CHARSET=utf8 COMMENT='预约信息表';
```

8.3.2 流程设计

当用户点击“预约”菜单项时，需要分两种情况处理：

（1）如果用户近期未预约，可能用户想通过公众平台预约一下座位，这时应返回预约页面。

（2）如果用户近期已提交预约，可能用户点击只为查看一下预约信息，这时应返还用户的预约信息。

流程图如图 8-12 所示。

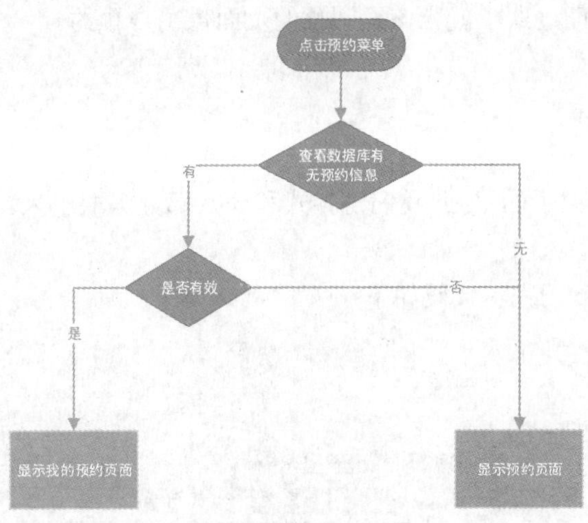

图 8-12

菜单项“预约”是一个 Click 类型，点击时微信服务器会进行事件推送，我们设定的 key 是 CLICK_RESERVE。

```
"type": "click",
"name": "预约",
"key": "CLICK_RESERVE"
```

在 defaultweixin.php 文件中，我们先捕获事件推送消息中的菜单点击事件，再通过 key 值筛选出 CLICK_RESERVE，对此处进行预约管理

```
//判断并处理事件推送
else if ($this->isEventMsg()) {
    switch ($data->Event) {
        //省略……
      case 'CLICK':
          $this->click($data);//处理菜单点击事件
          break;
//省略……

private function click($data) {
      $eventKey = $data->EventKey;
      switch ($eventKey) {
          case 'CLICK_RESERVE'://处理预约管理
              $this->goreserve($data);
              break;
```

我们在 goreserve 这个方法里处理预约管理，请参看 defaultweixin.php 文件中的 goreserve 方法（Line:132）。

首先从数据库里读出当前用户的最近预约信息。如果有该用户的预约信息，并且判断 dinertime 的值大于当前时间（为了应对客人因特殊原因而迟到的情况，预留了 30 分钟缓冲

时间)，说明还没过期，预约有效，这时应该返回该用户的预约信息。如果数据库中没有该用户的预约信息，或预约已过期，就应该返回预约页面供用户预约。

8.3.3 网页与样式

“餐厅管家”有很多网页，为此我们将样式和公共部分提取出来。样式部分占篇幅较大，请参看随书代码。

公共头部 header.php 的完整代码如下：

```
<!DOCTYPE HTML>
<html>
<head>
<meta http-equiv="Content-Type" content="text/html; charset=utf-8" />
<meta    name="viewport"    content="width=screen-width,initial-scale=1.0,
minimum-scale=1.0, maximum-scale=1.0, user-scalable=no" />
<meta name="format-detection" content="telephone=no" />
<meta name="apple-mobile-web-app-capable" content="yes" />
<title><?php echo $title;?>_兔子饭庄</title>
<link type="text/css" rel="stylesheet" href="public/diner.css" />
</head>
<?php
include_once 'model/SaeDB.class.php';
?>
```

这里我们预留了一个$title 变量，用来表示页面的标题。并且引入 SaeDB.class.php，以便其他文件能使用 MYSQL 服务。

8.3.4 预约页面

预约页面的截图见图 8-3。其中有一个电话栏，这里用到了 HTML5 的 tel 字段，这里介绍一下。

HTML5 标准增加了多个新类型的表单，tel 就是其中一个。tel 输入类型用于应该包含电话号码的输入字段。

例如：

```
手机：<input type="tel" name="mobile" />
```

tel 字段与普通的 text 并无明显区别。在 HTML5 标准中，tel 类型除了去掉换行符之外，并不会校验和过滤用户输入的数据。如果要实现输入字段的验证，需要使用 input 的 pattern 属性。pattern 属性规定用于验证输入字段的模式。例如：

```
手机：<input type="tel" name="mobile" pattern="\d{3}-\d{4}-\d{4}"/>
```

正则表达式"\d{3}-\d{4}-\d{4}"，就规定了用户输入的手机号码必须是 188-8888-8888 类似的格式。

tel 的另一个用法是拨打电话。

```
<a href="tel:18888888888">拨打18888888888</a>
```

在手机上点击，就可以打开拨号界面，并可以直接拨打上述号码。

```
<?php
$title = '预约座位';
include 'header.php';
$mysql = SaeDB::getInstance();//获取 mysql 实例
$openid = $mysql->escape($_GET['user']);//获取当前用户的 openid
$sql = "SELECT `id`,`fname` FROM `diner_locs` LIMIT 10";//查询分店
$data = $mysql->getData( $sql );//获取数据
$mysql->closeDb();//关闭数据库连接
?>
<body class="bc_f9">
 <div class="wrap gp_box">
     <h1>请填写预约信息，我们会为你预留座位</h1>
        <div class="ap_fm_box">
            <div class="r_btn_box">
                <a class="r_arr_btn phone_ico" href="tel:400-400-1234"><span
class="num">400-400-1234</span></a>
                <span class="r_arr"><a href="tel:400-400-1234"><em></em>
</a></span>
            </div>
            <form id="post_form" method="post" action="savereserve.php"
onsubmit="return check();">
                <input type="hidden" name="openid" value="<?php echo
$openid;?>"/>
                <div class="name_box cf">
                    <input placeholder="请输入姓名" id="username" name="name"
type="text" />
                    <input type="hidden" name="sex" id="sex" value="1" />
                    <p><span class="on" id="sex_male">先 生 </span><span
id="sex_female">女士</span></p>
                </div>
       <div class="phone_box">
                        <input type="text" placeholder=" 人 数 " id="num"
name="num"/>
                </div>
                <div class="date_box">
                    <input type="date" id="dinerdate" placeholder=" 日 期 "
name="dinerdate" class="date"/>
                        <input type="time" id="dinertime" placeholder="时间"
name="dinertime" class="time"/>
                </div>
                <div class="phone_box">
                    <input type="text" placeholder="手机" id="phone" name="phone"
value=""/>
```

```
                </div>
                <div              class="select"                    style="width:
100%;height:48px;margin-top:10px;">
                    <select name="locid">
                            <option value="" disabled selected>选择分店</option>
                            <?php
                            foreach ($data as $item) {
                                echo                                    "<option
value='{$item['id']}'>{$item['fname']}</option>";
                            }
                            ?>

                        </select>
                </div>
                <div style="display: none;"></div>
                <div class="ap_bot_box">
                    <p>欢迎你在兔子饭庄预约座位，为了我们对你的服务，请填写真实信息。</p>
                    <p>如果你不能按时到达本店，我们会联系你并将预约时间延长30分钟，之后将
不再预留。</p>
                </div>
                <div class="ap_btn_box">
                    <a href="javascript:;" onclick="check();">预 约</a>
                </div>
            </form>
        </div>
    </div>

</body>
<script type="text/javascript">
function check(){
    var username = document.getElementById("username").value;
    var num = document.getElementById("num").value;
    var dinerdate = document.getElementById("dinerdate").value;
    var dinertime = document.getElementById("dinertime").value;
    var phone = document.getElementById("phone").value;
    if(!username){
        alert('姓名不能为空');
        return false;
    }
    if(!num){
        alert('人数不能为空');
        return false;
    }
    if(!dinerdate){
        alert('日期不能为空');
        return false;
    }
    if(!dinertime){
        alert('时间不能为空');
        return false;
    }
```

```
        if(!phone){
            alert('电话不能为空');
            return false;
        }
        document.getElementById("post_form").submit();
    }
    </script>
    <script                type="text/javascript"               charset="utf-8"
src="http://lib.sinaapp.com/js/jquery/1.9.0/jquery.min.js"></script>
    <script                                          type="text/javascript"
src="public/datepicker/jquery.timepicker.min.js"></script>
    <link                 rel="stylesheet"                          type="text/css"
href="public/datepicker/jquery.timepicker.css" />
    <script                                          type="text/javascript"
src="public/datepicker/bootstrap-datepicker.js"></script>
    <link                 rel="stylesheet"                          type="text/css"
href="public/datepicker/bootstrap-datepicker.css" />
    <script type="text/javascript">
    //选择时间
    $('#dinertime').timepicker({
        'showDuration': true,
        'timeFormat': 'H:i'
    });
    //选择日期
    $('#dinerdate').datepicker({
        'format': 'mm/dd/yyyy',
        'autoclose': true
    });
    $(document).ready(function() {
        //切换性别
        $("#sex_male").click(function(){
                $('#sex_male').addClass('on');
                $('#sex_female').removeClass('on');
                $('#sex').val(1);
        });
        //切换性别
        $("#sex_female").click(function(){
                $('#sex_female').addClass('on');
                $('#sex_male').removeClass('on');
                $('#sex').val(2);
        });
    });
    </script>
    </html>
```

在代码中，需要填写用户的预约日期和时间，但遗憾的是，微信内置浏览器并不支持 date 和 time 字段，所以使用了开源的日期和时间选择控件。项目地址：

```
https://github.com/jonthornton/jquery-timepicker
```

当用户填完信息提交时，check 函数会检查参数是否已经填写。如果检验通过，就提交给

savereserve.php 处理。

File:diner/savereserve.php 的完整代码如下：

```
<?php
include_once 'model/SaeDB.class.php';
$mysql = SaeDB::getInstance();
$name = $mysql->escape($_POST['name']);
$sex = intval($_POST['sex']);
$num = intval($_POST['num']);
$dinerdate = $mysql->escape($_POST['dinerdate']);
$dinertime = $mysql->escape($_POST['dinertime']);
$openid = $mysql->escape($_POST['openid']);
$phone = $mysql->escape($_POST['phone']);
$locid = intval($_POST['locid']);
$dinertimestamp = strtotime($dinerdate.' '.$dinertime);
$sql = "INSERT INTO `diner_reserve` (`id`, `name`, `sex`, `num`,`dinertime`,`openid`,`phone`,`locid`, `addtime`) VALUES (NULL, '{$name}', {$sex}, {$num}, {$dinertimestamp},'{$openid}','{$phone}',{$locid},CURRENT_TIMESTAMP);";
$mysql->runSql($sql);
if ($mysql->errno() != 0)
{
    die("Error:" . $mysql->errmsg());
}
$mysql->closeDb();
header("Location:myreserve.php?user={$openid}");
```

8.3.5 我的预约页面

我的预约页面截图见图 9-4。

File:diner/myreserve.php 的完整代码如下：

```
<?php
$title = '我的预约';
include 'header.php';
$mysql = SaeDB::getInstance();
$openid = $mysql->escape($_GET['user']);
$sql = "SELECT *
FROM `diner_reserve`
WHERE `openid` LIKE '{$openid}' order by dinertime desc";
$data = $mysql->getLine( $sql );//获取我的预约信息

$sql = "SELECT * FROM `diner_locs` where id = {$data['locid']} LIMIT 1";
$loc = $mysql->getLine( $sql );//获取预约分店的信息
?>
<body>
<div class="desc_text">
    <p>预约人：<?php echo $data['name'].' ';if($data['sex']==1){echo '先生';}else{echo '女士';}?></p>
```

```
    <p>人数：<?php echo $data['num'];?></p>
    <p>用餐时间：<?php echo date("m 月 d 日 H:i",$data['dinertime']);?></p>
    <p>电话：<?php echo $data['phone'];?></p>
    <p>分店：<?php echo $loc['fname'];?></p>
    <p>地址：<?php echo $loc['loc'];?></p>
     <p>如果你有任何意见或建议，欢迎来电</p>
    <p>兔子饭庄服务电话：<span class="num">400-400-1234</span></p>
</div>
</body>
</html>
```

8.4 “餐厅管家”的实现三：菜单管理

当用户点击“点菜”菜单项时，会直接打开一个网页。“点菜”菜单项的配置如下：

```
"type": "view",
"name": "点菜",
"url": "http://url.cn/NLGykA"
```

8.4.1 数据表设计

菜单表的结构见表 8-3。

表 8-3　菜单表的结构及说明

字段名	字段类型	字段描述
Id	Int	主键标识，自增
name	varchar	菜名
imgurl	varchar	图片地址
price	float	价格
category	tinyint	菜肴的分类
available	tinyint	是否上架
addtime	timestamp	操作时间

available 字段表示是否上架。对餐饮业来说，某些时鲜类菜品在某些季节稀缺，所以用这个字段表示菜品是否可供客人点菜。展示菜单时，也只显示上架的菜品。

创建菜单表的代码如下：

```
--
--表的结构 `diner_menu`
--
```

```
CREATE TABLE IF NOT EXISTS `diner_menu` (
  `id` int(10) NOT NULL AUTO_INCREMENT COMMENT '主键',
  `name` varchar(100) NOT NULL COMMENT '菜名',
  `imgurl` varchar(200) NOT NULL COMMENT '图片',
  `price` float NOT NULL COMMENT '价格',
  `category` tinyint(4) NOT NULL DEFAULT '0' COMMENT '1精美小菜,2炒菜,3汤羹,4
面点,5炒饭,6盖饭,7饮料,8啤酒,9果汁',
  `available` tinyint(1) NOT NULL DEFAULT '0' COMMENT '是否上架，0上架，1下架',
  `addtime` timestamp NOT NULL DEFAULT CURRENT_TIMESTAMP COMMENT '操作时间',
  PRIMARY KEY (`id`)
) ENGINE=MyISAM  DEFAULT CHARSET=utf8 COMMENT='菜单表';
```

8.4.2 菜单展示页面

当用户点菜时，给用户返回菜单展示页面，见图 8-5。

默认给用户展示所有种类的菜肴。当用户点右上角的“更多”按钮并选择某种类菜肴的时候，只展示该种类的菜肴。

File:diner/menu.php 的完整代码如下：

```
<?php
$title = '点菜';
include 'header.php';
$category = intval($_GET['cat']);
$mysql = SaeDB::getInstance();
if($category){//如果带有有效的 cat 参数，则获取该种类的菜肴清单
   $sql = "SELECT * FROM `diner_menu` where category = {$category} and
available = 0 LIMIT 10";
}else{//如果没有有效的 cat 参数，则默认返回全部种类菜肴
   $sql = "SELECT * FROM `diner_menu` where available = 0 LIMIT 10";
}
$data = $mysql->getData( $sql );
$mysql->closeDb();
?>
<script>
//当页面向下滑动时保持顶部导航条固定不变
window.onscroll = function() {
   var wint = document.documentElement.scrollTop;
   if (wint === 0) wint = document.body.scrollTop;
   var omng = document.getElementById("menu_nav");
   var head = document.getElementById("header");
   if (omng) {
      if (omng.offsetTop < wint -5) omng.style.position = 'fixed';
      else omng.style.position = 'static';
   }
}
//切换显示
function toggle(o, id, m, l) {
   c = document.getElementById(id);
```

```
        if (c.style.display == 'none') {
            c.style.display = '';
        } else {
            c.style.display = 'none';
        }
        return false;
    }
    </script>
    <body class="bc_f9">
        <div class="topbar">
            <div class="menu_nav">
                <a href="#">首页</a><a href="#">客户端</a>
            <a                class="more"              href="javascript:"><img
src="http://devweixin-devweixin.stor.sinaapp.com/menu/more_menu.jpg"
width="43" height="32" border="0" onclick="toggle(this, 'popnav', '', '')"></a>
            </div>
        <div id="popnav" class="popnav" style="display: none;">
            <div class="menu_cat">
                <ul>
                    <li class="pops"><a href="#">菜品</a></li>
                    <li><a href="menu.php?cat=1">精美小菜</a></li>
                    <li><a href="menu.php?cat=2">炒菜</a></li>
                    <li><a href="menu.php?cat=3">汤羹</a></li>

                    <li class="pops"><a href="#">主食</a></li>
                    <li><a href="menu.php?cat=4">面点</a></li>
                    <li><a href="menu.php?cat=5">炒饭</a></li>
                    <li><a href="menu.php?cat=6">盖饭</a></li>

                    <li  class="pops"><a  style="position:relative;"  href="#">酒水
</a></li>
                    <li><a href="menu.php?cat=7">饮料</a></li>
                    <li><a href="menu.php?cat=8">啤酒</a></li>
                    <li><a href="menu.php?cat=9">果汁</a></li>
                </ul>
            </div>
        </div>
    </div>

    <div class="menulist">
        <ul class="noborder">
            <?php
            if(empty($data)){
                echo '没有此类美食，点些其它美食吧^_^';
            }
            foreach ($data as $item){?>
            <li><div class="menu_item">
                <a href="#"><img src="<?php echo $item['imgurl'];?>" width="150"
height="150" border="0" alt="<?php echo $item['name'];?>" />

                <span            class="menu_item_desc"><?php            echo
```

```
$item['name'];?></span>
                <span  class="menu_item_desc"><?php  echo  $item['price'];?> 元
</span>
            </a></div>
        </li>
        <?php }?>
    </ul>
</body>
</html>
```

8.4.3 菜单管理后台

除了给用户展示菜单外，还需要一个管理后台供工作人员添加、修改、浏览和删除菜单。

由于此部分仅涉及数据表的增删读写，而与微信公众平台开发无关。因此请在随书代码中查看，不再赘述。

此部分相关的文件为：

```
diner/addmenu.php 添加菜单
diner/saveaddmenu.php 保存添加的菜单
diner/myreserve.php 修改菜单
diner/saveeditmenu.php 保存修改的菜单
diner/menulist.php 浏览菜单
diner/delmenu.php 删除菜单
```

8.5 “餐厅管家”的实现四：二维码优惠券

“物美价廉”是大多数顾客购物消费的标准之一。如果一个商品质量不错，碰巧还有优惠，而且顾客刚好需要，那么就离成交不远了。餐饮行业尤其如此。竞争激烈，顾客口味越来越挑剔，即便在这样的行业环境下，以优惠为卖点的团购依然火爆。

在移动互联网时代，通过发传单来促销有点过时。多数人接传单是出于礼貌，然后会丢在最近的垃圾箱里。这样的促销效果让人堪忧。如果采用二维码优惠券，用户只需拍一拍就可领取，存放多久也不会丢失。而且，愿意掏出手机来拍二维码的，大多数潜在顾客。如果用户对店家印象还行，那迟早会再次光临的。

微信提供了用于推广支持的二维码接口，我们可以用来生成二维码优惠券，并在促销活动中使用。

8.5.1 数据库设计

我们需要二维码优惠券表来保存二维码信息，表的结构见表 8-4。

表 8-4　二维码优惠券表结构及说明

字段名	字段类型	字段描述
Id	Int	主键标识，自增
discount	float	折扣
sceneid	int	校验码
qrcode	varchar	二维码优惠券图片地址
used	varchar	使用情况
addtime	timestamp	操作时间

一般的优惠券需要设置不同的优惠折扣和校验码等，用于消费时验证二维码的真伪。同时有些商家不希望在节假日或周末使用优惠券，所以 used 字段有三个值：0 代表未使用，1 代表已使用，2 代表禁止使用。

创建二维码优惠券表的代码如下：

```
--
--表的结构 `diner_qrcode`
--

CREATE TABLE IF NOT EXISTS `diner_qrcode` (
  `id` int(10) NOT NULL AUTO_INCREMENT COMMENT '主键',
  `discount` float NOT NULL COMMENT '折扣',
  `sceneid` int(10) NOT NULL COMMENT '校验码',
  `qrcode` varchar(200) DEFAULT NULL COMMENT '二维码优惠券图片地址',
  `used` varchar(1) DEFAULT '0' COMMENT '是否被使用，0为未使用，1为已使用，2为禁止使用',
  `addtime` timestamp NOT NULL DEFAULT CURRENT_TIMESTAMP COMMENT '操作时间',
  PRIMARY KEY (`id`)
) ENGINE=MyISAM DEFAULT CHARSET=utf8 COMMENT='二维码优惠券表';
```

8.5.2　生成二维码优惠券

目前微信提供两种类型的二维码，分别是临时二维码和永久二维码，前者有过期时间，最大为 1800 秒，但能够生成较多数量；后者无过期时间，数量较少（目前参数只支持 1 到 10 万）。餐饮行业的优惠券有效期比较长，因此长久二维码比较适用。但长久二维码数量较少，而且用于优惠券的数字要尽量随机，所以我们选择 10000~99999 之间的 5 位随机数作为校验码。

生成指定范围内的随机数的公式为：

```
Math.random()*(n-m)+m
```

添加二维码优惠券的页面截图如图 8-13 所示。

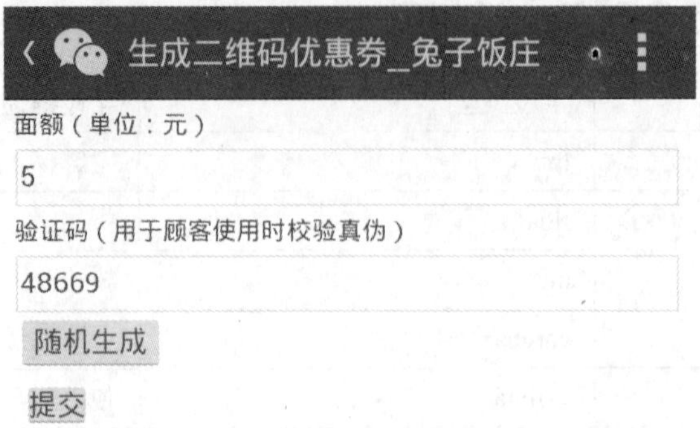

生成二维码优惠券_兔子饭庄

面额（单位：元）

5

验证码（用于顾客使用时校验真伪）

48669

随机生成

提交

图 8-13

点击随机生成，验证码表单会填上随机生成的 5 位数。

File: diner/addqr.php 的完整代码如下：

```
<?php
$title = '生成二维码优惠券';
include 'header.php';
?>
<body>
<?php
if(isset($_GET['msg']) && $_GET['msg'] == 'emptyparams'){
    echo '<p class="error">面额和验证码不能为空</p>';
}
?>
<form action="saveaddqr.php" method="post" onsubmit="return check();">
    <label for="discount">面额（单位：元）</label>
    <input type="text" name="discount" id="discount"/>

    <label for="sceneid">验证码（用于顾客使用时校验真伪）</label>
    <input type="text" id="sceneid" name="sceneid"/>
    <button onclick="getrandomid();return false;">随机生成</button>
    <input type="submit"/>
</form>
</body>
<script type="text/javascript">
//生成10000到99999之间的随机数
function getrandomid(){
    var randomid = Math.round(Math.random()*(99999-10000))+10000;
    document.getElementById('sceneid').value = randomid;
}

function check(){
    var discount = document.getElementById("discount").value;
    var sceneid = document.getElementById("sceneid").value;
    if(!discount){
        alert('面额不能为空');
        return false;
    }
```

```
        if(!sceneid){
            alert('验证码不能为空');
            return false;
        }
        return true;
    }
    </script>
    </html>
```

如果表单校验通过，会提交到 saveaddqr.php。saveaddqr.php 需要完成以下操作：

（1）将校验码作为场景值 ID，调用微信二维码接口生成二维码图片。

（2）将二维码图片存放到自己的服务器上。

（3）将数据写入数据库中。

saveaddqr.php 的完整代码如下：

```
File: diner/saveaddqr.php
<?php
$discount = isset($_POST['discount'])? floatval($_POST['discount']):0;
$sceneid = isset($_POST['sceneid'])?intval($_POST['sceneid']):1;
require "lib/weixin.class.php";
$ticket = weixin::getQrcodeTicket($sceneid,0);//生成二维码 ticket
$imgbin = weixin::getQrcodeImgByTicket($ticket);//用 ticket 去换二维码图片
//以下代码将图片保存到 SaeStorage
$storage = new SaeStorage();
$domain = 'devweixin';
$destFileName = md5(time()).'.jpg';
$attr = array('encoding'=>'gzip');
$imgurl = $storage->write($domain,$destFileName, $imgbin, -1, $attr, true);
if(!$imgurl){
    exit('error');
}
include_once 'model/SaeDB.class.php';
$mysql = SaeDB::getInstance();
if(!$discount || !$sceneid){
    header("Location:addqr.php?msg=emptyparams");
}
$sql = "INSERT INTO `diner_qrcode` (`id`, `discount`, `sceneid`,`qrcode`)
VALUES (NULL, '{$discount}', '{$sceneid}','{$imgurl}');";
$mysql->runSql($sql);
if ($mysql->errno() != 0)
{
    die("Error:" . $mysql->errmsg());
}
$mysql->closeDb();
?>
<body>
<div class="qrcontainer">
    <p>你的优惠券已生成。</p>
```

```
<img class="qrimg" src="<?php echo $imgurl;?>"/>
<span><a href="qrlist.php">返回列表</a></span>
</div>
</body>
</html>
```

这里用到了 SAE Storage 存储服务。如果在其他平台，可以用 fwrite 函数将图片备份到自己的服务器上。

```
int fwrite ( resource $handle , string $string [, int $length ] )
```

8.5.3 优惠券列表

优惠券列表的截图如图 8-14 所示。其中“查看大图”可以查看大图预览，方便用户扫一扫。为了能使优惠券列表页能跨终端显示，“查看大图”功能判断用户所用的终端，如果在微信上浏览，会调用微信 JS 的图片预览功能。如果在其他浏览器上，则用 colorbox 实现大图预览。colorbox 是一个开源的图片预览和幻灯插件，项目地址为：

```
http://www.jacklmoore.com/colorbox/
```

优惠券列表_兔子饭庄

继续添加

面额	校验码	二维码	是否使用	操作
5	50247		是	查看大图 删除

图 8-14

File: diner/qrlist.php 的完整代码如下：

```
<?php
$title = '优惠券列表';
include 'header.php';
$mysql = SaeDB::getInstance();
$sql = "SELECT * from `diner_qrcode` LIMIT 10";
$data = $mysql->getData( $sql );
$mysql->closeDb();
//使用 SAE Channel 服务
$channelname = 'qrcheck';
$channel = new SaeChannel();
$connection = $channel->createChannel($channelname,600);
?>
<body>
    <?php if(empty($data)){
        echo '你还未添加过优惠券，<a href="addqr.php">点此添加</a>';
    }else{
    ?>
```

```
    <p><a href="addqr.php">继续添加</a></p>
    <table class="gridtable" width="98%">
        <tr>
            <th>面额</th>
            <th>校验码</th>
            <th>二维码</th>
            <th>是否使用</th>
            <th>操作</th>
        </tr>

        <?php
        foreach($data as $item){
            echo '<tr>';
            echo "<td>{$item['discount']}</td>";
            echo "<td>{$item['sceneid']}</td>";
            echo "<td><img width='30px' src='{$item['qrcode']}'/></td>";
            if($item['used']){
                echo "<td>是</td>";
            }else{
                echo "<td>否</td>";
            }
            echo "<td><a href='javascrip:' onclick=\"preview('{$item['qrcode']}');\">
查看大图</a>  <a href='delqr.php?id={$item['id']}'>删除</a></td>";
            echo '<tr>';
        }
        ?>
    </table>
    <?php }?>
  </body>
  <script type="text/javascript">
  //全局变量，用于标识 WeixinJSBridge 是否完成初始化，0为未完成，1为已完成
  winxinJsBridgeReady = 0;
  //处理 WeixinJSBridgeReady 事件，当初始化完成后，将 winxinJsBridgeReady 标记为1
  document.addEventListener('WeixinJSBridgeReady', function onBridgeReady() {
   if (typeof WeixinJSBridge == "object" && typeof WeixinJSBridge.invoke ==
"function") {
       winxinJsBridgeReady = 1;
   }
  });

  /**
  * 图片预览
  */
  function preview(imgurl){
   ////判断 WeixinJSBridge 是否完成初始化，未完成直接返回 false
   if(winxinJsBridgeReady === 0){//如果不在微信中，则使用 colorbox 预览图片
               $.colorbox({href:imgurl});
               return true;
   }
         //如果在微信中，调用微信的图片预览功能
   WeixinJSBridge.invoke("imagePreview",{
```

```
        "current": imgurl,
        "urls":[imgurl]
    },function(res){
        alert(res.err_msg);
    });
   }
   </script>
   <script                type="text/javascript"                charset="utf-8"
src="http://lib.sinaapp.com/js/jquery/1.9.0/jquery.min.js"></script>
   <script                type="text/javascript"                charset="utf-8"
src="public/colorbox/jquery.colorbox-min.js"></script>
   <link                  rel="stylesheet"                      type="text/css"
href="public/colorbox/colorbox.css"></head>
   <script src="http://channel.sinaapp.com/api.js"></script>
   <script>
   var channel = {
        url:"<?php echo $connection;?>",
        onMessage:function(m){
                    var data = JSON.parse(m.data);
                    if(data.type === 'reque'){
                        if(confirm("顾客将使用《"+data.sceneid+"》校验码，是否允许？
")){

$.post("douseqr.php",{sceneid:data.sceneid,type:1},function(result){
                                var data = JSON.parse(result);
                                if(data.ret === 'ok'){
                                    alert("顾客已使用该校验码");
                                    location.reload();
                                }
                            });

                        }else{

$.post("douseqr.php",{sceneid:data.sceneid,type:0},function(result){
                             var data = JSON.parse(result);
                             if(data.ret === 'ok'){
                                    alert("顾客未使用该校验码");
                                }
                            });
                        }
                    }

              },
    };
        //创建 WebSocket 实例
   var socket = new WebSocket(channel.url);
        socket.onmessage = channel.onMessage;

   </script>
   </html>
```

8.5.4 使用优惠券

当用户在饭店消费时，可以使用二维码优惠券，使用方法：“扫一扫”。扫完之后，出现优惠券的信息，见图 8-7。

点击“点此使用”后，系统会先查询该二维码是否存在。如果存在，会进一步验证是否已被使用。如果没被使用，系统会发出消息通知饭店的前台。当前台同意使用时，优惠券就能成功使用了。整个流程如图 8-15 所示。

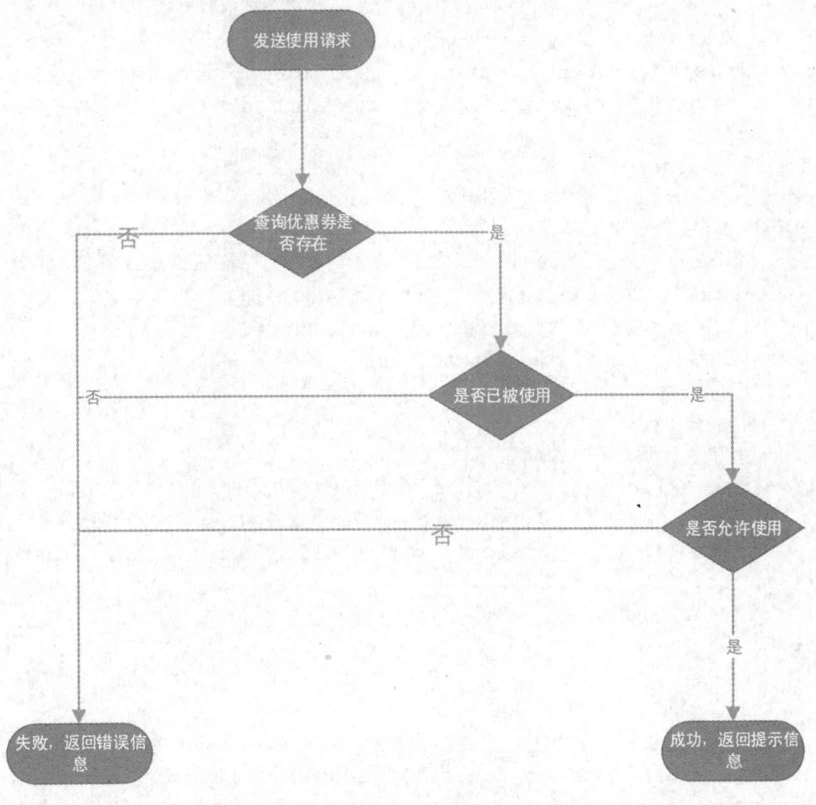

图 8-15

File: diner\showqr.php 的完整代码如下：

```
<?php
$title = '使用二维码优惠券';
include 'header.php';
$mysql = SaeDB::getInstance();
$sceneid = intval($_GET['sceneid']);
$sql = "SELECT * FROM  `diner_qrcode` where sceneid = {$sceneid}";
$data = $mysql->getLine( $sql );
$mysql->closeDb();
//使用 SAE Channel 服务
$channelname = 'qrcheck';
$channel = new SaeChannel();
```

```
    $connection = $channel->createChannel($channelname,600);
    ?>
    <body>
    <div class="qrcontainer">
        <p>你的优惠券</p>
        <p>面额：<?php echo $data['discount'];?></p>
    <img class="qrimg" src="<?php echo $data['qrcode'];?>"/>
    <span><a  onclick="useqr(<?php  echo  $data['sceneid'];?>);return  false;"
href="useqr.php">点此使用</a></span>
    <span id="tips"></span>
    </div>
    <script                type="text/javascript"                charset="utf-8"
src="http://lib.sinaapp.com/js/jquery/1.9.0/jquery.min.js"></script>
    <script src="http://channel.sinaapp.com/api.js"></script>
    <script>
    issentrsp = false;
    istimeout = true;
    var tips = $('#tips');
    function useqr(sceneid){
        t =setTimeout("timeout()",60000);//等待1分钟
        $.post("useqr.php",{sceneid:sceneid},function(result){
            var data = JSON.parse(result);
            if(data.ret === 'ok'){
                issentrsp = true;
                tips.html("<img
src='public/images/loading_black.gif'/>"+data.msg+"......");
            }else if(data.ret === 'used' || data.ret === 'error'){
                tips.html("<img src='public/images/error.gif'/>"+data.msg+"......");
                istimeout = false;
            }

        });
    }

    var intcheck = setInterval("check()",2000);
    function check(){
        if(issentrsp){
            $.post("douseqr.php",{type:2,sceneid:<?php                    echo
$data['sceneid'];?>},function(result){
                    var data = JSON.parse(result);
                    if(data.ret === 'ok'){
                        tips.html("<img
src='public/images/ok.gif'/>"+data.msg+"......");
                        clearInterval(intcheck);
                        istimeout = false;
                    }else if(data.ret === 'notallowed'){
                        tips.html("<img
src='public/images/error.gif'/>"+data.msg+"......");
                        clearInterval(intcheck);
                        istimeout = false;
                    }
```

```
        });
    }
}

function timeout(){
    if(istimeout === true){
        clearInterval(intcheck);
        tips.html("你使用优惠券的请求未得到回应，请联系前台询问……");

    }
}
</script>
</body>
</html>
```

文件 dine/useqr.php 负责发送使用优惠券的请求，如果优惠券不存在或已被使用，则直接返回错误信息。如果优惠券有效，则将请求发送给前台。完整代码如下：

```
<?php
include_once 'model/SaeDB.class.php';
$sceneid = intval($_POST['sceneid']);
$mysql = SaeDB::getInstance();
$sql = "SELECT * FROM `diner_qrcode` where sceneid = {$sceneid} and used =
'0'";
$data = $mysql->getLine( $sql );
$mysql->closeDb();
if(empty($data)){
    echo json_encode(array('ret'=>'used','msg'=>'优惠券已被使用或不存在'));
    exit();
}

$channelname = 'qrcheck';
$channel = new SaeChannel();
$channel->createChannel($channelname,600);
$message_content                                                          =
json_encode(array('type'=>'requse','sceneid'=>$sceneid));
// Send message
$ret = $channel->sendMessage($channelname,$message_content);
if($ret){
    echo json_encode(array('ret'=>'ok','msg'=>'你的优惠券使用请求已发送'));
}else{
    echo json_encode(array('ret'=>'error','msg'=>'你的优惠券使用请求发送失败'));
}
```

文件 diner/douseqr.php 负责从数据库中取出二维码优惠券的使用情况，完整代码如下：

```
<?php
include_once 'model/SaeDB.class.php';
$type = intval($_POST['type']);
$sceneid = intval($_POST['sceneid']);
$mysql = SaeDB::getInstance();
```

```
    if($type == 0){//不允许使用
        $ret = json_encode(array('ret'=>'ok','msg'=>'优惠券不允许被使用'));
        $sql  =  "UPDATE  `diner_qrcode`  SET   `used`  =   '2'  WHERE   `sceneid`
={$sceneid};";
        $mysql->runSql( $sql );
    }else if($type == 1){//允许使用
        $sql = "UPDATE `diner_qrcode` SET  `used` =  '1' WHERE  `sceneid` ={$sceneid}
and `used` = 0;";
        $mysql->runSql( $sql );
        if($mysql->affectedRows() < 1){//if update fails,then insert one
            $ret = json_encode(array('ret'=>'error','msg'=>'优惠券已被使用或不存在
'));
        }else{
            $ret = json_encode(array('ret'=>'ok','msg'=>'优惠券使用成功'));
        }

    }else if($type == 2){//查询是否被使用
       $sql = "SELECT used FROM  `diner_qrcode` where sceneid = {$sceneid}";
        $data = $mysql->getLine( $sql );
        if(!empty($data)){
            if($data['used'] == 0){
                $ret = json_encode(array('ret'=>'error','msg'=>'优惠券还未使用'));
            }else if($data['used'] == 1){
                $ret = json_encode(array('ret'=>'ok','msg'=>'优惠券使用成功'));
            }else if($data['used'] == 2){
               $ret = json_encode(array('ret'=>'notallowed','msg'=>'优惠券不允许被
使用'));
            }

        }else{
            $ret = json_encode(array('ret'=>'error','msg'=>'优惠券不存在'));
        }
    }
    $mysql->closeDb();
    echo $ret;
```

8.5.5 利用 WebSocket 实现信息推送

读者也许注意到了，使用优惠券部分多次出现 SaeChannel 和 WebSocket，这是为了实现实时消息推送而采用的技术方法。当用户发送完使用优惠券请求后，一直在等待服务器的响应。因为使用优惠券需要得到饭店前台人员的人工确认，所以等待时间可能会很长，很可能达到 5 分钟 10 分钟。如果采用 AJAX 技术，需要不停地轮询来查看是否已得到工作人员确认。轮询方法的最大问题是，当页面以固定频率向服务器发起请求的时候，服务器端的数据可能并没有更新，这样会带来很多无用的网络传输，所以这是一种非常低效的方案。

WebSocket 是 HTML5 众多新特性之一，被称为“Web 上的 TCP”。通过在浏览器和服务器之间建立了一个基于 TCP 连接的双向通道的方法，实现了长连接。WebSocket 设计的

初衷就是要取代轮询技术，满足实时 Web 应用的需要。 浏览器通过 JavaScript 向服务器发出建立 WebSocket 连接的请求，连接建立以后，客户端和服务器端就可以通过 TCP 连接直接交换数据。因为 WebSocket 连接本质上就是一个 TCP 连接，所以在数据传输的稳定性和数据传输量的大小方面，和轮询技术比较，具有很大的性能优势。

但是直接使用 WebSocket 并不是一件容易的事，因为首先需要构建一个实现了 WebSocket 标准的服务器。幸运的是 SAE 提供的实时消息推送 Channel 服务，就是满足 WebSocket 标准的服务。使用 Channel 可以方便地在浏览器和服务器之间建立长连接，从而进行消息推送。

如图 8-16 所示为 Channel 服务的大致使用流程。

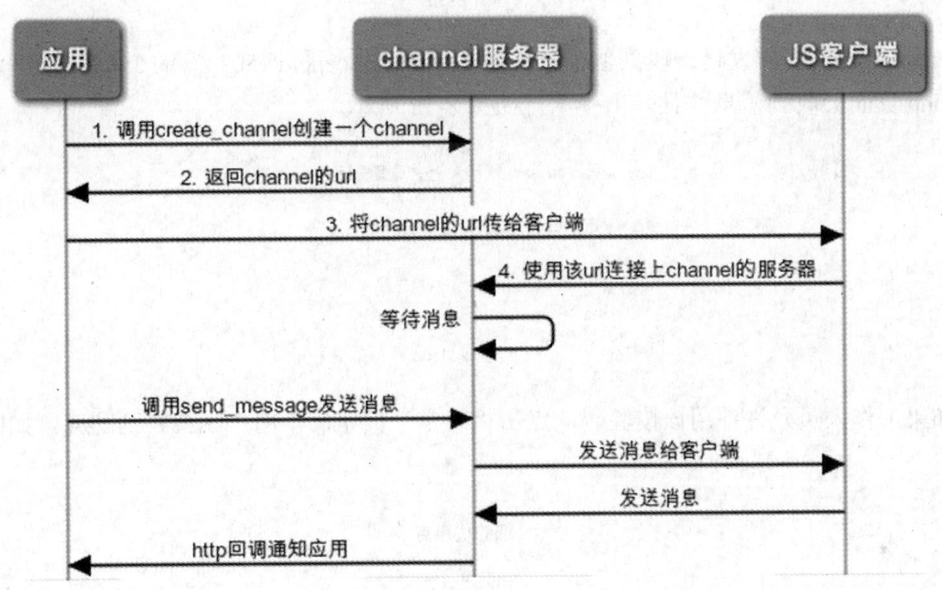

图 8-16　（来源：SAE 官网）

简单地说，Channel 服务的使用分为两个部分：服务器端和 JS 端。服务器端创建 channel url，JS 端通过 WebSocket 连接服务器端创建的 channel url，这样一条长连接就实现了。

我们在第 7 章讲过，微信内置浏览器不支持 WebSocket，那么也无法使用 Channel 服务。在 diner/showqr.php 文件中，笔者采用了 AJAX 轮询方法。diner/qrlist.php 可以在电脑上查看，使用到了 Channel 服务和 WebSocket。读者对比两种技术即可发现，Channel 和 WebSocket 使用方便，开发者只需关注业务本身。而轮询技术要处理定时和超时操作，实现复杂。

在使用优惠券的例子中，用户在微信中打开 diner/showqr.php 页面，而前台工作人员在电脑上打开 diner/qrlist.php。WebSocket 是实时通讯，因此需要两个页面都处于打开状态。

在优惠券列表页中，首先我们创建了名称为“qrcheck”的 Channel，并用 JS 连接 channel url，从而建立了一条长连接。

当用户发送使用优惠券请求后，页面处于等待状态，实际上每隔 1 秒钟向服务器查询一下优惠券使用情况，如图 8-17 所示。

您的优惠券

面额：5

点此使用

您的优惠券使用请求已发送……

图 8-17

useqr.php 向 JS 端发送一段类似于{"type":"requse","sceneid":50247}的 JSON 字符串，这时 qrlist.php 页面会收到信息并且弹出提示，如图 8-18 所示。

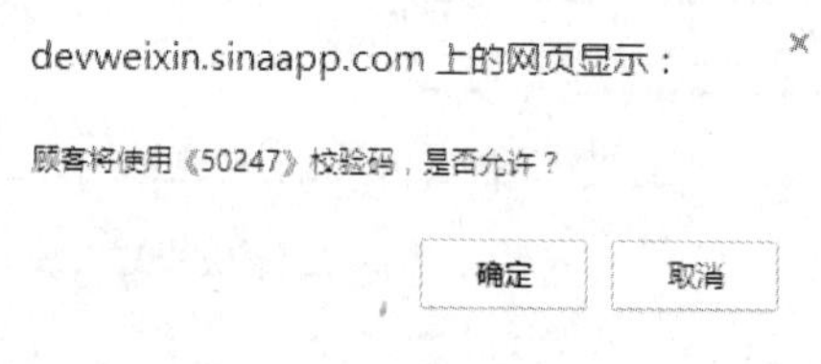

图 8-18

如果工作人员允许使用该校验码，点击“确定”按钮后，用户就会收到回应，如图 8-19 所示。

您的优惠券

面额：5

图 8-19

如果当前是节假日，不允许使用优惠券，点击“取消”按钮后，用户收到的回应如图 8-20 所示。

图 8-20

当用户的请求迟迟得不到响应，将触发超时操作。为演示起见，超时时间为 1 分钟。出现超时时，用户会得到如图 8-21 所示这样的提示。

图 8-21

8.6 “餐厅管家”的实现五：路线导航

路线导航的核心问题是：目的地、当前位置、路径选择算法。目的地是饭店地址，考虑到有多家分店，默认为距离用户最近的分店地址；用户当前位置可以通过微信地理位置信息服务来获得；路径选择算法要借助于地图服务，这里选择腾讯地图 API 来实现。

8.6.1　腾讯地图 API

腾讯地图 API 是由腾讯公司提供的地理位置服务接口，应用程序接口是由 JavaScript 语言编写的，它能够帮助读者在网站中方便地搭建基于地图应用程序。腾讯地图开放 API 提供了构建地图的基本接口和本地搜索接口等，读者可以根据自己的需要进行选择。地图 API 的服务不需要注册，免费向第三方提供，任何非盈利性网站均可使用。

本节的代码中用到了 JavaScript API V2 接口。它可用于在网站中加入交互性强的街景、地图，能很好地支持 PC 及手机设备，身材小巧，动画效果顺滑流畅，动感十足，提供地图操作、标注、地点搜索、出行规划、地址解析、街景等接口，功能丰富，并免费开放各种附加工具库。JavaScript API V2 是免费服务，任何提供免费访问的网站都可以调用。

为什么使用腾讯地图 API 呢？有以下优点：

（1）只要接受并认可《腾讯地图 API 使用条款》，不需要注册即可使用。

（2）完全免费，没有单日调用上限的限制。

（3）数据覆盖广，包含全国范围内的地图底图，300 多个地级市，2000 个多县/县级市的 POI 搜索；200 多个城市的公交换乘方案检索；300 多个城市的驾车方案检索。

8.6.2 数据库设计

这里会用到两个数据表，其一为饭店地理位置信息表，用来存储各分店在地图上的位置，其二为用户地理位置信息表，用来存储用户的当前位置。

饭店地理位置信息表的结构见表 8-5。

表 8-5 饭店地理位置信息表结构及说明

字段名	字段类型	字段描述
Id	Int	主键标识，自增
fname	varchar	分店名称
loc	varchar	地址
Latitude	float	纬度
Longitude	float	经度
addtime	timestamp	操作时间

饭店地理位置信息表的创建代码如下：

```
--
--表的结构 `diner_locs`
--

CREATE TABLE IF NOT EXISTS `diner_locs` (
  `id` int(10) NOT NULL AUTO_INCREMENT COMMENT '主键',
  `fname` varchar(100) NOT NULL COMMENT '分店名称',
  `loc` varchar(200) NOT NULL COMMENT '地址',
  `Latitude` float NOT NULL COMMENT '纬度',
  `Longitude` float NOT NULL COMMENT '经度',
  `addtime` timestamp NOT NULL DEFAULT CURRENT_TIMESTAMP COMMENT '操作时间',
  PRIMARY KEY (`id`)
) ENGINE=MyISAM  DEFAULT CHARSET=utf8 COMMENT='饭店位置信息表' ;
```

用户地理位置信息表的结构见表 8-6。

表 8-6　用户地理位置信息表结构及说明

字段名	字段类型	字段描述
Id	Int	主键标识，自增
Latitude	float	纬度
Longitude	float	经度
FromUserName	varchar	用户 openid
CreateTime	int	操作时间

用户地理位置信息表的创建代码如下：

```
--
--表的结构 `dinner_userlocs`
--

CREATE TABLE IF NOT EXISTS `dinner_userlocs` (
  `id` int(10) NOT NULL AUTO_INCREMENT COMMENT '主键',
  `Latitude` float NOT NULL COMMENT '纬度',
  `Longitude` float NOT NULL COMMENT '经度',
  `FromUserName` varchar(100) NOT NULL COMMENT '用户 openid',
  `CreateTime` int(10) NOT NULL COMMENT '操作时间',
  PRIMARY KEY (`id`)
) ENGINE=MyISAM  DEFAULT CHARSET=utf8 COMMENT='用户地理位置信息表' ;
```

8.6.3　添加饭店位置

对饭店工作人员而言，需要在地图上标明饭店的位置。

文件 diner/addloc.php 的完整代码如下：

```
<?php
$title = '添加饭店';
include 'header.php';
?>
<script charset="utf-8" src="http://map.qq.com/api/js?v=2.exp"></script>
<script>
var map,markersArray = [];
//添加标识
function addMarker(location) {
   var marker = new qq.maps.Marker({
      position: location,
      map: map
   });
   markersArray.push(marker);
}
//清除标识
```

```
    function clearOverlays() {
        if (markersArray) {
            for (i in markersArray) {
                markersArray[i].setMap(null);
            }
        }
    }
    //初始
    var init = function() {
        //以 container 为地图容器，在网页中创建一个地图
        map = new qq.maps.Map(document.getElementById("container"),{
            center: new qq.maps.LatLng(39.916527,116.397128),
            zoom: 13
        });
        //根据客户端 IP 定位地图中心位置
        citylocation = new qq.maps.CityService({
            complete : function(result){
                map.setCenter(result.detail.latLng);
            }
        });
        citylocation.searchLocalCity();
        //为地图上的点击事件添加监听
        qq.maps.event.addListener(map,'click',function(event) {
            var latLng = event.latLng,
                lat = latLng.getLat().toFixed(5),
                lng = latLng.getLng().toFixed(5);

            clearOverlays();//清除所有标识
     addMarker(latLng);//在点击位置处添加标识
     var geocoder = new qq.maps.Geocoder({
                complete : function(result){  //当完成反地址解析后，将经纬度写回 latLng
表单字段，将地址写回 loc 表单字段
                    document.getElementById("latLng").value = lat + ','+ lng;
                    document.getElementById("loc").value = result.detail.address;
                }
            });
            geocoder.getAddress(latLng);
        });

    }
    </script>
    </head>
    <body onload="init()">
    <?php
    if(isset($_GET['msg']) && $_GET['msg'] == 'emptyparams'){
        echo '<p class="error">饭店名称和饭店位置不能为空</p>';
    }
    ?>
    <form action="saveaddloc.php" method="post" onsubmit="return check();">
        <label for="fname">饭店名称</label>
        <input type="text" name="fname" id="fname"/>
```

```
    <label for="loc">饭店位置</label>
    <input type="text" id="loc" name="loc"/>

    <input type="hidden" id="latLng" name="latLng"/>

    <input type="submit"/>
</form>
    <div style="width:400px;height:300px" id="container"></div>
</body>
<script type="text/javascript">
    function check(){
        var fname = document.getElementById("fname").value;
        var loc = document.getElementById("loc").value;
        var latLng = document.getElementById("latLng").value;
        if(!fname){
            alert('饭店名称不能为空');
            return false;
        }
        if(!loc){
            alert('饭店位置不能为空');
            return false;
        }
        if(!latLng){
            alert('获取饭店位置经纬度错误，请重试');
            return false;
        }
        return true;
    }
</script>
</html>
```

效果如图 8-22 所示。

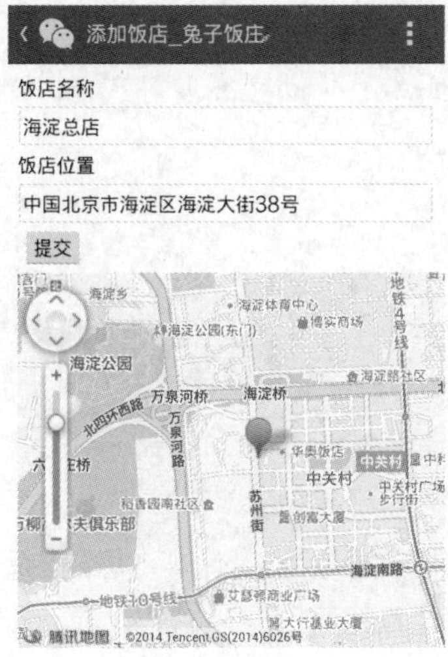

图 8-22

表单校验通过后，数据被提交给 diner/saveaddloc.php，该文件将数据存入数据库。

```
<?php
include_once 'model/SaeDB.class.php';
$mysql = SaeDB::getInstance();
$fname = $mysql->escape($_POST['fname']);
$loc = $mysql->escape($_POST['loc']);
$latLng = $mysql->escape($_POST['latLng']);
list($Latitude,$Longitude) = explode(',', $latLng);
if(!$fname || !$loc || !$latLng){
    header("Location:addloc.php?msg=emptyparams");
}
$sql = "INSERT INTO `diner_locs` (`id`, `fname`, `loc`, `Latitude`,`Longitude`,
`addtime`)    VALUES    (NULL,    '{$fname}',    '{$loc}',    '{$Latitude}',
'{$Longitude}',CURRENT_TIMESTAMP);";
$mysql->runSql($sql);
if ($mysql->errno() != 0)
{
    die("Error:" . $mysql->errmsg());
}
$mysql->closeDb();
header("Location:loclist.php");
```

8.6.4 获取用户位置

获取用户位置有两种方法，第一种为主动获取，即利用微信的地理位置服务接口，由用户主动上报；第二种为被动获取，由用户主动发送地理位置信息。本书将两种方法相结合。

为主动获取用户位置，需要开启获取用户地理位置服务。开启时会弹出如图 8-23 所示的提示。

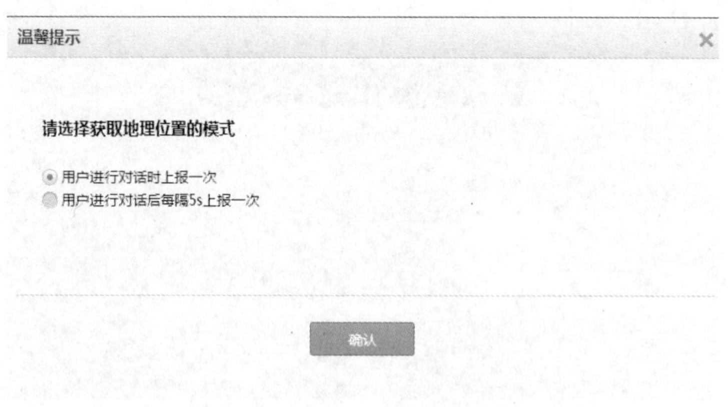

图 8-23

在本需求中，只是获取一下用户的位置，不需要每隔 5 秒上报一次。所以选择用户进行对话时上报一次。

当公众账号开启了用户地理位置服务时，当用户关注该账号时，会弹出提示，询问用户是否允许使用你的地理位置，如图 8-24 所示。

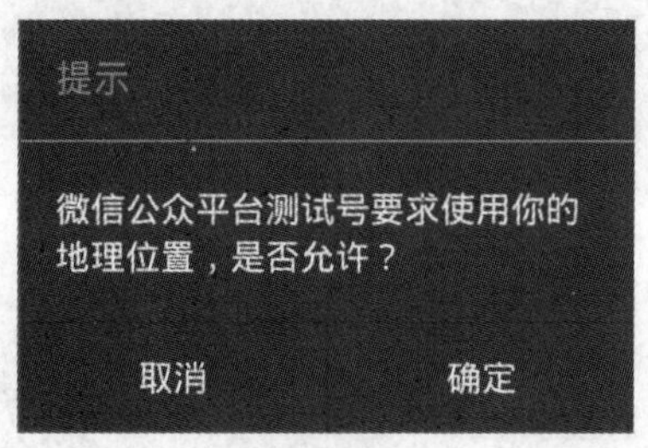

图 8-24

当用户允许时，我们就能获取用户位置。这样用户点击“路线导航”菜单项时，我们可以返回路线导航图，如图 8-25 所示。

图 8-25

当对隐私比较敏感的用户不允许使用时，别急，可以用被动获取的方法获取用户当前位置。当获取不到用户位置时，我们给用户发送一个文本消息进行提示，如图 8-26 所示。

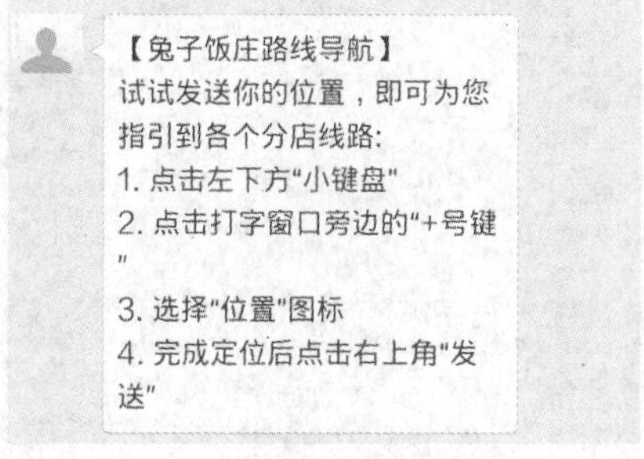

图 8-26

这时用户可以将位置信息发送过来，如图 8-27 所示。

图 8-27

这时就可以获得用户的位置了。

相关代码在 diner/lib/defaultweixin.php 的第 27 行附近。

8.6.5 路径选择算法

当有多个分店时，默认导航到距离用户最近的分店。这里需要确定哪家分店距离用户最近。一个城市可以近似为平面，用户位置和饭店位置可以近似于平面的两点，那么将纬度经度分别作为 x 轴和 y 轴，所以两点的“距离”可以用下面的式子计算：

$$d = \sqrt{(x_1 - x_2)^2 + (y_1 - y_2)^2}$$

用户访问路径导航页面时，就出现如图 8-10 所示的带有起点、终点、路径标识的地图。

路径导航功能在 diner/route.php 文件中，完整代码如下所示：

```
<?php
$title = '路线导航';
include 'header.php';
$mysql = SaeDB::getInstance();
$fromUserName = $mysql->escape($_GET['user']);
$sql = "SELECT * FROM `dinner_userlocs` where FromUserName = '{$fromUserName}'
order by `CreateTime` desc limit 1";
$startdata = $mysql->getLine( $sql );
$sql2 = "SELECT * FROM `diner_locs` LIMIT 0 , 30";
$enddatas = $mysql->getData( $sql2 );
$mysql->closeDb();

$closestLoc = array();
$closestDistance = 0;
foreach ($enddatas as $enddata) {
    $distance = distance($startdata, $enddata);
    if($closestDistance == 0 || $distance < $closestDistance){
        $closestDistance = $distance;
        $closestLoc = $enddata;
    }
}
```

```
$startPoint = $startdata['Latitude'] . ',' .$startdata['Longitude'] ;
$endPoint = $closestLoc['Latitude'] . ',' .$closestLoc['Longitude'];
//近似计算地图上两点间相对距离
function distance($start,$end){
    $x1 = $start['Latitude'];
    $y1 = $start['Longitude'];
    $x2 = $end['Latitude'];
    $y2 = $end['Longitude'];
    return sqrt(pow($x1-$x2, 2)+pow($y1-$y2, 2));
}
?>
<script charset="utf-8" src="http://map.qq.com/api/js?v=2.exp"></script>
<script>
var map,
     transfer_plans,
     start_marker,
     end_marker,
     station_markers = [],
     transfer_lines = [],
     walk_lines = [];

var transferService = new qq.maps.TransferService({
    location : "北京",
    complete : function(result){
        result = result.detail;
        var start = result.start,
             end = result.end;
        var anchor = new qq.maps.Point(6, 6),
            size = new qq.maps.Size(24, 36),
            //标识起点
            start_icon = new qq.maps.MarkerImage(
'http://open.map.qq.com/javascript_v2/sample/img/busmarker.png',
                size .
            ),
            //标识终点
            end_icon = new qq.maps.MarkerImage(
'http://open.map.qq.com/javascript_v2/sample/img/busmarker.png',
                size,
                new qq.maps.Point(24, 0),
                anchor
            );

        start_marker && start_marker.setMap(null);
        end_marker && end_marker.setMap(null);
        start_marker = new qq.maps.Marker({
            icon: start_icon,
            position: start.latLng,
            map: map,
            zIndex:1
```

```
        });
        end_marker = new qq.maps.Marker({
            icon: end_icon,
            position: end.latLng,
            map: map,
            zIndex:1
        });

        transfer_plans = result.plans;
        var plans_desc=[];
        for(var i = 0;i < transfer_plans.length; i++){
            //plan desc.
            var p_attributes = [
                'onclick="renderPlan('+i+')"',
                'onmouseover=this.style.background="#eee"',
                'onmouseout=this.style.background="#fff"',
                'style="margin-top:-4px;cursor:pointer"'
            ].join(' ');
            plans_desc.push('<p ' + p_attributes +
            '><b>方案'+(i+1)+'.</b>');
            var actions = transfer_plans[i].actions;
            for(var j=0;j<actions.length;j++){
                var action = actions[j],
                      img_position;
                action.type == qq.maps.TransferActionType.BUS &&(
                    img_position = '-38px 0px'
                );
                action.type == qq.maps.TransferActionType.SUBWAY &&(
                    img_position = '-57px 0px'
                );
                action.type == qq.maps.TransferActionType.WALK &&(
                    img_position = '-76px 0px'
                );

                var action_img = '<span style="margin-bottom: -4px;'+
                'display:inline-block;background:url(img/busicon.png) '+
                'no-repeat '+img_position+
                ';width:19px;height:19px"></span>  ' ;
                plans_desc.push(action_img + action.instructions);
            }
        }
        //方案文本描述

document.getElementById('plans').innerHTML=plans_desc.join('<br><br>');

        //渲染到地图上
        renderPlan(0);
    }
});

function init() {
```

```
        map = new qq.maps.Map(document.getElementById("container"), {
            // 地图的中心地理坐标。
            center: new qq.maps.LatLng(<?php echo $startPoint;?>)
        });
        calcPlan();
    }
    //计算换乘方案
    function calcPlan() {
        var start_name = "<?php echo $startPoint; ?>".split(',');
        var end_name = document.getElementById("end").value.split(",");
        var policy = document.getElementById("policy").value;

        transferService.search(new qq.maps.LatLng(start_name[0], start_name[1]),
new qq.maps.LatLng(end_name[0], end_name[1]));

        switch (policy){
            case "较快捷":

transferService.setPolicy(qq.maps.TransferActionType.LEAST_TIME);
                break;
            case "少换乘":

transferService.setPolicy(qq.maps.TransferActionType.LEAST_TRANSFER);
                break;
            case "少步行":

transferService.setPolicy(qq.maps.TransferActionType.LEAST_WALKING);
                console.log(1);
                break;
            case "不坐地铁":
                transferService.setPolicy(qq.maps.TransferActionType.NO_SUBWAY);
                break;
        }
    }

    //清除地图上的marker
    function clearOverlay(overlays){
        var overlay;
        while(overlay = overlays.pop()){
            overlay.setMap(null);
        }
    }

    function renderPlan(index){
        var plan = transfer_plans[index],
            lines = plan.lines,
            walks = plan.walks,
            stations = plan.stations;
            map.fitBounds(plan.bounds);
        clearOverlay(station_markers);
        clearOverlay(transfer_lines);
```

```
    clearOverlay(walk_lines);
    var anchor = new qq.maps.Point(6, 6),
          size = new qq.maps.Size(24, 36),
          bus_icon = new qq.maps.MarkerImage(
            'img/busmarker.png',
            size,
            new qq.maps.Point(48, 0),
            anchor
          ),
         subway_icon = new qq.maps.MarkerImage(
            'img/busmarker.png',
            size,
            new qq.maps.Point(72, 0),
            anchor
         );
    //draw station marker
    for(var j = 0; j < stations.length; j++){
        var station = stations[j];
        if(station.type == qq.maps.PoiType.SUBWAY_STATION){
            var station_icon=subway_icon;
        }else{
            var station_icon=bus_icon;
        }
        var station_marker = new qq.maps.Marker({
            icon: station_icon,
            position: station.latLng,
            map: map,
            zIndex:0
        });
        station_markers.push(station_marker);
    }

    //draw bus line
    for(var j = 0; j < lines.length; j++){
        var line = lines[j];
        var polyline = new qq.maps.Polyline({
            path: line.path,
            strokeColor: '#3893F9',
            strokeWeight: 6,
            map: map
        });
        transfer_lines.push(polyline);
    }

    //draw walk line
    for(var j = 0; j < walks.length; j++){
        var walk = walks[j];
        var polyline = new qq.maps.Polyline({
            path: walk.path,
            strokeColor: '#3FD2A3',
            strokeWeight: 6,
```

```
            map: map
        });
        walk_lines.push(polyline);
    }
}
</script>
</head>
<body onload="init()">
<div class="block">
    <b>选择分店：</b>
    <div class="select">
        <select id="end" onchange="calcPlan();">
        <?php
        foreach ($enddatas as $enddata) {
            $endPoint = $enddata['Latitude'] . ',' .$enddata['Longitude'];
            if($enddata['id'] == $closestLoc['id']){
                echo                "<option                    value='{$endPoint}'
selected='selected'>{$enddata['fname']}</option>";
            }else{
                echo "<option value='{$endPoint}'>{$enddata['fname']}</option>";
            }
        }
        ?>
        </select>
    </div>
</div>

<div class="block">
    <b>换乘策略：</b>
    <div class="select">
        <select id="policy" onchange="calcPlan();">
            <option value="LEAST_TIME">较快捷</option>
            <option value="LEAST_TRANSFER">少换乘</option>
            <option value="LEAST_WALKING">少步行</option>
            <option value="NO_SUBWAY">不坐地铁</option>
        </select>
    </div>
</div>
    <div style="width:400px;height:300px" id="container"></div>
    <div style="width:400px;padding-top:10px;" id="plans"></div>
</body>
</html>
```

8.7 本章小结

本章介绍了一个为兔子饭庄设计开发的“餐厅管家”，介绍了预约管理、菜单管理、二维码优惠券及路线导航等餐饮类常见功能的开发过程。本章用到了微信公众平台的多个接口，包括生成带参数的二维码、消息接口、微信 JS 接口、地理位置信息服务、自定义菜单、事件推送等。并且介绍了如何使用 HTML5 的 Websocket 进行编程以及利用腾讯地图的地图 API 来进行地理位置服务的开发。相信通过本章的学习，读者能举一反三，开发出更好的餐饮类微信公众账号。

第9章 微商城

微信 5.0 发布之后，微信支付作为一个新兴的移动支付方式，开始出现在人们面前。2014 年 5 月 9 日，微信推出多客服功能；5 月 27 日京东在微信平台的“购物”一级入口启动上线；5 月 29 日增加微信小店功能，已接入微信支付的服务号可快速开店。微信一系列的行动表明：微信支付绝对不是一个纯粹的支付工具，它是整合微信整体开放能力的一整套商业解决方案，是移动互联网场景线上到线下消费闭环的关键环节。本章围绕微信支付，从一个微商场的案例，介绍一个抽奖系统的设计与实现、微信支付、微信小店和多客服功能，希望能对进军移动电商的读者有所帮助。

9.1 抽奖系统

为吸引顾客和刺激消费，商城经常需要做些抽奖促销活动。微信开放微信支付和微信小店接口之后，商家可以有属于自己的电商平台，这样商家可以在平台上开发自己的抽奖系统，来进行商品促销和吸引客流。一个完整的抽奖系统分为以下部分：

- 前端展示与抽奖动作，包括显示抽奖规则，抽奖界面，抽奖动作及处理抽奖结果。
- 抽奖控制逻辑，包括权限控制，产生抽奖结果等。
- 奖品及中奖逻辑设置，包括奖品的种类与数量，中奖概率等。

本节以水果机为例，介绍一个完整的抽奖系统的设计及实现过程。

9.1.1 前端展示

抽奖机有很多种类，常见的有幸运转盘、水果机、大富翁、砸金蛋。虽然以上抽奖机的展示页面完全不同，抽奖动画也千差万别，但万变不离其宗，都是向后台程序请求中奖数据，再分别进行前端显示。

水果机的界面和规则如图 9-1 所示。

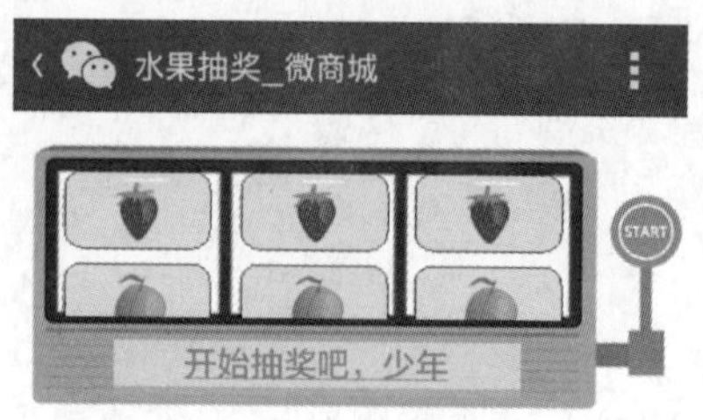

抽奖规则

1.点击开始，水果即开始转动

2.待水果静止，出现相同的水果时表示您中奖,获得奖励。

3.出现不同的水果时表示您未中奖,请再接再厉。

图 9-1

抽中奖品后，页面会弹出中奖提示，同时水果机显示三个相同的图案。如图 9-2 所示。

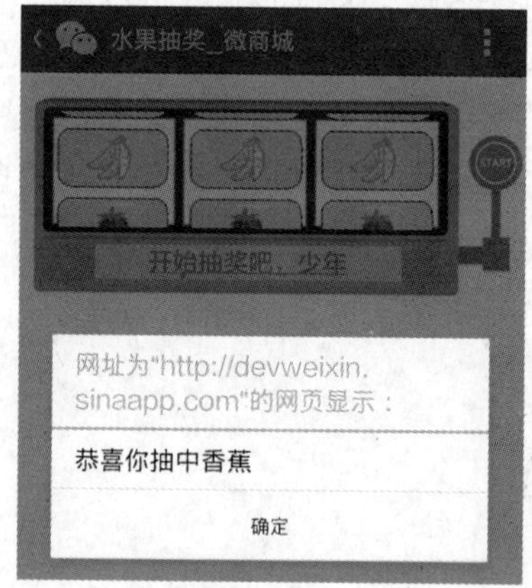

图 9-2

未抽中时，弹出未中奖提示，同时水果机显示不同的水果图案。如图 9-3 所示。

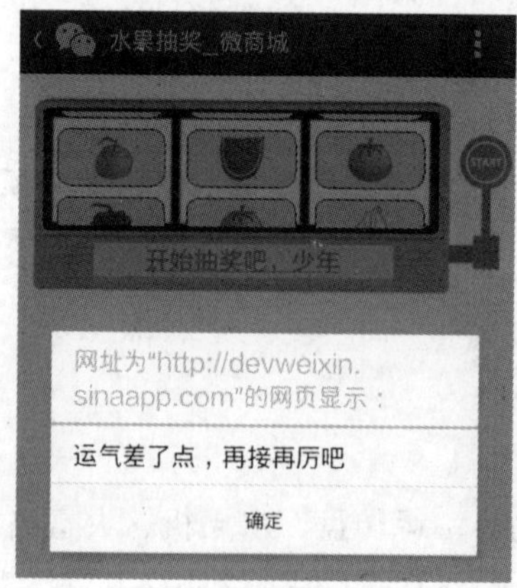

图 9-3

9.1.2　抽奖动画

点击抽奖后，三个图案依次开始转动，转速慢慢加快，再渐渐减慢，最后停在窗格中。这个动画有三个要素：

（1）使图案停在窗格中

（2）转速的变换

（3）三个图案的停留位置

抽奖的奖品图片是一个长方形图案，每个图案高度为 50px，相邻图案间隔 10px，如图 9-4 所示。使图案停在窗格中，原理就是用 CSS 的 background 背景属性，通过规定背景图像的位置达到显示窗格范围内的图片，同时隐藏其他部分图片的效果。

图 9-4

转速的变换，这里利用 jQuery 动画效果扩展增强插件 jquery.easing.js，使用该插件来实现变加速运动的动画效果。

如果后台返回结果为已中奖，那么前端需要三个图案都停留在中奖的图案处。抽奖图片的高度为 360px，这种情况下，三个图案在 y 方向上的差值，应该为 360px 的整数倍。

9.1.3　中奖概率

在处理中奖概率时，通常有两种环境：

- 测试环境。中奖率高，便于测试各种中奖情况，正式上线时需下掉。
- 线上环境。中奖率按实际预算设定，不易中奖。

本节中，测试环境的奖品配置文件如下：

```
File: shop/devaward.config.php
<?php
```

```
    $awardConfig = array(
        1 => array('awardID' => 1, 'name'=>'草莓','num' => 1000, 'probability' =>
0.1),
        2 => array('awardID' => 2, 'name'=>'桔子','num' => 1000, 'probability' =>
0.1),
        3 => array('awardID' => 3, 'name'=>'葡萄','num' => 1000, 'probability' =>
0.1),
        4 => array('awardID' => 4, 'name'=>'西瓜','num' => 1000, 'probability' =>
0.1),
        5 => array('awardID' => 5, 'name'=>'西红柿','num' => 1000, 'probability' =>
0.1),
        6 => array('awardID' => 6, 'name'=>'香蕉','num' => 500, 'probability' =>
0.1),
    );
    ?>
```

线上奖品的配置文件如下：

```
    File: shop/award.config.php
    <?php
    $awardConfig = array(
        1 => array('awardID' => 1, 'name'=>'草莓','num' => 100, 'probability' =>
0.01),
        2 => array('awardID' => 2, 'name'=>'桔子','num' => 10, 'probability' =>
0.001),
        3 => array('awardID' => 3, 'name'=>'葡萄','num' => 1000, 'probability' =>
0.01),
        4 => array('awardID' => 4, 'name'=>'西瓜','num' => 1, 'probability' =>
0.0001),
        5 => array('awardID' => 5, 'name'=>'西红柿','num' => 10, 'probability' =>
0.001),
        6 => array('awardID' => 6, 'name'=>'香蕉','num' => 50, 'probability' =>
0.01),
    );
    ?>
```

这里存在一个问题，如何根据给定的概率 probability，抽选出相应的奖品？

这里将概率 probability 映射到 0-1 的数轴上，probability 代表一段线段的长度，这样线段的长度就是概率，如图 9-5 所示。

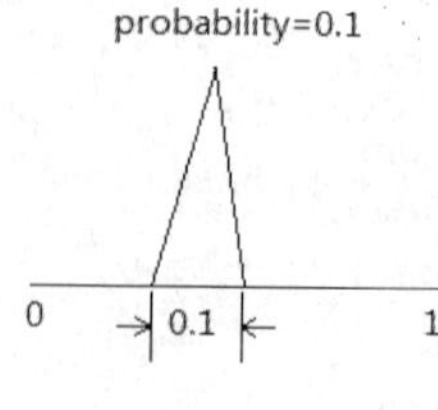

图 9-5

对于线上环境的奖品配置，利用上述算法运行 1 000 000 次的测试结果见表 9-1，误差很低。

表 9-1　抽奖配置测试结果

中奖 id	理论值	实测值	误差
0（未中奖）	0.9679	0.967753	0.000147
1	0.01	0.010198	0.000198
2	0.001	0.001017	1.7E-05
3	0.01	0.010023	2.3E-05
4	0.0001	0.000109	0.000009
5	0.001	0.000976	0.000024
6	0.01	0.009924	7.6E-05

9.1.4　抽奖控制逻辑

设计一个抽奖系统，最重要的是防止被刷，包括抽奖次数、中奖奖品、抽奖权限等。一旦出现奖品被刷问题，要么超出预算，要么影响信誉。这里考虑 4 种控制逻辑

1. 限制在微信中抽奖

这里前端 JS 和后端抽奖接口都要进行限制。

笔者发现，前端 JS 在某些手机上利用 ua 进行判断时，会出现判断失误的问题。考虑到微信内置浏览器中有特有的 WeixinJSBridge 对象，所以我们可以利用 WeixinJSBridge 来判断当前浏览器是否为微信内置浏览器。代码如下：

```
//判断当前浏览器是否为微信浏览器
function checkMicroMessenger(){
    var pattern = /MicroMessenger/ig;
    if(pattern.test(navigator.userAgent)){
        return true;
    }else{
        if (typeof WeixinJSBridge == "object"){
            return true;
        }else{
            return false;
        }
    }
}
```

同时 PHP 需要判断请求是否来自微信浏览器，代码如下：

```
function checkMicroMessenger(){
    return preg_match("/MicroMessenger/i", $_SERVER['HTTP_USER_AGENT']);
}
```

2. 利用 Openid 限制身份

Openid 可以通过 OAuth2.0 网页授权来获得，详情见第 5 章。

3. 限制抽奖次数

为保证每个抽奖动作是合法请求，而不是伪造的非法请求或恶意刷接口的行为，需要限制每个用户的最大抽奖次数。超过次数限制的请求，应该返回“未中奖”、“抽奖无效”等信息。例如活动期间，每人每天最多有 2 次抽奖机会，某用户已完成 2 次抽奖动作，那么该用户的第 3 次抽奖动作应视为无效。

4. 限制中奖次数

由于预算限制，抽奖系统中的奖品是有限的，因此需要限制总的中奖次数。例如活动期间共 3 个一等奖，系统已抽中 3 个一等奖，则以后的抽奖动作不能再抽中一等奖。

9.1.5 数据表设计

这里需要一个表格来记录用户的抽奖结果。表结构见表 9-2。

表 9-2　用户抽奖结果纪录表

字段名	字段类型	字段描述
id	Int	主键标识，自增
openid	varchar	用户的 openid，唯一标识用户身份
awardId	tinyint	奖品 id，0 为未中奖
seq	varchar	抽奖序列号，具有唯一性
addtime	timestamp	操作时间

其中 seq 为 Openid 和服务器时间组成的字符串经 md5 hash 之后的值。因为 Openid 对各用户唯一，服务器时间又对每个用户唯一，所以能保证 seq 的唯一性。

创建抽奖记录表的代码如下：

```
--
--表的结构 `shop_lottery`
--

CREATE TABLE IF NOT EXISTS `shop_lottery` (
  `id` int(10) NOT NULL AUTO_INCREMENT COMMENT '主键',
  `openid` varchar(100) NOT NULL,
  `awardId` tinyint(2) NOT NULL,
  `seq` varchar(32) NOT NULL,
  `addtime` timestamp NOT NULL DEFAULT CURRENT_TIMESTAMP,
  PRIMARY KEY (`id`)
```

```
) ENGINE=MyISAM  DEFAULT CHARSET=utf8 COMMENT='抽奖记录表' ;
```

9.1.6 代码实现

自定义菜单要用 URL 跳转实现 OAuth 2 网页授权，以此来获得用户的 Openid，完整代码如下：

```
File:shop/create_menu.php
<?php
require "lib/weixin.class.php";//引入微信类文件
$codeurl                =                weixin::createCodeUrl('snsapi_base',
'lottery','http://devweixin.sinaapp.com/shop/choujiang.php');
//$menu 变量为存放菜单项的 json 字符串
$menu =
'{
  "button": [
    {
      "type": "view",
      "name": "抽奖",
      "url": '.$codeurl.'
    }
  ]
}';
$ret = weixin::createMenu($menu);//创建菜单
if($ret){//创建成功
    echo 'create menu ok';
}else{//创建失败
    echo 'create menu fail';
}
?>
```

前端展示需要展示抽奖界面，抽奖动作及抽奖结果展示，完整代码如下：

```
File:shop/choujiang.php
<?php
require 'lib/common.func.php';
require 'lib/weixin.class.php';
$openid = 0;
if($_GET['code']){
    $ret = weixin::getAuthToken($_GET['code']);//网页授权获取用户的 openid
    if(isset($ret['openid'])){
        $openid = $ret['openid'];
    }
}
?>
<!DOCTYPE HTML>
<html>
<head>
<meta http-equiv="Content-Type" content="text/html; charset=utf-8" />
<meta     name="viewport"     content="width=screen-width,initial-scale=1.0,
```

```
minimum-scale=1.0, maximum-scale=1.0, user-scalable=no" />
    <meta name="format-detection" content="telephone=no" />
    <meta name="apple-mobile-web-app-capable" content="yes" />
    <title>水果抽奖_微商城</title>
    <link rel="stylesheet" type="text/css" href="public/shop.css"/>
    </head>
    <body>
    <div class="container">
        <div class="frutmachine">
          <div class="mask mask1"></div>
          <div class="mask mask2"></div>
          <div class="mask mask3"></div>
          <a class="share" href="javascript:void(0);">开始抽奖吧，少年</a>
        </div>
    </div>
    <div>
        <h3>抽奖规则</h3>
        <p>1.点击开始，水果即开始转动</p>
        <p>2.待水果静止，出现相同的水果时表示你中奖,获得奖励。</p>
        <p>3.出现不同的水果时表示你未中奖,请再接再厉。</p>
    </div>
    <script             type="text/javascript"             charset="utf-8"
src="http://lib.sinaapp.com/js/jquery/1.9.0/jquery.min.js"></script>
    <script             type="text/javascript"             charset="utf-8"
src="public/jquery.backgroundPosition.js"></script>
    <script             type="text/javascript"             charset="utf-8"
src="public/jquery.easing.js"></script>
    <script type="text/javascript">
    //判断当前浏览器是否为微信浏览器
    function checkMicroMessenger(){
        var pattern = /MicroMessenger/ig;
        if(pattern.test(navigator.userAgent)){
            return true;
        }else{
            if (typeof WeixinJSBridge == "object"){
                return true;
            }else{
                return false;
            }
        }
    }
    //产生1到n之间的随机数
    function getRandom(n){
        return Math.floor(Math.random()*n+1);
    }
    //0草莓---1桔子---2葡萄---3西瓜---4西红柿---5香蕉
    $(function(){
        var isBegin = false;//是否开始抽奖
        var itemHeight = 50;//抽奖图片中单个奖品高度
        var itemPadding = 10;//抽奖图片中两个相邻奖品的高度间隔
        var picHeight = 360;//抽奖图片高度
         var randomPadding = getRandom(50);//停靠位置随机化
        $('.container .share').click(function(){
```

```
            if(isBegin) return false;
            if(!checkMicroMessenger()){
               alert('请在微信里抽奖！');
               return false;
            }

            isBegin = true;
            $(".frutmachine .mask").css('backgroundPosition','6px 4px');
            $.post("lottery.php",{'id':'<?php     echo     $openid;?>'     },
function(result,status){
             var data = JSON.parse(result);
             if(data['result'] == -2){
                alert(data['msg']);
                return false;
             }
             $(".frutmachine .mask").each(function(index){
                  var _num = $(this);
                  setTimeout(function(){
                        _num.animate({
                              backgroundPosition:                    '6px
'+(picHeight*5+((itemHeight+itemPadding)*(7-data['info'][index])+randomPaddin
g))+'px'
                        },{
                              duration: 6000+index*3000,
                              easing: "easeInOutCirc",
                              complete:function(){
                                    if(index===2){
                                         isBegin = false;
                                         if(data['result'] == 0){
                                            alert('运气差了点，再接再厉吧');
                                         }else{
                                            alert('  恭  喜  你  抽  中
'+data['msg']);
                                         }

                                    }
                              }
                        });
                  }, index * 300);
            });
            });

      });
   });
   </script>

   </body>
   </html>
```

后端程序需要处理抽奖控制逻辑、中奖逻辑、记录操作日志等，完整代码如下：

```
   File:shop/lottery.php
   <?php
```

```
    if(!checkMicroMessenger()){
        $ret = array('result'=> -2,'msg'=>'不是微信浏览器','info' => '');
        echo json_encode($ret);
        exit();
    }
    require 'lib/common.func.php';
    include_once 'model/SaeDB.class.php';
    $mysql = SaeDB::getInstance();
    $openid = $mysql->escape($_POST['id']);
    $selectSql = "SELECT COUNT( * ) FROM  `shop_lottery` WHERE  `openid` LIKE
'{$openid}'";
    $countData = $mysql->getLine( $selectSql );
    $count = reset($countData);
    if($count >= 5){
        $ret = array('result'=> -2,'msg'=>'抽奖机会已用完','info' => '');
        echo json_encode($ret);
        exit();
    }
    sae_log("openid:{$openid},count:".  var_export($count, true));//记录抽奖次数
    $env = 'develop';//环境切换，develop 为开发环境，product 为线上环境
    if($env == 'product'){
        require 'award.config.php';
    }else if($env == 'develop'){
        require 'devaward.config.php';
    }
    //查询中奖次数
    $selectSql = "SELECT COUNT( * ) FROM  `shop_lottery` WHERE  `openid` LIKE
'{$openid}' AND  `awardId` !=0";
    $countData = $mysql->getLine( $selectSql );
    $count = reset($countData);
    if($count >= 1){//如果已经中一次奖，则不再中奖
        $awardId = 0;
        sae_log("openid:{$openid},已经中过奖");//用户中奖情况
    } else {
        $awardId = getLottery($awardConfig);
    }

    if($awardId == 0){
        $ret   =   array('result'=>   0,'msg'=>'  谢  谢  参  与  ','info'   =>
array_rand($awardConfig,3));
    } else {
        $ret                    =                    array('result'=>
$awardId,'msg'=>$awardConfig[$awardId]['name'],'info'                =>
array($awardId,$awardId,$awardId));
    }
    sae_log("openid:{$openid},Lottery Result:".  var_export($ret, true));//记录
下抽奖结果
    $seq = md5($openid.  time());
    $sql = "INSERT INTO `shop_lottery` (`id`, `openid`, `awardId`, `seq`, `addtime`)
VALUES (NULL, '{$openid}', '{$awardId}', '{$seq}',CURRENT_TIMESTAMP);";
    $mysql->runSql($sql);
    $mysql->closeDb();
    echo json_encode($ret);
```

```
//判断当前浏览器是否为微信浏览器
function checkMicroMessenger(){
    return preg_match("/MicroMessenger/i", $_SERVER['HTTP_USER_AGENT']);
}
//抽奖
function getLottery($awardConfig){
 $randomNum = randomFloat();
 $luckId = 0;
 foreach($awardConfig as $item){
      $spice = $item['awardID'] /10.0 ;
              $sub = $randomNum -$spice;
      if($sub > 0 && $sub <= $item['probability']){
           $luckId = $item['awardID'];
           break;
      }
 }
 return $luckId;
}
//获取0到1之间的浮点数
function randomFloat($min = 0, $max = 1) {
    return $min + mt_rand() / mt_getrandmax() * ($max -$min);
}
```

9.2 微信支付

2014 年 3 月 4 日，微信支付正式开放申请，所有通过认证的服务号都可以申请，这是移动支付领域的一件大事。在此之前，只有极少部分商家获得了内测资格，包括易迅、大众点评等。2014 年春节的微信红包活动，除了让人们看到了电商与社交结合而成的引爆点外，还将微信支付普及到上百万的用户。用户感慨原来支付可以如此便捷，而获得内测资格的商家则大赚特赚。

微信支付开放申请，意味着微信的“入口”和“支付”形成闭环，用云科技程苓峰的话说是微信取得“制空权”。对广大商家而言，有粉丝，有互动，有反馈，有支付，各个行业都可以在微信里蓬勃发展。更幸运的是，微信支付以及与之关联的电商平台，一出现就以开放的姿态面世。凡是“国家队”（业内称微信官方或与微信有合作关系的企业）推出的功能，全部开放出 API 接口，供商家或第三方开发者做进一步的开发。例如微信小店、多客服等，可以使用公众平台提供的编辑功能，也可以自行开发软件或插件。

本节介绍一下微信支付的流程和实现。

9.2.1 微信支付介绍

微信支付可以分为两种：公众号支付及 APP 支付。对于没有公众账号的用户，可以到微信开放平台 open.weixin.qq.com 申请开通 APP 支付权限。下面如果没有特殊说明，微信支付均指公众号支付。

微信为商家提供了一套完整的移动购物解决方案。以微信支付为核心功能，微信官方提供了用户身份识别、微信地址共享、支付结算、客户关系维护、售后维权、交易统计的整套移动购物解决方案。如图 9-6 所示是微信支付在整个移动购物解决方案中所处的位置。

图 9-6

微信支付按支付方式有以下两种：

- JS API 支付，指利用 WeixinJSBridge 提供的 API，调用支付功能，完成购买流程。
- Native 支付，指原生支付，用具有 weixin://wxpay/bizpayurl 前缀的 url，调用支付功能。

微信支付所需要的账号体系见表 9-3 所示。

表 9-3　账号体系表

账号	作用
appId	公众账号身份的唯一标识。审核通过后，在微信发送的邮件中查看
appSecret	公众账号支付请求中用于加密的密钥 Key，可验证商户唯一身份，PaySignKey 对应于支付场景中的 appKey 值。审核通过后，在微信发送的邮件中查看
paySignKey	除了支付请求需要用到 paySignKey，公众平台接口 API 的权限获取所需密钥 Key，在使用所有公众平台 API 时，都需要先用它去换取 access_token，然后再进行调用（详情参考文档 API 接口部分）。审核通过后，在微信发送的邮件中查看
partnerId	财付通商户身份的标识。审核通过后，在财付通发送的邮件中查看
partnerKey	财付通商户权限密钥 Key。审核通过后，在财付通发送的邮件中查看

其中 appSecret、paySignKey、partnerKey 是验证商户唯一性的安全标识，请不要泄露，也不要写在页面中。

9.2.2 JS API 支付

由于微信支付模块在微信 5.0 版本之后引入，因此使用 JS API 之前，需要确定版本号是否大于等于 5.0。如果过低，则调用 JS API 无效，需提示用户升级或采用其他支付手段。

```
<script type="text/javascript">
if(!checkWXVersion(5.0)){
 console.log('当前版本小于5.0，不支持微信支付。请升级微信版本');
}else{
 //执行微信支付相关代码
}
//miniversion 为最小可支持的版本号
function checkWXVersion(miniversion){
 var pattern = /MicroMessenger[\s\/]+([\d.]+)/ig,
     ua = navigator.userAgent;

 var match = pattern.exec(ua) || [];
 var v = match[1] || 0;
 return parseFloat(v) >= miniversion ? true : false;

}
</script>
```

如果已经确认微信版本大于等于 5.0，就可以调用 JS API 了。调用示例如下：

```
WeixinJSBridge.invoke('getBrandWCPayRequest',{
 "appId" : getAppId(), //公众号名称，由商户传入
 "timeStamp" : getTimeStamp(), //时间戳
 "nonceStr" : getNonceStr(), //随机串
 "package" : getPackage(),//扩展包
 "signType" : getSignType(), //微信签名方式:1.sha1
 "paySign" : getSign() //微信签名
 },function(res){
            if(res.err_msg == "get_brand_wcpay_request:ok" ) {
               WeixinJSBridge.log('支付成功！');
            }
});
```

注意，所有传入参数都是字符串类型，特别是 timeStamp，不要作为数字类型传入。参数说明见表 9-4。

表 9-4 参数说明

参数	必填	说明
appId	是	字段名称：公众号 id 字段来源：商户注册具有支付权限的公众号成功后即可获得；传入方式：由商户直接传入 参数类型：字符串类型

（续表）

参数	必填	说明
timeStamp	是	字段名称：时间戳 字段来源：商户生成从 1970 年 1 月 1 日 00:00:00 至今的秒数，即当前的时间，且最终需要转换为字符串形式 传入方式：由商户生成后传入 参数类型：字符串类型；参数长度：32 个字节以下
nonceStr	是	字段名称：随机字符串 字段来源：商户生成的随机字符串 传入方式：由商户生成后传入 参数类型：字符串类型 参数长度：32 个字节以下
package	是	字段名称：扩展字符串 参数类型：字符串类型 字段来源：商户将订单信息组成该字符串，具体组成方案参见接口使用说明中 package 组包帮助 传入方式：由商户按照规范拼接后传入 参数类型：字符串类型 参数长度：4096 个字节以下
signType	是	字段名称：签名方式 参数类型：字符串类型 字段来源：按照文档中所示填入，目前仅支持 SHA1 参数类型：字符串类型 参数取值："SHA1"
paySign	是	字段名称：签名 字段来源：商户将接口列表中的参数按照指定方式进行签名，签名方式使用 signType 中标示的签名方式，具体签名方案参见接口使用说明中签名帮助 传入方式：由商户按照规范签名后传入 参数类型：字符串类型 参数长度：40 个字符

微信官方给出了公众号支付的 demo（微信 JS API 公众号支付测试 demo），读者可以到以下地址下载，如图 9-7 所示。

```
https://mp.weixin.qq.com/cgi-bin/readtemplate?t=business/course2_tmpl&lang=zh_CN&token=1831503900
```

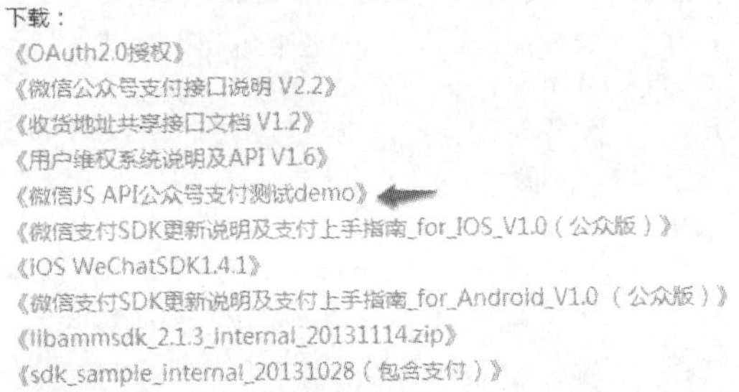

下载：
《OAuth2.0授权》
《微信公众号支付接口说明 V2.2》
《收货地址共享接口文档 V1.2》
《用户维权系统说明及API V1.6》
《微信JS API公众号支付测试demo》
《微信支付SDK更新说明及支付上手指南_for_IOS_V1.0（公众版）》
《IOS WeChatSDK1.4.1》
《微信支付SDK更新说明及支付上手指南_for_Android_V1.0（公众版）》
《libammsdk_2.1.3_internal_20131114.zip》
《sdk_sample_internal_20131028（包含支付）》

图 9-7

下载的 demo 演示了公众号支付 JS API 的使用方法。其中最重要的由账号体系的各种参数及订单相关数据包装成请求字符串。代码如下：

```
//获取随机数
function getANumber() {
    var date = new Date();
    var times1970 = date.getTime();
    var times = date.getDate() + "" + date.getHours() + "" + date.getMinutes()
+ "" + date.getSeconds();
    var encrypt = times * times1970;
    if (arguments.length == 1) {
        return arguments[0] + encrypt;
    } else {
        return encrypt;
    }

}

//以下是package组包过程:
var oldPackageString; //记住package，方便最后进行整体签名时取用
function getPartnerId() {
    return document.form1.partnerId.value;
}

function getPartnerKey() {
    return "8934e7d15453e97507ef794cf7b0519d";
}

function getPackage() {
    var banktype = "WX";
    var body = document.form1.body.value; //商品名称信息，这里由测试网页填入。
    var fee_type = "1"; //费用类型，这里1为默认的人民币
    var input_charset = "GBK"; //字符集，这里将统一使用GBK
    var notify_url = "http://www.qq.com"; //支付成功后将通知该地址
    var out_trade_no = "" + getANumber(); //订单号，商户需要保证该字段对于本商户的
唯一性
    var partner = getPartnerId(); //测试商户号
    var spbill_create_ip = "127.0.0.1"; //用户浏览器的 ip，这个需要在前端获取。这
里使用127.0.0.1测试值
```

```
        var total_fee = document.form1.totalFee.value; //总金额。
        var partnerKey = getPartnerKey(); //这个值和以上其他值不一样是：签名需要它，而最后组成的传输字符串不能含有它。这个 key 是需要商户好好保存的。
        //首先第一步：对原串进行签名，注意这里不要对任何字段进行编码。这里是将参数按照key=value 进行字典排序后组成下面的字符串，在这个字符串最后拼接上 key=XXXX。由于这里的字段固定，因此只需要按照这个顺序进行排序即可。
        var signString = "bank_type=" + banktype + "&body=" + body + "&fee_type=" + fee_type + "&input_charset=" + input_charset + "&notify_url=" + notify_url + "&out_trade_no=" + out_trade_no + "&partner=" + partner + "&spbill_create_ip=" + spbill_create_ip + "&total_fee=" + total_fee + "&key=" + partnerKey;

        var md5SignValue = ("" + CryptoJS.MD5(signString)).toUpperCase();
        //然后第二步，对每个参数进行 url 转码，如果你的程序是用 js，那么需要使用encodeURIComponent 函数进行编码。

        banktype = encodeURIComponent(banktype);
        body = encodeURIComponent(body);
        fee_type = encodeURIComponent(fee_type);
        input_charset = encodeURIComponent(input_charset);
        notify_url = encodeURIComponent(notify_url);
        out_trade_no = encodeURIComponent(out_trade_no);
        partner = encodeURIComponent(partner);
        spbill_create_ip = encodeURIComponent(spbill_create_ip);
        total_fee = encodeURIComponent(total_fee);

        //然后进行最后一步，这里按照 key=value 除了 sign 外进行字典序排序后组成下列的字符串，最后再串接 sign=value
        var completeString = "bank_type=" + banktype + "&body=" + body + "&fee_type=" + fee_type + "&input_charset=" + input_charset + "&notify_url=" + notify_url + "&out_trade_no=" + out_trade_no + "&partner=" + partner + "&spbill_create_ip=" + spbill_create_ip + "&total_fee=" + total_fee;
        completeString = completeString + "&sign=" + md5SignValue;

        oldPackageString = completeString; //记住 package，方便最后进行整体签名时取用
        return completeString;
    }

    //下面是 app 进行签名的操作：
    var oldTimeStamp; //记住 timestamp，避免签名时的 timestamp 与传入的 timestamp 时不一致
    var oldNonceStr; //记住 nonceStr,避免签名时的 nonceStr 与传入的 nonceStr 不一致
    function getAppId() {
        return document.form1.appId.value;
    }

    function getAppKey() {
        return
"2Wozy2aksie1puXUBpWD8oZxiD1DfQuEaiC7KcRATv1Ino3mdopKaPGQQ7TtkNySuAmCaDCrw4xhPY5qKTBl7Fzm0RgR3c0WaVYIXZARsxzHV2x7iwPPzOz94dnwPWSn";
    }
```

```
    function getTimeStamp() {
        var timestamp = new Date().getTime();
        var timestampstring = timestamp.toString(); //一定要转换字符串
        oldTimeStamp = timestampstring;
        return timestampstring;
    }

    function getNonceStr() {
        var                              $chars                              =
'ABCDEFGHIJKLMNOPQRSTUVWXYZabcdefghijklmnopqrstuvwxyz0123456789';
        var maxPos = $chars.length;
        var noceStr = "";
        for (i = 0; i < 32; i++) {
            noceStr += $chars.charAt(Math.floor(Math.random() * maxPos));
        }
        oldNonceStr = noceStr;
        return noceStr;
    }

    function getSignType() {
        return "SHA1";
    }

    function getSign() {
        var app_id = getAppId().toString();
        var app_key = getAppKey().toString();
        var nonce_str = oldNonceStr;
        var package_string = oldPackageString;
        var time_stamp = oldTimeStamp;
        //第一步，对所有需要传入的参数加上 appkey 作一次 key=value 字典序的排序
        var keyvaluestring = "appid=" + app_id + "&appkey=" + app_key + "&noncestr="
+ nonce_str + "&package=" + package_string + "&timestamp=" + time_stamp;
        sign = CryptoJS.SHA1(keyvaluestring).toString();
        return sign;
    }
```

若用到实际工程中，有以下两点注意事项：

（1）appSecret、paySignKey、partnerKey 是验证商户唯一性的安全标识，不能写在页面中。

（2）res.err_msg 将在用户支付成功后返回 OK，但并不保证它绝对可靠。正确的做法是当收到 OK 返回时，向商户后台询问是否收到交易成功的通知。

因此，需要用后台程序隐藏安全标识及确认交易信息。

9.2.3　安全支付

为了不在页面上出现 appSecret、paySignKey、partnerKey 这三个安全标识，同时隐藏支付签名字符串的生成算法，需要用后台程序来写入 JS API 的参数值。这里用 PHP 来实现 demo

中的 getAppId、getTimeStamp、getNonceStr、getANumber、getPackage、getSignType 和 getSign 等方法。

首先定义账号体系的 5 个参数，代码如下：

```
define('APPID', '公众号 id');
define('APPSECRET', '公众号密钥 Key');
define('PAYSIGNKEY', '支付签名');
define('PARTNERID', '财付通商户 id');
define('PARTNERKEY', '财付通商户密钥 Key');
```

getAppId 函数的作用是获取公众号名称，代码如下：

```
/**
 * 获取公众号名称
 */
function getAppId(){
    return APPID;
}
```

getTimeStamp 函数的作用是获取时间戳，其值为自从 Unix 纪元（格林威治时间 1970 年 1 月 1 日 00:00:00）到当前时间的秒数。

```
/**
 * 获取时间戳
 */
function getTimeStamp(){
    return strval(time());
}
```

getNonceStr 函数获取一个 32 位的随机字符串，其组成部分为字母和数字。

```
/**
 * 获取随机字符串
 */
function getNonceStr(){
    $chars                                                                    =
'ABCDEFGHIJKLMNOPQRSTUVWXYZabcdefghijklmnopqrstuvwxyz0123456789';
    $len = strlen($chars);
    $noceStr = "";
    for ($i = 0; $i < 32; $i++) {
        $noceStr .= substr($chars, rand(0, $len-1), 1); //
    }
    return $noceStr;
}
```

getANumber 函数由时间戳计算出一个随机数，用来作为订单号。商户需要保证该字段对于本商户的唯一性。实际工程中，还应向数据库查询生成的随机数是否已经存在。

```
/**
 * 获取随机数
```

```
     * @return type
     */
    function getANumber(){
        $timeStamp = time();
        return $timeStamp*(date('dHis',$timeStamp)+  rand());
    }
```

getPackage 函数的作用是生成订单详情扩展字符串。在商户调起 JS API 时，商户需要此时确定该笔订单详情，并将该订单详情通过一定的方式进行组合放入 package。JSAPI 调用后，微信将通过 package 的内容生成预支付单。

```
    /**
     * 获取扩展包
     * @param type $goodsDesc 商品描述
     * @param type $totalFee 总费用
     * @return type
     */
    function getPackage($goodsDesc, $totalFee){
        $banktype = "WX";
        $fee_type = "1";//费用类型，这里1为默认的人民币
        $input_charset = "GBK";//字符集，这里将统一使用 GBK
        $notify_url = "http://www.qq.com";//支付成功后将通知该地址
        //$out_trade_no = getANumber();//订单号，商户需要保证该字段对于本商户的唯一性
        $out_trade_no = 111;
        $partner = PARTNERID;//测试商户号
        $spbill_create_ip = $_SERVER['REMOTE_ADDR'];//用户浏览器的 ip，这个需要在前端
获取。
        $partnerKey = PARTNERKEY;//这个值和以上其他值不一样是：签名需要它，而最后组成的
传输字符串不能含有它。这个 key 是需要商户好好保存的。

        //首先第一步：对原串进行签名，注意这里不要对任何字段进行编码。这里是将参数按照
key=value 进行字典排序后组成下面的字符串，在这个字符串最后拼接上 key=XXXX。由于这里的字段固
定，因此只需要按照这个顺序进行排序即可。
        $signString                                                              =
"bank_type=".$banktype."&body=".$goodsDesc."&fee_type=".$fee_type."&input_cha
rset=".$input_charset."&notify_url=".$notify_url."&out_trade_no=".$out_trade_
no."&partner=".$partner."&spbill_create_ip=".$spbill_create_ip."&total_fee=".
$totalFee."&key=".$partnerKey;

        $md5SignValue = strtoupper(md5($signString));
        //然后第二步，对每个参数进行 url 编码。
        $banktype = urlencode($banktype);
        $goodsDesc=urlencode($goodsDesc);
        $fee_type=urlencode($fee_type);
        $input_charset = urlencode($input_charset);
        $notify_url = urlencode($notify_url);
        $out_trade_no = urlencode($out_trade_no);
        $partner = urlencode($partner);
        $spbill_create_ip = urlencode($spbill_create_ip);
        $totalFee = urlencode($totalFee);
```

```
        //然后进行最后一步，这里按照 key=value 除了 sign 外进行字典序排序后组成下列的字符串，
最后再串接 sign=value
        $completeString                                                              =
"bank_type=".$banktype."&body=".$goodsDesc."&fee_type=".$fee_type."&input_cha
rset=".$input_charset."&notify_url=".$notify_url."&out_trade_no=".$out_trade_
no."&partner=".$partner."&spbill_create_ip=".$spbill_create_ip."&total_fee=".
$totalFee;
        $completeString = $completeString . "&sign=".$md5SignValue;

        return $completeString;

    }
```

getSignType 函数返回签名方式，目前只支持 SHA1。

```
    /**
     * 获取微信签名方式 sha1
     */
    function getSignType(){
        return "SHA1";
    }
```

getSign 函数用来生成支付签名，只有通过了 paySign 鉴权，才能继续对 package 鉴权并生成预支付单。

```
    /**
     * 获取微信签名
     * @param type $oldNonceStr 随机字符串
     * @param type $oldPackageString 扩展包
     * @param type $oldTimeStamp 时间戳
     * @return type
     */
    function getSign($oldNonceStr, $oldPackageString, $oldTimeStamp){
        $keyvaluestring                                                              =
"appid=".APPID."&appkey=".PAYSIGNKEY."&noncestr=".$oldNonceStr."&package=".$o
ldPackageString."&timestamp=".$oldTimeStamp;
        return sha1($keyvaluestring);
    }
```

9.2.4 订单查询

在 JS API 提示支付成功后，WeixinJSBridgeReady 会返回 get_brand_wcpay_request:ok。但是，不能只据此就判断支付成功。正确的做法是，收到返回结果后，应该向微信订单查询 API 查询结果，并以此为准。商家在预期时间内都收不到最终支付通知时，也可以用此接口来查询结果。

订单查询 API 的 URL 为：

```
https://api.weixin.qq.com/pay/orderquery?access_token=xxxxxx
```

access_token 是微信公众平台的凭证。向此 URL 以 POST 的方式提交发货通知的数据，即可获得通知。PostData 是 json 字符串，如下所示：

```
{
  "appid": "wwwwb4f85f3a797777",
  "package":
"out_trade_no=11122&partner=1900090055&sign=4e8d0df3da0c3d0df38f",
  "timestamp": "1369745073",
  "app_signature": "53cca9d47b883bd4a5c85a9300df3da0cb48565c",
  "sign_method": "sha1"
}
```

生成 postData 数据的函数代码如下：

```
/**
 * 生成用于查询订单的 json 字符串
 * @param String $appid 公众号 id
 * @param String $out_trade_no 第三方唯一订单号
 * @param String $appkey 支付签名
 * @param String $partner 财付通商户身份标识
 * @param String $partnerkey 财付通商户权限密钥 Key
 * @param String $timestamp 时间戳
 * @return String
 */
function
genOrderQuery($appid,$out_trade_no,$appkey,$partner,$partnerkey,$timestamp) {
    $sign                                                                   =
md5("out_trade_no={$out_trade_no}&partner={$partner}&key={$partnerkey}");
    $app_signature                                                          =
md5("appid={appid}&appkey={$appkey}&package={package}&timestamp={timestamp}")
;
    $postArray = array(
        'appid' => $appid,
        'package'                                                          =>
"out_trade_no={$out_trade_no}&partner={$partner}&sign={$sign}",
        'timestamp' => $timestamp,
        'app_signature' => $app_signature,
        'sign_method' => 'sha1',
    );
    return json_encode($postArray);
}
```

微信公众平台在校验 OK 之后，会返回数据表明是否通知成功，例如：

```
{"errcode":0,"errmsg":"ok", ......}
```

如果有异常，会在 errcode 和 errmsg 描述出来，如果成功 errcode 就为 0。

如果查询成功，会返回详细的订单数据，可依据此数据判断是否支付成功。

9.3 微信小店

9.3.1 认识微信小店

2014 年 5 月 29 日，微信公众平台宣布正式推出“微信小店”，如图 9-8 所示。无需编程、技术“零门槛”的电商接入模式，使服务号能够快速开店。作为微信小店的成功案例，印美图微信小店在 6 天内突破 100 万销售，成为首个收入破百万的微信小店。基于品牌在社交媒体账号中打造的粉丝效应，是微信小店成功的关键。

开通微信小店的条件如下：

（1）通过微信认证。

（2）接入微信支付。

（3）按照合同约定缴纳一定金额的风险保证金。

满足条件后，商家可以在服务中心开通。

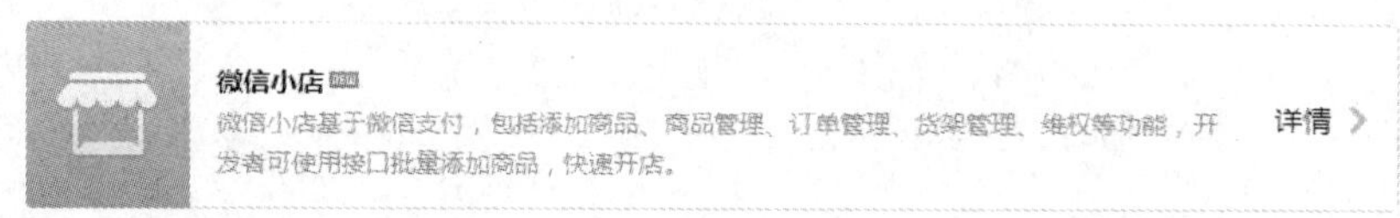

图 9-8

点击“详情”，进入微信小店的开通页面，如图 9-9 所示。如果已经满足条件，请点击进行申请。

图 9-9

开通后，商家即可使用添加商品、商品管理、订单管理、货架管理、维权等功能。

9.3.2　开店五步

微信小店的管理十分便捷，通过以下五个步骤就可完成微信开店。

第一步：添加商品

1. 选择类目

如图 9-10 所示。

添加商品

选择类目

你当前选择的是： 户外运动/登山野营/旅行装备 > 户外露营/野炊装备 > 帐篷/天幕/帐篷配件

输入名称	输入名称	输入名称
品牌手表/流行手表	户外军品专区	睡袋
电脑硬件/周边/网络设备	望远镜/眼镜	帐篷/天幕/帐篷配件
时尚饰品	户外露营/野炊装备	
数码相机/摄像机/单反/器材	服饰配件	
球类/运动器械/瑜伽健身游...	户外服装	
运动鞋	户外鞋袜	
户外运动/登山野营/旅行装...	自行车	
邮币/古董/字画/收藏	户外包/登山包/旅行包	

图 9-10

2. 然后再按照指引填写商品的基本信息，包括商品名称、商品图片、运费、库存、详情描述等。如图 9-11 所示。

图 9-11

第二步：商品管理

1. 商品分组管理：可以设置不同的分组来管理商品，分组可用于将商品填充到货架中。如图 9-12 所示。

图 9-12

2. 商品上下架：可以快速对商品进行上下架操作。如图 9-13 所示。

图 9-13

第三步：货架管理

1. 货架的定义：商家用于承载商品的模版，每一个货架是由不同的控件组成的。如图 9-14 所示。

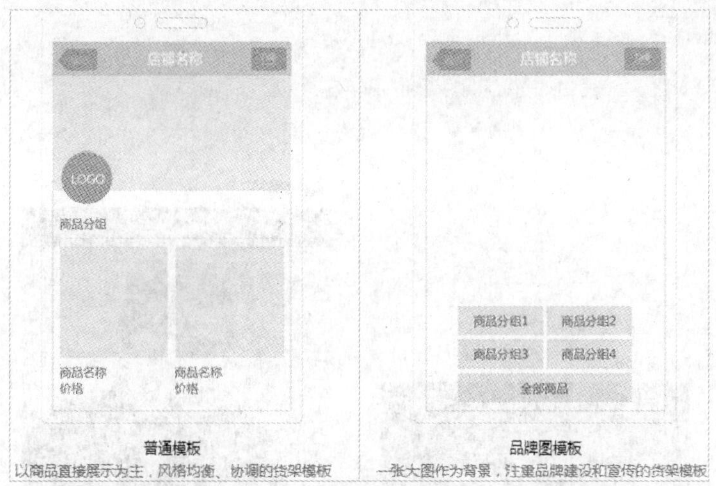

图 9-14

2. 选择完货架之后，商家可以将分组管理里面的商品添加到货架中。如图 9-15 所示。

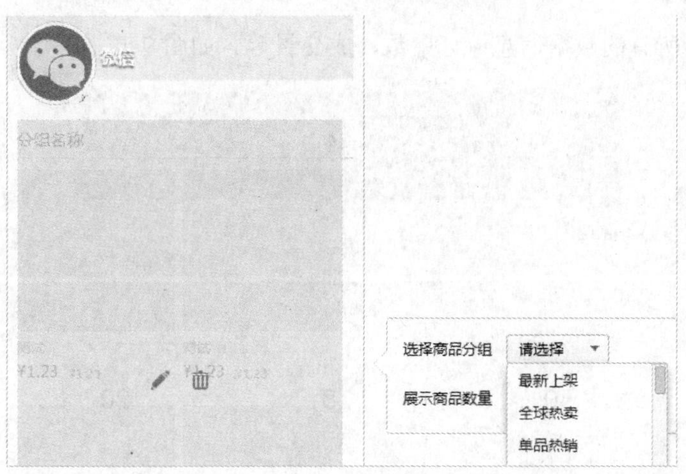

图 9-15

3. 发布货架：将编辑好的货架点击发布，然后复制链接，链接可以填入自定义菜单中，或者下发商品消息中。如图 9-16 所示。

图 9-16

第四步：小店概况

可以查看小店所有的数据信息：订单数、成交量等。如图 9-17 所示。

图 9-17

第五步：订单管理

用户支付成功会生成一笔订单，商家可以查询订单，并进行发货等操作。如图 9-18 所示。

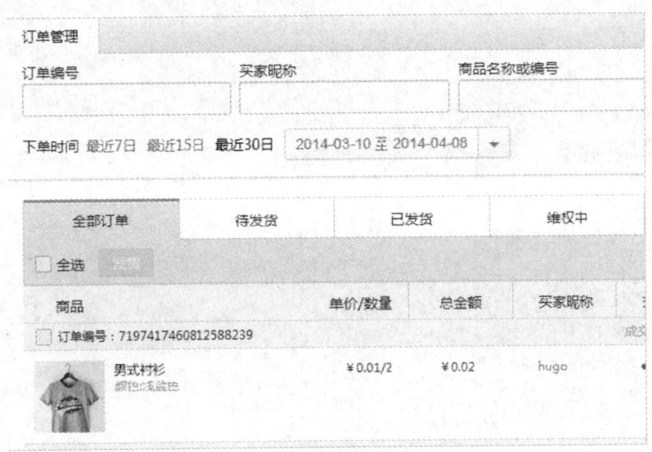

图 9-18

9.4 多客服功能

伴随着微信小店而来的，是微信公众平台的多客服功能。有过购物经验的读者都知道，在下单前可以跟客服 MM 聊几句，说不定就能免运费或获取一些优惠，即使没有优惠，听几句亲切的“亲”也是不错的。如果在微信上开店，业务量大时一个客服不够应对，就需要开通多客服功能。微信开通了多客服功能，而且开放了接口，有条件的商家可以实现自己需要的功能。

9.4.1 服务开通

微信认证的服务号可在“服务中心”中申请开通多客服功能。如图 9-19 所示。

图 9-19

点击“详情”，进入多客服的开通页面。注意声明部分，请勿给用户发送垃圾广告和营销信息，违反的后果很严重。可参考微信“清理集赞行为”的公告。如图 9-20 所示。

图 9-20

9.4.2 添加客服工号

商户在微信公众平台开通人工客服权限以后，于“功能-多客服”中，添加客服工号。如图 9-21 所示。

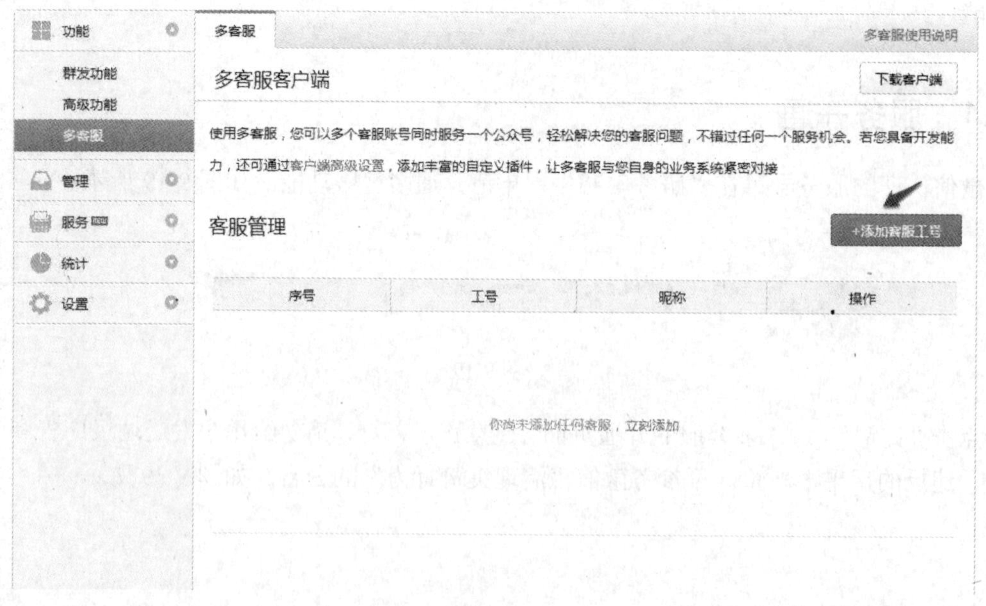

图 9-21

点击“添加客服工号”，可以在弹出浮层中填写客服工号信息。如图 9-22 所示。

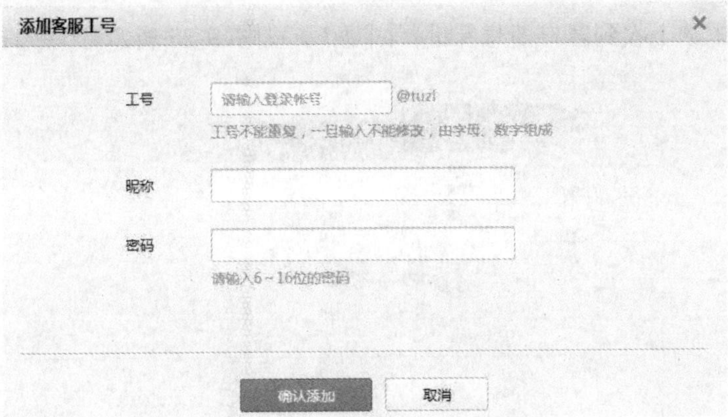

添加客服工号

工号　请输入登录帐号 @tuzi

工号不能重复，一旦输入不能修改，由字母、数字组成

昵称

密码

请输入6～16位的密码

确认添加　取消

图 9-22

9.4.3　在电脑上使用多客服

微信提供了多客服软件，商家可以下载安装使用，下载地址为：

```
http://crm.mp.weixin.qq.com/cgi-bin/dkf_download_url
```

下载后，打开“多客服”软件的安装向导，请根据提示完成安装。如图 9-23 所示。

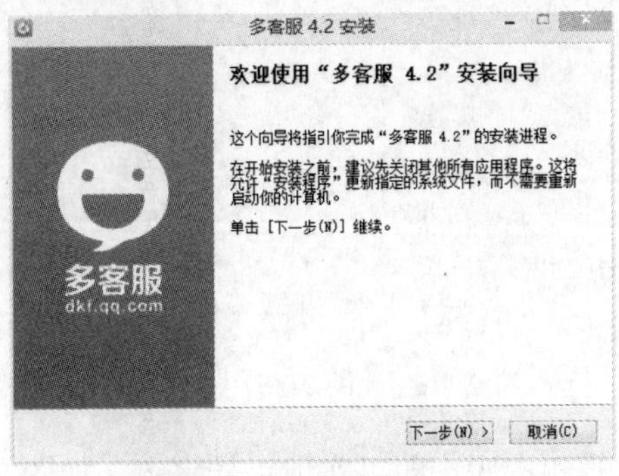

图 9-23

完成安装后，运行时会弹出登录框。用上一节添加的客服工号和密码登录系统。如图 9-24 所示。

图 9-24

这样就能在电脑上收到客户消息并进行回复了。如图 9-25 所示。

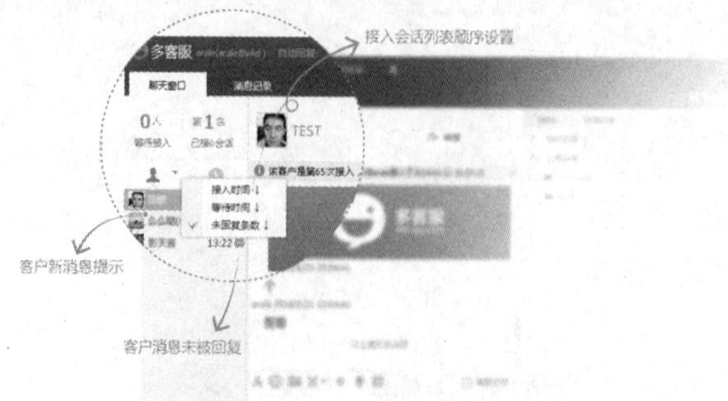

图 9-25　来源：多客服官网（http://dkf.qq.com/）

9.4.4　在微信上使用多客服

在微信上使用多客服，首先要关注公众号"多客服助手"（duokefu）。

多客服助手的自定义菜单如下所示，点击"账号"来绑定工号。如图 9-26 所示。

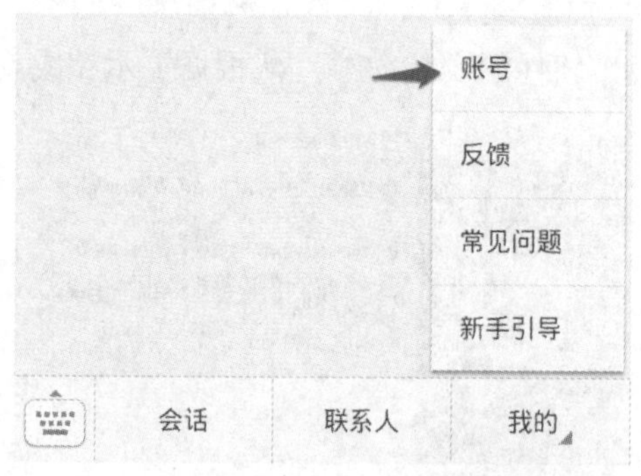

图 9-26

在跳转的页面上输入工号和密码，即可实现工号绑定。如图 9-27 所示。

图 9-27

当有用户发来消息时，客服账号会接收到消息通知，如图 9-28 所示。

图 8-28　来源：多客服官网（http://dkf.qq.com/）

9.5 本章小结

本章围绕“微商城”介绍了微信移动场景下的电商相关的开发，包括完整的抽奖系统的设计与实现，微信支付的实现、微信小店及多客服功能。本章用到了微信的网页授权获取用户 Openid，微信 WeixinJSBridge，微信 JS API 与订单查询 API，并介绍了微信小店和多客服的开通和使用方法，希望对希望进军移动电商的读者有所帮助。

第10章 微酒店

对于商家来说，如何让自己更直接的到达用户是成功的关键，酒香还怕巷子深，所以酒店把招牌做的绚丽、显眼是过去乃至未来商家的必然选择，但招牌能影响的范围毕竟有限，尤其现在交通方便，酒店距离远点其实问题也不是很大，只要交通方便，没事可打的去。所以，让酒店信息更直接、实时地直达用户，更贴心地服务用户会对用户形成很大的吸引力。移动互联网的兴起给传统商家的宣传提供了更便捷的工具，让客户能随时地了解酒店信息，了解酒店的服务。

将微信公共号与酒店 CRM 后台链接，可以方便地实现房间预定，订单管理等功能。这比传统的打电话预定，更方便，更节省人力，对用户来说，通过公共号对酒店首先有了直观的印象，能提高用户体验。对在线预定和电话预定，大部分人更倾向于前者。微信公共号还能更好地实现活动推广和客户管理等功能，比单纯一张会员卡好了无数倍，没人喜欢带了一皮夹各种会员卡出门，将会员卡内置在公共号的会员管理中，就方便多了。

10.1 微酒店功能及设计

10.1.1 功能

微酒店通过与酒店 CRM 后台打通，可以实现很多人性化的功能，这里我们提供几个最痛点的功能：预定酒店、订单管理及会员卡。预定酒店是通过微信提供的定位接口（自动发送位置信息和手动发送位置）给用用户找出最近的几家店；订单管理让用户能浏览未完成的订单及删除订单等操作；会员卡展示会员及积分信息。如图 10-1 所示。

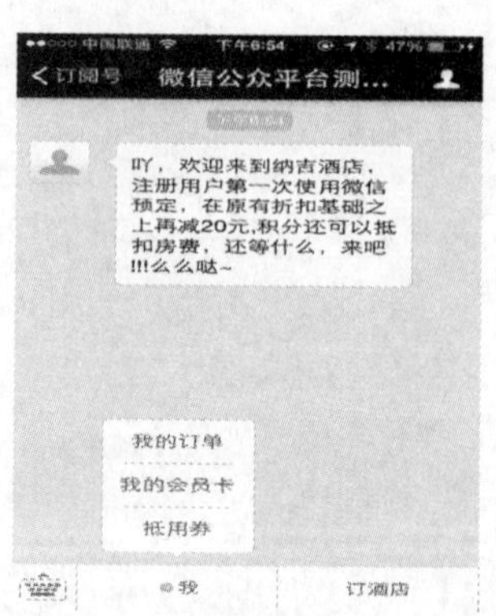

图 10-1

微酒店可以利用腾讯地图等地图 API 实现 POI 标注及导航功能，这个已经在前面章节介绍过，这里就不再阐述。

10.1.2 数据库设计

数据库表设计见表 10-1 至表 10-4 所示。

表 10-1 Bh_HotelInfo

字段名	字段类型	字段描述
Id	int(11)	酒店 Id，主键，自增长
Name	varchar(50)	酒店名
Address	varchar(200)	酒店地址
Latitude	double	酒店维度
Longitude	double	酒店经度
City	varchar(20)	所在城市
PicUrl	varchar(200)	图片 url，显示在图文消息上
Telephone	varchar(12)	酒店电话

表 10-2 Bh_Order

字段名	字段类型	字段描述
Id	int(11)	订单 Id，主键，自增长
RoomId	Int(11)	房间号
Time	Date	预定日期
OpenId	Varchar(100)	用户的 openid
Price	Int(11)	房间价格
Count	Int(11)	天数
Total	Int(11)	总价
Finished	tinyint(1)	订单是否完成
FirstOrder	tinyint(1)	是否是第一个订单

表 10-3 Bh_Room

字段名	字段类型	字段描述
Id	int(11)	房间 Id，主键，自增长
Type	Varchar(20)	房间类型
Price	Int(11)	价格
HotelId	Int(11)	酒店 Id，该房间所在酒店
MemberPrice	Int(11)	会员价

表 10-4 Bh_User

字段名	字段类型	字段描述
Id	int(11)	用户 Id，主键，自增长
Type	Varchar(20)	会员类型
OpenId	Varchar(100)	用户的 openid
Telephone	Varchar(11)	用户号码
Name	Varchar(20)	用户姓名
Identity	Varchar(20)	用户身份证
Credits	Int(11)	积分
Latitude	Double	最新一次定位的维度
Longitude	Double	最新一次定位的经度
City	Varchar(100)	最新一次定位的城市
LocTime	datetime	最新一次定位的时间

10.2 功能实现

本章节代码放置在 BookHotel 目录下，样式表文件放在 CSS 目录下，Javascript 文件放在 Js 目录下。Bookhotel.php 文件定义了 Bookhotel 类，该类继承自 weixin 类，weixin 类在接口部分介绍过，它封装了与微信交互的所有接口，包括获取 token、发送各种类型消息等。其他文件都将在本节后续介绍。

10.2.1 自定义菜单

设置了两种类型的按钮，“订酒店”是 Click 类型的，“我”菜单下的二级菜单是 View 类型。View 类型菜单直接跳转网页但无法获取用户信息，前面接口部分介绍过微信提供了 OAuth2.0 认证，通过认证后，用户可以获取用户 Openid 以及更多的个人信息，这个方案有个不好的地方是需要用户手动的点击一个认证链接，这种体验不是很友好。所以我们使用了一个折中的方案，将 View 类型的 URL 设成验证链接，原先准备设置的链接作为验证链接的跳转链接。这种方案的好处是用户体验比较好，无需验证链接这一步，坏处是每次都需要通过跳转到达目标页面，多了一步操作，性能上有损失。从使用效果来看，这种方案是值得的。

```
    function CreateNewMenu()
    {
        $myorderurl                                                    =
urlencode("http://8.huoyaxiaotu.sinaapp.com/BookHotel/MyOrder.php");
        $menu = '{ "button":[
```

```
            {
                "name":"我",
                 "sub_button":[
                 {
                     "type":"view",
                     "name":"我的订单",

"url":"https://open.weixin.qq.com/connect/oauth2/authorize?appid=wxe434ef44d6
810e1e&redirect_uri=http%3A%2F%2F8.huoyaxiaotu.sinaapp.com%2FBookHotel%2FMyOr
der.php&response_type=code&scope=snsapi_base&state=123#wechat_redirect"
                 },
                 {
                     "type":"view",
                     "name":"我的会员卡",

"url":"https://open.weixin.qq.com/connect/oauth2/authorize?appid=wxe434ef44d6
810e1e&redirect_uri=http%3A%2F%2F8.huoyaxiaotu.sinaapp.com%2FBookHotel%2FMyMe
mbership.php&response_type=code&scope=snsapi_base&state=123#wechat_redirect"
                 },
                 {
                     "type":"view",
                     "name":"抵用券",

"url":"https://open.weixin.qq.com/connect/oauth2/authorize?appid=wxe434ef44d6
810e1e&redirect_uri=http%3A%2F%2F8.huoyaxiaotu.sinaapp.com%2FBookHotel%2FMyCo
upons.php&response_type=code&scope=snsapi_base&state=123#wechat_redirect"
                 }]
             },
             {
                 "type":"click",
                 "name":"订酒店",
                 "key":"V2001"
             }]
        }';
        $ret = self::createMenu($menu);
        $this->outputText($ret);
    }
```

10.2.2　消息处理

这里为了方便，微商店只处理点击菜单事件消息、位置消息、订阅事件消息及位置时间消息，其他类型的消息将返回提示消息。

```
    /**
     *  判断用户消息及事件类型:
     */
     function ProcessMessage($data)
     {
     // 如果用户发送的是文本数据
```

```
        if ($this->isTextMsg()) {
            $this->outputText("请点击菜单，完成你的需求哦");
        }
        // 如果用户发送的是地理位置数据
        elseif ($this->isLocationMsg()) {

$this->saveLocation($data->Location_X,$data->Location_Y,$data->FromUserName,$
data->Label);
            $list = $this->queryHotelByCoordinate($data->FromUserName);
            $this->sendHotelListNews($data,$list);
        }elseif ($this->isEventMsg()) {
             $this->checkEvent($data);
        }else{
            $this->outputText("请点击菜单，完成你的需求哦");
        }
    }
    private function checkEvent($data)
    {
        if($this->isSubscribeEvent())
        {
            $this->outputText("吖，欢迎来到纳吉酒店，注册用户第一次使用微信预定，在原
有折扣基础之上再减20元,积分还可以抵扣房费，还等什么，来吧!!!么么哒~");
        }
        elseif ($this->isLocaitonEvent())
        {

$this->saveLocation($data->Latitude,$data->Longitude,$data->FromUserName);
        }
        elseif ($this->isClickEvent())
        {
            if($data->EventKey == 'V2001')
            {
                $list = $this->queryHotelByCoordinate($data->FromUserName);
                $this->sendHotelListNews($data,$list);
            }
        }
    }
```

10.2.3 位置消息

微信中分享位置有两个方法：在输入框中发送位置；用户同意自动获取位置信息后，微信自动发送位置给公共号后台。对第一种情况，我们认为自动触发查找附近酒店的命令，即相当于点击了“订酒店”菜单，第二种，我们只需把用户的位置信息保存下来，等未来用户点击“订酒店”按钮，我们就能根据用户最新的位置为用户找到附近的酒店。

需要注意的是，位置消息的经纬度标记分别是 Location_X，Location_Y，而位置事件则是 Latitude，Longitude，而且位置事件不提供地址消息。

SaveLocation 首先判断用户是否存在数据库中，如果没有加入数据库中，则保存用户到

bh_user 表中。如果地址信息不为空，则调用 extractCityFromLabel 尝试从中提取城市消息。将经纬度、更新时间及城市消息存入数据库中。

```
/**
 * 保存地理位置
 */
private function saveLocation($Latitude,$Longitude,$openid,$Label=null)
{
   $this->saveUser($openid);

   $mysql = new SaeMysql();
   $sql = "update bh_User set Latitude = $Latitude, Longitude =$Longitude,";
   if(!is_null($Label))
   {
      $city = $this->extractCityFromLabel($Label);
      $sql.= "City='$city',";
   }
   $sql.= "LocTime =NOW() where `OpenId`='$openid'";
   $mysql->runSql($sql);
   if ($mysql->errno() != 0)
   {
      die("Error:".$mysql->errmsg());
   }
   $mysql->closeDb();
}
private function saveUser($openid)
{
   $mysql = new SaeMysql();
   $sql = "select count(*) from bh_User where OpenId='$openid'";
   $Exist=$mysql->getVar($sql);
   if($Exist == 0)
   {
      $sql = "insert into bh_User(OpenId) values('$openid')";
      $mysql->runSql($sql);
   }
   if ($mysql->errno() != 0)
   {
      die("Error:".$mysql->errmsg());
   }
   $mysql->closeDb();
}
/**
 * 从地理位置中提取出城市名
 */
private function extractCityFromLabel($label)
{
   $pos1 = strpos($label, "省");
   $pos2 = strpos($label, "市");
   return mb_substr($label, $pos1, $pos2-$pos1);
}
```

10.2.4 附近酒店

当用户点击“订酒店”菜单或者发送位置信息，微酒店根据用户位置计算查找附近的分店。queryHotelByCoordinate 首先判断位置消息是否陈旧，默认设置最近 5 分钟没更新的位置信息不可用，需要重新提供。然后查找分店信息，如果有城市消息，提供该城市的分店消息，如果没有则提供所有分店消息。对每家分店调用 getDistance 计算与当前位置的距离。最后根据位置对分店排序。

```
    /**
         * 根据地理位置查找附近酒店
         */
        private function queryHotelByCoordinate($openid)
        {
            $mysql = new SaeMysql();
            $sql = "select * from bh_User where OpenId ='$openid'";
            $userinfo = $mysql->getLine($sql);
            $diffseconds = strtotime(date("Y-m-d H:i:s"))-strtotime(($userinfo
["LocTime"]));
            if($diffseconds > 300)
            {
                $this->outputText("无法获取你的位置，请点击右上角的小人图表，并允许\"提供
位置信息\"。\n-----------\n 你也可以手动发送位置来查询");
            }
            $mysql = new SaeMysql();
            $sql = "select * from bh_HotelInfo";
            if(!is_null($userinfo["City"]))
            {
                $city =$userinfo["City"];
                $sql.=" where City ='$city'";
            }
            $hotellist=$mysql->getData($sql);
            if ($mysql->errno() != 0)
            {
                die("Error:".$mysql->errmsg());
            }
            $mysql->closeDb();
            $list = array();
            foreach($hotellist as $hotel)
            {
                $dis = $this->getDistance($hotel["Latitude"],$hotel["Longitude"],
$userinfo["Latitude"],$userinfo["Longitude"]);
                $_hotel = array(
                    "Id"=>$hotel["Id"],
                    "Name"=>$hotel["Name"],
                    "Distance"=>$dis,
                    "PicUrl"=>$hotel["PicUrl"]
                    );
```

```
            $list[] = $_hotel;
        }
        ksort($list,"Distance");
        return $list;
    }
  /**
     *  @desc 根据两点间的经纬度计算距离
     *  @param float $lat 纬度值
     *  @param float $lng 经度值
     *  @return 单位 m
     */
    function getDistance($lat1, $lng1, $lat2, $lng2)
    {
        //地球半径近似值
        $earthRadius = 6367000;
        $lat1 = ($lat1 * pi() ) / 180;
        $lng1 = ($lng1 * pi() ) / 180;
        $lat2 = ($lat2 * pi() ) / 180;
        $lng2 = ($lng2 * pi() ) / 180;
        $calcLongitude = $lng2 -$lng1;
        $calcLatitude = $lat2 -$lat1;
        $stepOne = pow(sin($calcLatitude / 2), 2) + cos($lat1) * cos($lat2)
* pow(sin($calcLongitude / 2), 2);  $stepTwo = 2 * asin(min(1, sqrt($stepOne)));
        $calculatedDistance = $earthRadius * $stepTwo;

        return round($calculatedDistance);
    }
```

将酒店预定页面通过图文消息发送给用户。当用户点击图文消息，就会打开 hoteldetail.php 页面，通过 GET 方式传递了 hotelid 和 openid 信息。

```
  /**
     * 发送酒店列表图文消息
     */
    private function sendHotelListNews($data,$list)
    {
        $newslist = array();
        foreach ($list as $hotel) {
            $news = array(
                'title' => $hotel["Name"]."\n 距离".number_format($hotel
["Distance"]/1000,2)."公里",
                'description' => "",
                'picurl' => $hotel["PicUrl"],
                'url' => 'http://8.huoyaxiaotu.sinaapp.com/BookHotel/hoteldetail.
php?hotelid='.$hotel["Id"].'&openid='.$data->FromUserName
                );
            $newslist[] = $news;
        }
        // outputNews 用来返回图文信息
        $xml = $this->outputNews($newslist);
```

```
    }
```

图文消息如 10-2 所示，点开第一项如图 10-3 所示。

图 10-2 图文消息

图 10-3 酒店详情

10.2.5 预定酒店页面

```
<?php
$mysql = new SaeMysql();
$hotelid=intval($_GET["hotelid"]);
$openid=$mysql->escape($_GET['openid']);
$sql = "select Name from `bh_User` where `OpenId`='$openid'";
$Name=$mysql->getVar($sql);
if(is_null($Name))
{
if ($mysql->errno() != 0)
    {
    die("Error:".$mysql->errmsg());
    }
    $mysql->closeDb();

header('Location:http://8.huoyaxiaotu.sinaapp.com/BookHotel/BindUser.php?hotelid='.$hotelid.'&openid='.$openid);
    exit(0);
    }
    $sql = "select * from bh_Room where HotelId =$hotelid";
    $rooms=$mysql->getData($sql);
    $sql = "select * from bh_HotelInfo where Id =$hotelid";
    $hotel =$mysql->getLine($sql);
    if ($mysql->errno() != 0)
    {
    die("Error:".$mysql->errmsg());
    }
    $mysql->closeDb();
```

```
?>
<!DOCTYPE HTML>
<html>
<head>
<meta http-equiv="Content-Type" content="text/html; charset=utf-8" />
<meta name="viewport" content="width=screen-width,initial-scale=1.0, minimum-scale=1.0, maximum-scale=1.0, user-scalable=no" />
<meta name="format-detection" content="telephone=no" />
<meta name="apple-mobile-web-app-capable" content="yes" />
<title>纳吉酒店</title>
<link rel="stylesheet" href="../CSS/jquery.ui.all.css">
<link href="../CSS/styles.css" type="text/css" rel="stylesheet" />
<link href="../CSS/photoswipe.css" type="text/css" rel="stylesheet" />
<script type="text/javascript" src="../Js/simple-inheritance.min.js"></script>
<script type="text/javascript" src="../Js/code-photoswipe-1.0.11.min.js"></script>
<script src="../Js/jquery.ui.core.js"></script>
<script src="../Js/jquery.ui.widget.js"></script>
<script src="../Js/jquery.ui.datepicker.js"></script>
<link rel="stylesheet" href="../CSS/jquery-ui.css">
<script src="../Js/jquery-1.10.2.js"></script>
<script src="../Js/jquery-ui.js"></script>
<script>
$(function() {
$( "#datepicker" ).datepicker();
var date = (new Date().getMonth()+1)+"/"+new Date().getDate()+"/"+new Date().getFullYear();
$( "#datepicker" ).val(date);
});
// Set up PhotoSwipe with all anchor tags in the Gallery container
document.addEventListener('DOMContentLoaded', function(){
Code.photoSwipe('a', '#Gallery');
}, false);
</script>
<style>
.content{
border:2px solid #d9d9d9;
border-radius: 15px;
}
</style>
</head>
<body>
<div class="d-left-module mt15"><div class="inner m-hotel-overview" id="jxDescTab">
<h2 class="facility-title"><?php echo $hotel["Name"];?></h2><div class="hotel-introduce" id="descContent"><div class="base-info bordertop clrfix">
<dl class="inform-list"><dt> 地 址 : </dt><dd><cite><?php echo
```

```
$hotel["Address"];?></cite></dd></dl>
<dl class="inform-list"><dt>电话：</dt><dd><cite><a href="tel:<?php echo $hotel["Telephone"];?>"><?php echo $hotel["Telephone"];?></a></cite></dd></dl>
<br/>
<div id="Gallery">
<div class="gallery-row">
<div class="gallery-item"><a href="../images/full/1.jpg"><img src="../images/thumb/1.jpg" alt="Image 001" /></a></div>
<div class="gallery-item"><a href="../images/full/2.jpg"><img src="../images/thumb/2.jpg" alt="Image 002" /></a></div>
<div class="gallery-item"><a href="../images/full/3.jpg"><img src="../images/thumb/3.jpg" alt="Image 003" /></a></div>
</div>
<div class="gallery-row">
<div class="gallery-item"><a href="../images/full/4.jpg"><img src="../images/thumb/4.jpg" alt="Image 004" /></a></div>
<div class="gallery-item"><a href="../images/full/5.jpg"><img src="../images/thumb/5.jpg" alt="Image 005" /></a></div>
<div class="gallery-item"><a href="../images/full/6.jpg"><img src="../images/thumb/6.jpg" alt="Image 006" /></a></div>
</div>
</div>
<br/>
<form action='AddOrder.php' method='post' id='myform'>
<p>入住日期：<input type="text" name ='date' id="datepicker" value=''></p>
<p>入住天数:<input type="text" name='days' value='1'></p>
<br/>
<div class="room_select_box">
<div class="htl_room_table">
<?php
$tab_str="<table>";
$tab_str.="<tr><th>房型</th><th>门市价</th><th>会员价</th><th></th></tr>";
foreach($rooms as $room){
$tab_str.="<tr>";
$tab_str.="<td>".$room["Type"]."</td>";
$tab_str.="<td>".$room["Price"]."</td>";
$tab_str.="<td>".$room["MemberPrice"]."</td>";
$roomid = $room["Id"];
$tab_str.="<td><a class='btn_buy' onClick=\"$('#roomid').val($roomid);$('#myform').submit();\">预定</a>";
$tab_str.="</tr>";
}
$tab_str.="</table>";
print $tab_str;
?>
</div>
</div>
<input type='hidden' name='roomid' id='roomid'>
```

```
107    <input type='hidden' name='openid' id='openid' value="<?php echo $_GET['openid'];?>">
108    </form>
109    </div></div></div></div>
110    </body>
111    </html>
```

第 2-16 行：判断用户是否已经注册账号了，如果没有跳转到 BindUser.php 文件，这在下一小节介绍。

第 17-27 行：如果已经注册，则获取酒店和房源信息。

第 37-39 行，第 53-56 行，第 71-82 行：使用 photoswipe 实现酒店相册功能。Photoswipe 是一款适合在触摸屏手机上使用的相册展示包。图 10-3 列表展示缩略图，点击图片，如图 10-4 展示大图，左右滑动，可以切换前后图片。使用该相册也非常方便。在 http://photoswipe.com/ 下载代码包，将其中 simple-inheritance.min.js，code-photoswipe-1.0.11.min.js，photoswipe.css 三个文件加入到我们的代码库中，并在文件中引用。你只需将图片链接加入到 id 为 Gallery 的 div 中，如果希望图片多排排列，每一排都是一个 id 为 gallery-row 的 div，如下代码是两排图片，每排 3 张，如图 10-3 所示。注意 full 目录下的是大图，thumb 目录下的是缩略图。

第 43-45 行，第 47-51 行，第 85 行：利用 datepicker 实现日期选择功能并将当天设为默认值。datepicker 是一款好用的日历插件，在 http://jqueryui.com/datepicker/下载代码包，将 jquery-ui.css，jquery-1.10.2.js 和 jquery-ui.js 三个文件放入引用。如图 10-4 和图 10-5 所示。

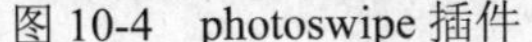
图 10-4　photoswipe 插件

图 10-5　datepicker 插件

第 89-103 行：将房间信息以表格形式显示出来。

第 106 行：隐藏输入框，存储 roomid，当用户点击“预定”按钮，首先将该输入框赋值为对应房间的房间号。

第 107 行：隐藏输入框，存储 Openid。Openid 是所有页面的核心，起到判断用户身份的作用。

10.2.6 用户注册页面

当点开图文消息进入 Hoteldetail.php 页面，如果发现用户还没注册，则跳转到 BindUser.php 页面。

```
/**
* BindUser.php 页面
*/
<!DOCTYPE HTML>
<html>
<head>
<meta http-equiv="Content-Type" content="text/html; charset=utf-8" />
<meta    name="viewport"    content="width=screen-width,initial-scale=1.0,
minimum-scale=1.0, maximum-scale=1.0, user-scalable=no" />
<meta name="format-detection" content="telephone=no" />
<meta name="apple-mobile-web-app-capable" content="yes" />
<title>用户注册</title>
<style>
.content{
 border:2px solid #d9d9d9;
 border-radius: 15px;
}
.content p{
 width:100%;
}

.content p label{
 margin-left:10px;
 font-size:18px;
 font-family:"微软雅黑","Arial","Helvetica",sans-serif,verdana;
 color:#383838;
}
.content p input[type="text"] {
 height:32px;
 border:1px solid #d9d9d9;
 margin:0px 1px;
 width:90%;
 font-size:18px;
 overflow:hidden;
}
</style>
<link rel="stylesheet" href="../CSS/demos.css">
<script src="../Js/jquery-1.10.2.js"></script>
<script src="../Js/jquery.ui.core.js"></script>
<script src="../Js/jquery.ui.widget.js"></script>
```

```
<script src="../Js/jquery.ui.datepicker.js"></script>
</head>
<body>
<div class="content">
<form action='AddUser.php' method='post' id='myform'>
<p>
<label >欢迎来到纳吉酒店，注册用户第一次使用微信预定，在原有折扣基础之上再减20元,积分还可以抵扣房费，还等什么，来吧!!!</label>
</p>
<br/>
<p><label>姓名：</label>
<input type="text" id='name' name='name' /></p>

<p><label>电话：</label>
<input type="text" id='telephone' name='telephone'/></p>

<p><label>身份证号码:</label>
<input type="text" id='Identity' name='Identity' /></p>
<p>
<a class='btn_buy' onClick="$('#myform').submit();">注册</a>
</p>
<input type='hidden' name='openid' id='openid' value="<?php echo $_GET['openid'];?>">
<input type='hidden' name='hotelid' id='hotelid' value="<?php echo $_GET['hotelid'];?>">
</form>
</div>
</body>
</html>
```

BindUser.php 页面如图 10-6 所示。点击“注册”按钮，跳转到 AddUser.php。在 AddUser.php 中，首先将用户信息加到数据库中，最后用 header 方式重新跳转回 hoteldetail.php 页面中。需要注意的是，所有通过 GET 和 POST 方式获得到的数据在加入数据库前都要处理一下，防止 SQL 注入攻击。Int 变量用 intval，非 int 变量使用 SaeMysql 的 escape 方法。

```
/**
 * AddUser.php
 */
<?php

$mysql = new SaeMysql();
$OpenId=$mysql->escape($_POST['openid']);
$Telephone=$mysql->escape($_POST['telephone']);
$Name=$mysql->escape($_POST['name']);
$Identity=$mysql->escape($_POST['Identity']);

    $sql = "update `bh_User` set Telephone='$Telephone',Name='$Name',Identity='$Identity',Type='虚拟忆卡',Credits=0 where OpenId='$OpenId'";
    $mysql->runSql($sql);
```

```
        if ($mysql->errno() != 0)
        {
            die("Error:".$mysql->errmsg());
        }
        $mysql->closeDb();

    $url = 'http://8.huoyaxiaotu.sinaapp.com/BookHotel/hoteldetail.php?hotelid='.$_POST['hotelid'].'&openid='.$OpenId;
    header('Location:'.$url);
    ?>
```

图 10-6　用户注册

10.2.7　添加订单页面

当用户点击酒店页面的“预定”按钮，页面跳转到 AddOrder.php 页面。

```
<?php
require_once '../lib/weixin.class.php';
$mysql = new SaeMysql();
$openid=$mysql->escape($_POST['openid']);
$sql = "select count(*) from `bh_Order` where `OpenId`={$openid}";
$count=$mysql->getVar($sql);
$isFirstOrder = $count == 0?true:false;
$RoomId = intval($_POST['roomid']);
$sql = "select * from bh_Room where Id =$RoomId";
    $roominfo=$mysql->getLine($sql);
    $price = $roominfo["MemberPrice"];
    $Total = $price*intval($_POST['days']);
    if($isFirstOrder)
    {
    $Total=$Total-20;
    $discount = 20;
```

```
}
$date=date('Y-m-d',strtotime($mysql->escape($_POST['date'])));
$Count=intval($_POST['days']);
$sql = "insert into bh_Order(RoomId, Time, OpenId, Price, Count, Total, Finished,FirstOrder)
values($RoomId, '$date', '$openid',$price, $Count, $Total,false, $isFirstOrder)";
$mysql->runSql($sql);
$sql = "select * from bh_HotelInfo where Id ='".$roominfo["HotelId"]."'";
$HotelInfo=$mysql->getLine($sql);

if ($mysql->errno() != 0)
{
die("Error:".$mysql->errmsg());
}
$mysql->closeDb();

?>
<html>
<head>
<meta http-equiv="Content-Type" content="text/html; charset=utf-8" />
<meta name="viewport" content="width=screen-width,initial-scale=1.0, minimum-scale=1.0, maximum-scale=1.0, user-scalable=no" />
<meta name="format-detection" content="telephone=no" />
<meta name="apple-mobile-web-app-capable" content="yes" />
<link href="../CSS/styles.css" type="text/css" rel="stylesheet" />
<title>预定酒店</title>

</head>
<body>
<?php
echo '<div class="d-left-module mt15"><div class="inner m-hotel-overview" id="jxDescTab">';
echo '<h2 class="facility-title">预定成功，欢迎入住</h2><div class="hotel-introduce" id="descContent"><div class="base-info bordertop clrfix">';
echo '<dl class="inform-list"><dt>酒店：</dt><dd><cite>'.$HotelInfo["Name"].'</cite></dd></dl>';
echo '<dl class="inform-list"><dt>数　量：</dt><dd><cite>'.$Count.'天</cite></dd></dl>';
echo '<dl class="inform-list"><dt>房型：</dt><dd><cite>'.$roominfo["Type"].'</cite></dd></dl>';
echo '<dl class="inform-list"><dt>入住日期：</dt><dd><cite>'.$date.'</cite></dd></dl>';
echo '<dl class="inform-list"><dt>会员价：</dt><dd><cite>'.$roominfo["MemberPrice"].'元</cite></dd></dl>';
if($isFirstOrder)
{
    echo '<dl class="inform-list"><dt>抵扣：</dt><dd><cite>'.$discount.'元</cite></dd></dl>';
```

```
52        }
53        echo '<dl class="inform-list"><dt>总    价：</dt><dd><cite>'.$Total.'元</cite></dd></dl>';
54        echo '<dl class="inform-list"><dt>电    话：</dt><dd><cite>'.$HotelInfo["Telephone"].'</cite></dd></dl>';
55        echo '<dl class="inform-list"><dt>地    址：</dt><dd><cite>'.$HotelInfo["Address"].'</cite></dd></dl>';
56        echo '</div></div></div></div>';
57        ?>
58        </body>
59        </html>
```

第 3-7 行：判断用户是否是第一次下单。对第一次下单的用户，抵扣 20 元。

第 18 行：由于 MySql 的日期类型需要“Y-m-d”的格式。我们需要转换下格式，首先用 escape 做下处理，防止 SQL 注入，再用 strtotime 函数转换成 time 类型，最后 date 函数转换成“Y-m-d”格式的日期格式。

第 41-57 行：订单完成，显示订单详情。

效果如图 10-7 所示。

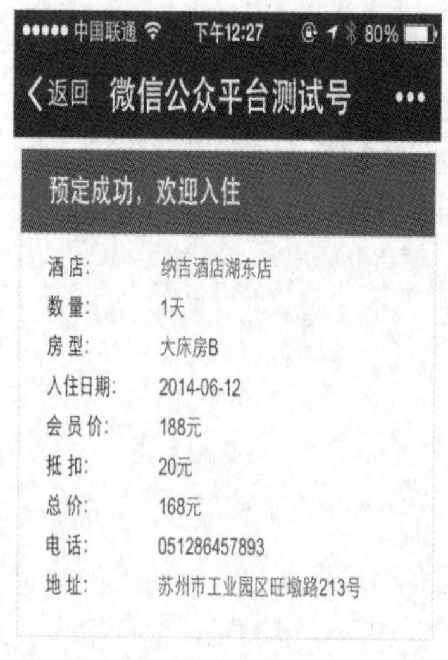

图 10-7 预定成功

10.2.8 我的订单页面

用户点击“我的订单”菜单，会打开 MyOrder.php。

```
/**
* MyOrder.php
*/
<?php
require_once '../lib/common.func.php';
require_once '../lib/weixin.class.php';
```

```
require_once '../model/SendMsgDB.php';

$token = weixin::getAuthToken($_GET['code']);
$openid = $token["openid"];
$data = array();
$mysql = new SaeMysql();
$sql = "select * from bh_Order where OpenId ='$openid' and Finished=false";
    $orderlist=$mysql->getData($sql);
    foreach ($orderlist as $order){
    $item = array();
    $roomid = $order["RoomId"];
    $sql = "select * from bh_Room where Id =$roomid";
    $room = $mysql->getLine($sql);

    $hotelid= $room["HotelId"];
    $sql = "select * from bh_HotelInfo where Id =$hotelid";
    $hotelinfo=$mysql->getLine($sql);

    $item = array(
    "id"=>$order["Id"],
    "hotelname"=>$hotelinfo["Name"],
    "date"=>$order["Time"],
    "count"=>$order["Count"],
    "price"=>$order["Price"],
    "total"=>$order["Total"],
    "address"=>$hotelinfo["Address"],
    "telephone"=>$hotelinfo["Telephone"],
    "type"=>$room["Type"]
    );
    $data[]=$item;
    }

    if ($mysql->errno() != 0)
    {
    die("Error:".$mysql->errmsg());
    }
    $mysql->closeDb();
    ?>
    <!DOCTYPE HTML>
    <html>
    <head>
    <meta http-equiv="Content-Type" content="text/html; charset=utf-8"
/>
    <meta name="viewport" content="width=screen-width,initial-scale=1.0,
minimum-scale=1.0, maximum-scale=1.0, user-scalable=no" />
    <meta name="format-detection" content="telephone=no" />
    <meta name="apple-mobile-web-app-capable" content="yes" />
    <link href="../CSS/styles.css" type="text/css" rel="stylesheet" />
    <script src="../Js/jquery.ui.core.js"></script>
    <script src="../Js/jquery.ui.widget.js"></script>
    <script src="../Js/jquery-1.10.2.js"></script>
```

```
49 <script src="../Js/jquery-ui.js"></script>
50 <link rel="stylesheet" href="../CSS/jquery-ui.css">
51 <title>我的订单</title>
52 </head>
53 <body>
54 <form action='DeleteOrder.php' method='post' id='myform'>
55 <h2 class="detail_title">订单列表</h2>
56 <?php
57 foreach ($data as $item) {
58 echo '<div class="d-left-module mt15"><div class="inner
m-hotel-overview" id="jxDescTab">';
59 echo '<h2 class="facility-title"><span class="fr inform-error">';
60 echo "<a class='btn_buy'
onClick=\"$('#orderid').val(".$item["id"].");$('#myform').submit();\"> 退 订
</a></span>";
61 echo '订单号：'.$item["id"].'</h2>';
62 echo '<div class="hotel-introduce" id="descContent"><div
class="base-info bordertop clrfix">';
63 echo '<dl class="inform-list"><dt> 酒 店 :
</dt><dd><cite>'.$item["hotelname"].'</cite></dd></dl>';
64 echo '<dl class="inform-list"><dt> 房 型 :
</dt><dd><cite>'.$item["type"].'</cite></dd></dl>';
65 echo '<dl class="inform-list"><dt> 入 住 日 期 :
</dt><dd><cite>'.$item["date"].'</cite></dd></dl>';
66 echo '<dl class="inform-list"><dt> 价 格 :
</dt><dd><cite>'.$item["price"].'</cite></dd></dl>';
67 echo '<dl class="inform-list"><dt> 数 量 :
</dt><dd><cite>'.$item["count"].'</cite></dd></dl>';
68 echo '<dl class="inform-list"><dt> 总 额 :
</dt><dd><cite>'.$item["total"].'</cite></dd></dl>';
69 echo '<dl class="inform-list"><dt> 电 话 : </dt><dd><cite><a
href="tel:'.$item["telephone"].'">'.$item["telephone"].'</a></cite></dd></dl>
';
70 echo '<dl class="inform-list"><dt> 地 址 :
</dt><dd><cite>'.$item["address"].'</cite></dd></dl>';
71 echo '</div></div></div></div>';
72 }
73 ?>
74 <input type='hidden' name='orderid' id='orderid'>
75 </form>
76 </body>
77 </html>
```

第 5-6 行：前面提到 view 菜单的链接地址实际上是 OAuth2.0 的验证链接，用户点击该菜单，会先访问该验证链接地址，随后，跳转到链接地址中设置的跳转地址同时发送 code 值。调用在 weixin 类中封装的 getAuthToken 函数，获取 token，这里面包含了用户的 Openid 信息。

第 8-36 行：查找用户的所有未完成订单。并封装到数组中。

第 56-73 行：显示所有订单信息。

第 69 行：使页面中电话能直接拨打。<a href=“tel:051278945625”>051278945625</a>。

在链接前加上 tel 标记就可以实现点击电话，直接拨打的效果了。如图 10-8~图 10-10 所示。

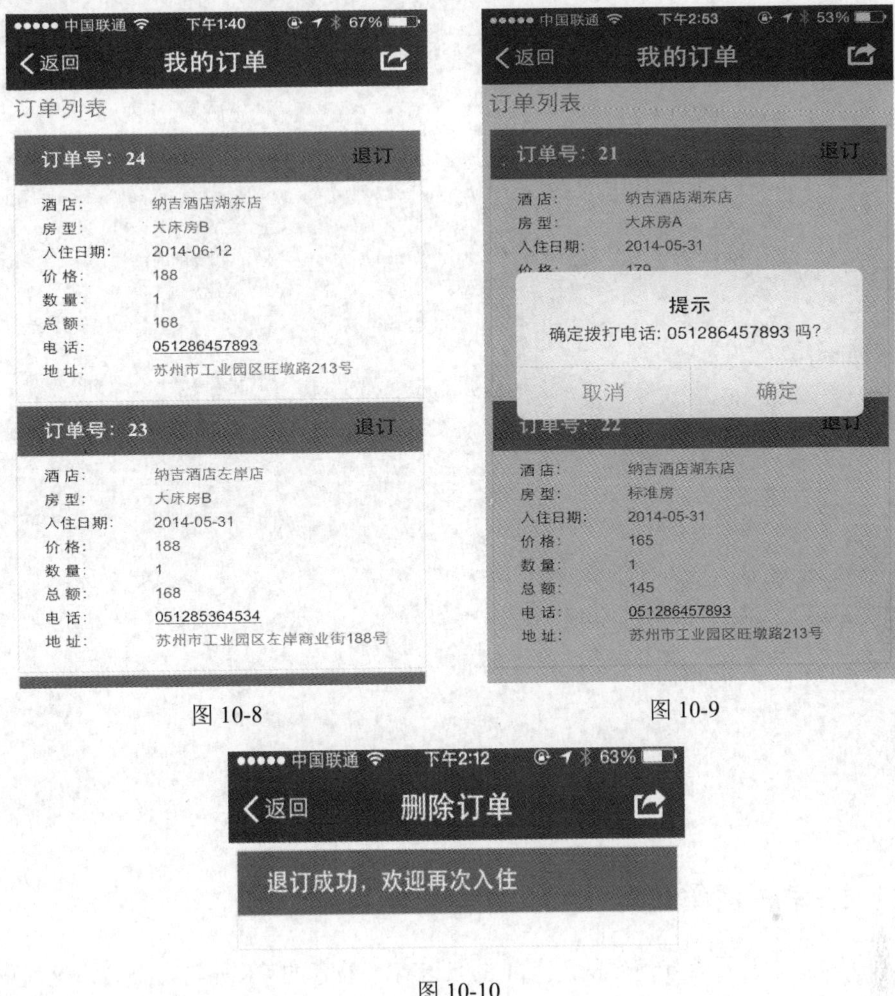

图 10-8

图 10-9

图 10-10

10.2.9 退订

点击订单上的“退订”按钮，取消该订单。如图 10-9 所示。

```
/**
* DeleteOrder.php
*/
<?php
 $mysql = new SaeMysql();

 $orderid=$mysql->escape($_POST['orderid']);
    $sql = "delete from bh_Order where Id = $orderid";
    $mysql->runSql($sql);
    if ($mysql->errno() != 0)
    {
```

```
        die("Error:".$mysql->errmsg());
    }
    $mysql->closeDb();
?>
<html>
<head>
<meta http-equiv="Content-Type" content="text/html; charset=utf-8" />
<meta    name="viewport"    content="width=screen-width,initial-scale=1.0,
minimum-scale=1.0, maximum-scale=1.0, user-scalable=no" />
<meta name="format-detection" content="telephone=no" />
<meta name="apple-mobile-web-app-capable" content="yes" />
<link href="../CSS/styles.css" type="text/css" rel="stylesheet" />
<title>删除订单</title>

</head>
<body>
<?php
 echo '<div class="d-left-module mt15"><div class="inner m-hotel-overview"
id="jxDescTab">';
 echo  '<h2  class="facility-title"> 退 订 成 功 ， 欢 迎 再 次 入 住 </h2><div
class="hotel-introduce"  id="descContent"><div  class="base-info  bordertop
clrfix">';
 echo '</div></div></div></div>';
?>
</body>
</html>
```

10.2.10 订单后台管理

订单管理后台是供酒店方使用的，实际上应该有一整套的 CRM 与之结合，这里简化提供订单管理后台以作示范。显示所有未完成订单，并提供入住处理和过期处理操作，如图 10-11 所示。

```
/**
*OrderManagement.php
*/
<?php
require_once '../lib/common.func.php';
require_once '../model/SendMsgDB.php';
$data = array();
      $mysql = new SaeMysql();
      $sql = "select * from bh_Order where Finished =false";
      $orderlist=$mysql->getData($sql);
      foreach ($orderlist as $order){
          $item = array();
          $roomid = $order["RoomId"];
          $sql = "select * from bh_Room where Id =$roomid";
          $room = $mysql->getLine($sql);
```

```
            $hotelid= $room["HotelId"];
            $sql = "select * from bh_HotelInfo where Id =$hotelid";
            $hotelinfo=$mysql->getLine($sql);
            $item = array(
                "id"=>$order["Id"],
                "hotelname"=>$hotelinfo["Name"],
                "date"=>$order["Time"],
                "count"=>$order["Count"],
                "price"=>$order["Price"],
                "total"=>$order["Total"],
                "address"=>$hotelinfo["Address"],
                "telephone"=>$hotelinfo["Telephone"],
                "type"=>$room["Type"]
            );
            $data[]=$item;
        }
        if ($mysql->errno() != 0)
        {
            die("Error:".$mysql->errmsg());
        }
        $mysql->closeDb();
    ?>
    <!DOCTYPE HTML>
    <html>
    <head>
    <meta http-equiv="Content-Type" content="text/html; charset=utf-8" />
    <meta    name="viewport"    content="width=screen-width,initial-scale=1.0,
minimum-scale=1.0, maximum-scale=1.0, user-scalable=no" />
    <meta name="format-detection" content="telephone=no" />
    <meta name="apple-mobile-web-app-capable" content="yes" />
    <link href="../CSS/styles.css" type="text/css" rel="stylesheet" />
    <script src="../Js/jquery.ui.core.js"></script>
    <script src="../Js/jquery.ui.widget.js"></script>
    <script src="../Js/jquery-1.10.2.js"></script>
    <script src="../Js/jquery-ui.js"></script>
    <link rel="stylesheet" href="../CSS/jquery-ui.css">

    <title>订单</title>
    </head>
    <body>
        <h2 class="detail_title">订单列表</h2>
        <table class="gridtable" width="98%">
            <tr>
                <th>订单号</th>
                <th>房型</th>
                <th>入住日期</th>
                <th>天数</th>
                <th>价格</th>
                <th>总价</th>
            </tr>
            <?php
```

```
            foreach($data as $item){
                echo '<tr>';
                echo "<td>{$item['id']}</td>";
                echo "<td>{$item['type']}</td>";
                echo "<td>{$item['date']}</td>";
                echo "<td>{$item['count']}</td>";
                echo "<td>{$item['price']}</td>";
                echo "<td>{$item['total']}</td>";
                echo "<td><a href='FinishOrder.php?orderid={$item['id']}'>入住</a> <a href='OrderOverTime.php?orderid={$item['id']}'>过期</a></td>";
                echo '<tr>';
            }
            ?>
        </table>
    </body>
    </html>
```

当用户入住，选择对应订单，点击"入住"按钮，如图10-12所示。

```
/**
 * FinisheOrder.php
*/
<?php

$mysql = new SaeMysql();
$orderid=$mysql->escape($_GET['orderid']);

$sql = "select * from  bh_Order where Id = $orderid";
$order = $mysql->getLine($sql);

$sql = "update bh_User set  Credits = {$order['Total']} where OpenId = '{$order['OpenId']}'";
$mysql->runSql($sql);

$sql = "update bh_Order set  Finished = true where Id = $orderid";
$mysql->runSql($sql);

if ($mysql->errno() != 0)
{
die("Error:".$mysql->errmsg());
}
$mysql->closeDb();
?>

<html>
<head>
<meta http-equiv="Content-Type" content="text/html; charset=utf-8" />
<meta  name="viewport"  content="width=screen-width,initial-scale=1.0, minimum-scale=1.0, maximum-scale=1.0, user-scalable=no" />
<meta name="format-detection" content="telephone=no" />
<meta name="apple-mobile-web-app-capable" content="yes" />
<link href="../CSS/styles.css" type="text/css" rel="stylesheet" />
```

```
23. <title>订单完成</title>
24. </head>
25. <body>
26. <?php
27. echo '<div class="d-left-module mt15"><div class="inner m-hotel-overview" id="jxDescTab">';
28. echo '<h2 class="facility-title"> 欢 迎 入 住 </h2><div class="hotel-introduce" id="descContent"><div class="base-info bordertop clrfix">';
29. echo '</div></div></div></div>';
30. ?>
31. </body>
32. </html>
```

第 6-7 行：给用户增加积分。

第 8-9 行：将订单置为完成。

8.huoyaxiaotu.sinaapp.com/BookHotel/OrderManagement.php

订单列表

订单号	房型	入住日期	天数	价格	总价	
18	大床房A	2014-05-31	1	179	159	入住 过期
19	大床房A	2014-05-31	1	179	159	入住 过期
21	大床房A	2014-05-31	1	179	159	入住 过期
22	标准房	2014-05-31	1	165	145	入住 过期

8.huoyaxiaotu.sinaapp.com/BookHotel/FinishOrder.php?orderid=18

欢迎入住

8.huoyaxiaotu.sinaapp.com/BookHotel/OrderOverTime.php?orderid=19

成功删除订单

图 10-11

10.2.11 我的会员卡

显示会员信息及积分。如图 10-12 所示。

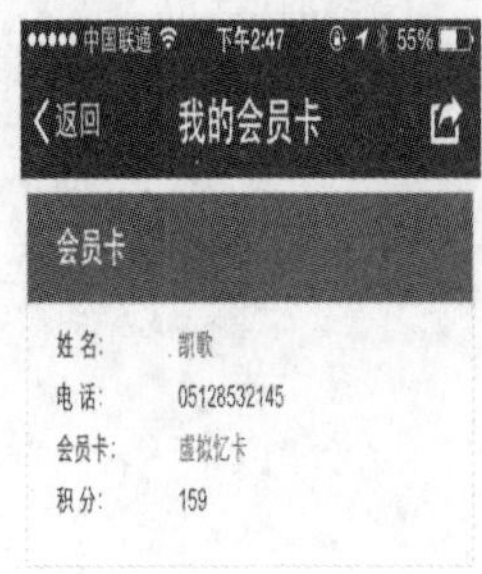

图 10-12

```
<?php
 require_once '../lib/common.func.php';
 require_once '../lib/weixin.class.php';
 require_once '../model/SendMsgDB.php';

 $token = weixin::getAuthToken($_GET['code']);
 $openid = $token["openid"];
       $mysql = new SaeMysql();
       $sql = "select * from bh_User where OpenId ='$openid'";
       $info=$mysql->getLine($sql);

       if ($mysql->errno() != 0)
       {
          die("Error:".$mysql->errmsg());
       }
       $mysql->closeDb();
?>
<!DOCTYPE HTML>
<html>
<head>
<meta http-equiv="Content-Type" content="text/html; charset=utf-8" />
<meta    name="viewport"    content="width=screen-width,initial-scale=1.0,
minimum-scale=1.0, maximum-scale=1.0, user-scalable=no" />
<meta name="format-detection" content="telephone=no" />
<meta name="apple-mobile-web-app-capable" content="yes" />
<link href="../CSS/styles.css" type="text/css" rel="stylesheet" />
<title>我的会员卡</title>
</head>
<body>
<?php
 echo '<div class="d-left-module mt15"><div class="inner m-hotel-overview"
id="jxDescTab">';
 echo '<h2 class="facility-title">会员卡</h2><div class="hotel-introduce"
id="descContent"><div class="base-info bordertop clrfix">';
   echo    '<dl     class="inform-list"><dt>     姓          名     :
</dt><dd><cite>'.$info["Name"].'</cite></dd></dl>';
   echo    '<dl     class="inform-list"><dt>     电          话     :
</dt><dd><cite>'.$info["Telephone"].'</cite></dd></dl>';
 echo     '<dl     class="inform-list"><dt>     会     员     卡     :
</dt><dd><cite>'.$info["Type"].'</cite></dd></dl>';
 echo     '<dl     class="inform-list"><dt>     积          分     :
</dt><dd><cite>'.$info["Credits"].'</cite></dd></dl>';
 echo '</div></div></div></div>';
?>
</body>
</html>
```

10.3 本章小节

本章以微酒店为例，设计并开发了微信公众平台上的酒店管理系统，实现了自定义菜单、消息处理、地理位置、LBS、订单、会员卡等功能。读者可以以此为基础，进一步发掘酒店系统的需求，开发自己的酒店管理系统。

第11章　游戏开发：谁是卧底

腾讯什么产品最有名：QQ 和微信；腾讯什么产品最赚钱：游戏。腾讯的收入大部分来自游戏，QQ 居功至伟。微信商业化尝试也以游戏作为开端，打飞机着实火了很长一段时间，天天系列游戏和全民系列游戏也为微信带来很多营收。为什么 QQ 和微信在游戏推广与分发上有这么强大的能力呢？核心在于社交软件的强粘性属性和社交链。以前有个段子说：最痛苦的不是没有快乐，而是快乐无人分享。分享与交流是社交软件的核心，微信相比 QQ 有着更得天独厚的优势，因为它是随身携带的，天然具有分享属性。所以在微信上开发游戏，有着比普通 APP 更好的传播能力。这一章我们介绍大家都玩过的游戏：谁是卧底。这个游戏规则简单，是朋友聚会的必点之菜，应用商店里也有很多类似的游戏，这个游戏非常契合微信的特点，所以我们以这个游戏作为游戏开发的案例。

11.1　谁是卧底功能及设计

11.1.1　游戏规则

谁是卧底适合多人玩，所有玩家分三种角色:法官（出题及裁决）、卧底及平民。卧底指人数较少的一方，平民是人数较多的一方，并无其他含义。游戏支持最少 5 人，最多 14 人玩，其中一人是法官。

游戏开始，法官选择两个字数一样、意义相关的词语，并随机分发给其他所有玩家。玩家需对自己的词保密，防止泄露给其他玩家，此时卧底及平民都不知道相互的身份，也不知道自己的身份。在每一轮中，玩家先顺序描述自己的词语，最好不要太过明显，既不能让卧底察觉，也要给同伴暗示。每轮描述完毕，所有在场的人投票选出怀疑的卧底人选，得票最多的人出局。若卧底全部出局，游戏结束。否则游戏继续，如有两人得票相同，则再次进入 PK，大家从两人中选出一个。若卧底撑到最后一轮（卧底人数与平民人数一致），则卧底胜利，反之则平民胜利。输的一方要接受惩罚。

11.1.2　核心流程

1. 玩家选择好法官后，由法官创建房间，法官在公共号中发送 1，公共号通过 Openid 记录该用户并标记用户正在创建房间（creating），等待用户的进一步消息。

2. 法官收到提示消息后，根据提示输入玩家人数（4~13），输入正确，公共号后台会为用户选择一个空闲的房间，随机选择一组词语，并随机分配给玩家。并将该用户的状态标记为 created。发送消息给该用户。

3. 法官收到消息，消息中指明：房间号，卧底词，平民词及卧底的 Id。 法官随后通知玩家加入房间。

4. 玩家发送房间号（大于 1000 的数字）给公共号后台，公共号后台根据玩家加入的次序分配 Id，第一个加入的是 1 号，依次类推，直到房间满。并将对应的词语发送给玩家。

5. 当最后一个玩家加入房间后，游戏开始。游戏结束，输的一方输入 0，得到惩罚信息，接受惩罚。

6. 游戏结束或者法官对词语不满意，法官可以输入“换”，后台会为房间重新分配词语，无需重新创建房间。

7. 法官也可以自己自定义词语，在房间创建完毕的情况下（状态是“created”），输入“改”，后台会将用户的状态改为“change”，等待用户按照规定格式输入词语。法官根据提示发送两个词语给公共号后台，就可以使用自定义的词语了。

11.1.3　数据表设计

在 SAE 的 MySQL 中，创建数据表。见表 11-1~表 11-4 所示。

表 11-1　Bg_User 表

字段名	字段类型	字段描述
openid	varchar(100)	法官的 openid，主键
status	varchar(20)	法官创建游戏的阶段
roomid	int(11)	分配给法官的房间号
curUserId	int(11)	当前可分配的 Id
underCoverId	varchar(20)	卧底的 Id
Count	int(11)	玩家数量
word1	varchar(20)	卧底词
word2	varchar(20)	平民词

表 11-2 Bg_Rooms 表

字段名	字段类型	字段描述
Id	int(11)	房间 Id，主键，自增长，1000 以上
CreatedTime	datetime	房间创建时间，每次分配词语会更新时间，如果超过一定时间未用，会被回收
Free	tinyint(1)	房间是否可用

表 11-3 Bg_Words 表

字段名	字段类型	字段描述
Id	int(11)	词语 Id，主键，自增长
Word1	Varchar(20)	卧底词
Word2	Varchar(20)	平民词

表 11-4 Bg_Punish 表

字段名	字段类型	字段描述
Id	int(11)	惩罚项 Id，主键，自增长
Item	Varchar(100)	惩罚内容

11.2 代码实现

我们定义 UnderCover 类，它实现全部的游戏业务逻辑，继承自 weixin 类。Weixin 类在接口部分已经介绍过了，封装了与微信的所有交互，包括 token 的获取，消息类型的判断，各种消息的发送等内容。本章节的代码都放置在 BoardGame 目录下。下面详细介绍具体的业务逻辑。

11.2.1 消息判断

ProcessMessage 是入口函数，对接收到的消息进行判断和处理。如果是文本消息，根据内容做进一步处理，其他类型的消息将返回默认的提示消息。由于用户与公共号平台的每一次交互都是独立的，代码里无法保存用户与公共号后台的交互内容，所以我们创建在 bg_user 表中引入了状态变量，用于判断用户处于什么阶段。Status 变量主要有三个值:creating 是法官开始创建游戏，还未分配房间，公共号后台等待法官输入玩家人数，created 已经分配好房间，分配好词语，进入游戏状态，change 是法官自定义词语，公共号后台等待用户输入自定义词语。

```
/**
 *  判断用户消息及事件类型:
```

```
    */
    function ProcessMessage($data)
    {
     $status = $this->getStatusByOpenid($data->FromUserName);
        $num = intval($data->Content);
        if ($this->isTextMsg()) {
//惩罚信息
            if($data->Content == '0')
            {
                $this->getPunish();
            }
// 准备创建游戏
            elseif ($data->Content == '1')
            {
                $this->createGame($data);
                $content = "正在创建谁是卧底,请输入游戏人数(4~13之间，不包括法官哦)";
                $this->outputText($content);
            }
//加入房间
            elseif($num >= 1000)
            {
                $this->joinRoom($num);
            }
// 在输入1后，再输入4~13，创建房间
            elseif($status=='creating' && $num <= 13 && $num >=4)
            {
                $this->createRoom($data);
            }
// 不在4~13范围内，提示错误
            elseif($status=='creating')
            {
                $content = "输入的数字必须是(4~13)之间的数字哦，请重新输入";
                $this->outputText($content);
            }
// 换词
            elseif($status=='created' && $data->Content=='换')
            {
                $this->replaceWord($data->FromUserName);
            }
// 改词，法官自定义词语
            elseif($status=='created' && $data->Content=='改')
            {
                $this->changeWord($data->FromUserName);
            }
// 法官提交的新词
            elseif($status == 'change')
            {
                $this->processChangeWord($data);
            }
// 都不是，则提示默认消息
            else
```

```
            {
                $this->defaultMessage();
            }
        }
    else{
            $this->defaultMessage();
        }
}
```

接下来详细介绍上面的处理函数。

11.2.2 创建游戏

当用户输入 1 后，调用 createGame 函数，该函数将 bg_user 中 status 设为 creating，如果该用户是首次使用，则将用户 Openid 加入表中。

```
    function createGame($data)
    {
        $mysql = new SaeMysql();
        $sql  =  "select  count(*)  from  bg_user  where  openid  =
'$data->FromUserName'";
        $isExist = $mysql->getVar($sql);
        if($isExist == 1)
        {
            $sql = " update bg_user set status = 'creating'";
        }
        else
        {
            $sql   =   "   insert   into   bg_user(openid,   status)
values('$data->FromUserName', 'creating')";
        }
        $mysql->runSql($sql);

        if ($mysql->errno() != 0)
        {
            die("Error:".$mysql->errmsg());
        }
        $mysql->closeDb();
    }
```

11.2.3 创建房间

法官输入 1 后，接到提示消息后，按提示消息输入 4~13，公共号后台接到消息后调用 CreateRoom 函数。

```
    function createRoom($data)
    {
        $allocate = $this->getAllocate($data->Content);
```

```
        $UnderCover= $this->selectUnderCover($allocate[0], $data->Content);
        $words = $this->getWords();
        $this->saveWordInfo($words['word1'], $words['word2'], $UnderCover,
$data->FromUserName, $data->Content);
    $roomid = $this->getRoomId($data->FromUserName);
        $content=" 建 房 成 功 !".$this->detailInfo($roomid, $allocate[0],
$allocate[1], $words['word1'], $words['word2'], $UnderCover);
       $this->outputText($content);
      }
```

getAllocate 根据玩家数确定卧底和平民比例。SelectUnderCover 函数随机选择卧底 Id，实现是将玩家 Id(从 1 开始)按序放入数组中，利用 PHP 的洗牌函数-shuffle，将数组顺序随机打乱，假设卧底有 n 个，那么将数组的前 n 个 Id 选为卧底。

```
  function getAllocate($num)
      {
       $allocate = array();
       switch($num)
       {
           case '4':
                $allocate[]=1;
               $allocate[]=3;break;
           case '5':
               $allocate[]=1;
               $allocate[]=4;break;
           case '6':
               $allocate[]=2;
               $allocate[]=4;break;
           case '7':
               $allocate[]=2;
               $allocate[]=5;break;
           case '8':
               $allocate[]=2;
               $allocate[]=6;break;
           case '9':
               $allocate[]=2;
               $allocate[]=7;break;
           case '10':
               $allocate[]=3;
               $allocate[]=7;break;
           case '11':
               $allocate[]=3;
               $allocate[]=8;break;
           case '12':
               $allocate[]=3;
               $allocate[]=9;break;
           case '13':
               $allocate[]=3;
               $allocate[]=10;break;
       }
```

```
        return $allocate;
    }
function selectUnderCover($udcount, $count)
    {
        $a = array();
        for($i = 1; $i <= $count ; $i++)
        {
            array_push($a, $i);
        }
        shuffle($a);
        $str = "".$a[0];
        for($i = 1; $i < $udcount; $i++)
        {
            $str.=",".$a[$i];
        }
        return $str;
    }
```

getWords 从词库中随机选择词组。实现方法：从 1~100 000 中随机选择一个数，查表得到词库中的词组总量，两者取模，由于词组 Id 从 1 开始，而取模可能得到的值范围是[0,maxid)，所以加上 1。

```
function getWords()
    {
        $id = rand(1,100000);
        $mysql = new SaeMysql();
        $sql = "select max(Id) from bg_words";
        $maxid = $mysql->getVar($sql);
        $sql = "select * from bg_words where Id = mod($id,$maxid) + 1";
        $words=$mysql->getLine($sql);
        if ($mysql->errno() != 0)
        {
            die("Error:".$mysql->errmsg());
        }
        $mysql->closeDb();
        return $words;
    }
```

SaveWordInfo 将词组，卧底 Id 存入 bg_user 中，供游戏使用。getRoomId 选择当前可用的房间，将选择房间置为不可用，保存创建时间并将房间号保存到 bg_user 表中。

```
function saveWordInfo($word1, $word2, $UnderCover, $openid, $count)
    {
        $mysql = new SaeMysql();
        $sql = "update bg_user set status = 'created',Count = $count ,word1 =
'$word1',word2 = '$word2',underCoverId = '$UnderCover',curUserId=1 where openid
= '$openid'";
        $mysql->runSql($sql);
        if ($mysql->errno() != 0)
        {
```

```
            die("Error:".$mysql->errmsg());
        }
        $mysql->closeDb();
    }
  function getRoomId($openid)
    {
        $mysql = new SaeMysql();
      $sql = "select Id from bg_rooms where Free = true";
      $Id=$mysql->getVar($sql);
      $sql = "update bg_rooms set CreatedTime = NOW() and Free = false where Id
=$Id";
      $mysql->runSql($sql);
      $sql = "update bg_user set roomid = $Id where openid = '$openid' ";
      $mysql->runSql($sql);
      if ($mysql->errno() != 0)
      {
          die("Error:".$mysql->errmsg());
      }
      $mysql->closeDb();
      return $Id;
    }
  DetailInfo 发送给法官的消息：
  function  detailInfo($roomid,  $udcount,  $cilivincount,  $word1,  $word2,
$undercover)
      {
          $content = "你是法官，请让参与游戏的玩家对我回复[$roomid]进入房间。\n";
          $content.="房  号：$roomid\n";
          $content.="配  置：卧底".$udcount."人，平民".$cilivincount."人\n";
          $content.="卧底词：$word1\n";
          $content.="平民词：$word2\n";
          $content.="卧  底：$undercover 号\n";
          $content.="回复[换]，换一组词，\n 回复[改]，自己出题，\n 回复[0]，查看大冒险惩
罚！(一局结束后，不必重建房，回复[换]直接换词)";
          return $content;
      }
```

11.2.4　换词

在房间已经创建好的情况下（status 为 created）输入“换”，调用 replaceWord。

```
  function replaceWord($openid)
      {
          $info = $this->getRoomInfoByOpenid($openid);
          $allocate = $this->getAllocate($info['Count']);
          $UnderCover= $this->selectUnderCover($allocate[0], $info['Count']);
          $words = $this->getWords();
          $this->saveWordInfo($words['word1'],  $words['word2'],  $UnderCover,
$data->FromUserName, $info['Count']);
          $this->refreshRoom($info['roomid']);
```

```
        $content="换词成功!".$this->detailInfo($info['roomid'], $allocate[0],
$allocate[1], $words['word1'], $words['word2'], $UnderCover);
        $this->outputText($content);
    }
```

首先调用 getRoomInfoByOpenid，根据 Openid 到 bg_user 表中获取玩家人数，房间号等信息。接下来与 createRoom 比较类似，随机选择卧底，随机选择词组并保存入 bg_user。同时调用 refreshRoom 更新房间时间。

```
function refreshRoom($roomid)
    {
        $mysql = new SaeMysql();
        $sql = "update bg_rooms set CreatedTime = NOW()  where Id =$roomid";
        $mysql->runSql($sql);
        if ($mysql->errno() != 0)
        {
            die("Error:".$mysql->errmsg());
        }
        $mysql->closeDb();
    }
```

11.2.5 改词

法官输入“改”，调用 changeWord 将状态改为“change”,等待用户输入词组。

```
function changeWord($openid)
    {
        $mysql = new SaeMysql();
        $sql = "update bg_user set status= 'change' where openid = '$openid'";
        $count = $mysql->runSql($sql);
        if ($mysql->errno() != 0)
        {
            die("Error:".$mysql->errmsg());
        }
        $mysql->closeDb();
        $content = "请输入卧底词和平民词,如：状元，冠军";
        $this->outputText($content);
    }
```

法官按照提示输入词组，公共号后台调用 processChangeWord。首先对输入的消息用“，”和“,”分割，如果两种分割都得不到两个词语，则格式有问题，需要重新输入。得到词组，后面和换词操作是一样的。

11.2.6 加入房间

任何用户输入大于 1 000 的房间，都被认为是尝试加入一个房间。首先检查该房间是不是已经创建好。如果房间已建好，调用 getWordInfo 从 bg_user 获取房间相关信息。得到的 curUserId

作为当前玩家的 Id，并检查该 Id 是否是卧底，如果是分配 word1，否则分配 word2。

```
function joinRoom($roomid)
    {
        $status = $this->getStatusByRoomid($roomid);
        if($status == 'created')
        {
            $detail = $this->getWordInfo($roomid);
            $ids = explode(",", $detail['underCoverId']);
            $allocate = $this->getAllocate($detail['Count']);

            if($detail['curUserId'] > $detail['Count'])
            {
                $content = "房间已满，请选择新的房间加入";
                $this->outputText($content);
            }
            $content = "房号："．$roomid;
            if(array_search($detail['curUserId'], $ids) == false)
            {
                $content .="\n\n 词语:".$detail['word2'];
            }
            else
            {
                $content .="\n\n 词语:".$detail['word1'];
            }
            $content.="\n\n 你是:".$detail['curUserId']."号";
            $content.="\n\n 配置：卧底".$allocate[0]."人，平民".$allocate[1]."人
";
            $content.="\n\n 输了要有惩罚哦，回复0查看大冒险惩罚";
            $this->outputText($content);
        }
        else
        {
            $content.="房间已过期，请法官重新建房";
            $this->outputText($content);
        }
    }
返回房间的相关信息并将 curUserId 加1。
function getWordInfo($roomid)
    {
        $mysql = new SaeMysql();
        $sql = "select  * from bg_user where roomid ='$roomid'";
        $detail=$mysql->getLine($sql);
        $sql = "update bg_user set curUserId = curUserId +1 where roomid
='$roomid'";
        $mysql->runSql($sql);
        if ($mysql->errno() != 0)
        {
            die("Error:".$mysql->errmsg());
        }
```

```
        $mysql->closeDb();
        return $detail;
    }
```

11.2.7 后台操作

房间数有限，所以需要定期的清理过期的被占用房间号。SAE 提供计划任务 cron，它根据配置文件约定的时间执行特定的任务。我们在 config.yaml 中添加如下字段：

```
cron:
   -description: refresh
  url: BoardGame/refresh
  schedule: every 1 hour
  timezone: Beijing
```

url 是执行的文件即任务，schedule 是调度周期，可以配置，很灵活，timezone 是时区，比如每天 0 点执行这样的配置来说，设置时区是比较有意义的。

我们的 refresh.php 文件内容如下：

```
<?php
/**
 * 每隔1小时检查房间是否过期，如果房间超过2个小时未使用，即过期
 */
$mysql = new SaeMysql();
$sql = " update bg_rooms set Free = true where DATE_SUB(NOW(),INTERVAL 2
HOUR)>CreatedTime and Free = false ";
$mysql->runSql($sql);

if ($mysql->errno() != 0)
{
    die("Error:".$mysql->errmsg());
}
$mysql->closeDb();
?>
```

11.3 效果展示

如图 11-1 所示。

图 11-1

11.4 本章小节

本章讲解了“谁是卧底”这款游戏的开发过程，包括消息判断、创建游戏、创建房间、换词、改词、加入房间等游戏步骤的开发实现。本章用到了自动回复接口，通过对用户发送的消息的判断与处理，完成整个游戏过程。读者在开发游戏时，也可以利用微信公众平台的消息接口，创造出更多的游戏玩法。